全国影视动画专业人才开发培训系列教材

MAYA 动力学

完美动力影视动画课程实录

中国国际人才开发中心 组编

＊完美动力 编著

教学光盘

案例工程文件

约2000分钟教学视频

相关素材及参考视频

海洋出版社

2015年・北京

内 容 简 介

"完美动力影视动画课程实录"系列丛书是根据完美动力动画教育的影视动画课程培训教案整理改编而成的，按照三维动画片制作流程分为《Maya 模型》、《Maya 绑定》、《Maya 材质》、《Maya 动画》和《Maya 动力学》5 册。本书为其中的动力学分册。

主要内容：全书共 8 章。第 1 章介绍创建粒子的四种方式，依次实现星云及消散、飞行的火箭、燃烧的照片、喷泉等特效效果；第 2 章介绍如何通过 Mel 语言及表达式对粒子的生命、颜色、空间分布、运动状态等进行控制，进而得到预期的效果；第 3 章围绕流体模块介绍其适用范围、属性功能及三维、二维流体效果的制作方法；第 4 章围绕刚体与柔体模块介绍其基础知识及能够实现的特效效果；第 5 章介绍 Maya 软件自带特效（Effects）的灵活应用，制作火、破碎、烟尘、烟花、曲线流、闪电等特效效果；第 6 章与第 7 章分别介绍 Hair（头发）特效与 nCloth（布料）特效的解算及延伸应用；第 8 章概述影视动画中特效的发展过程及应用领域，简要介绍基于 Maya 的常用第三方特效插件，并说明实现特效的多种方法及特效制作人员需要具备的专业技能与知识素养。

读者对象：

● 影视动画社会培训机构的初级学员

● 中高等院校影视动画相关专业学生

● CG 爱好者及自学人员

图书在版编目 (CIP) 数据

Maya 动力学/完美动力编著．—北京：海洋出版社，2012.7
（完美动力影视动画课程实录）
ISBN 978-7-5027-8266-5

Ⅰ. ①M… Ⅱ. ①完… Ⅲ. ①三维动画软件 Ⅳ. ①TP391.41

中国版本图书馆 CIP 数据核字（2012）第 093273 号

总 策 划：吕允英
责任编辑：张鹤凌 张塱嫘
责任校对：肖新民
责任印制：赵麟苏
排 版：海洋计算机图书输出中心 晓阳

出版发行 海洋出版社

地 址：北京市海淀区大慧寺路 8 号（716 房间）
100081

经 销：新华书店

技术支持：(010) 62100050 hyjccb@sina.com

发 行 部：(010) 62174379（传真）(010) 62132549
(010) 68038093（邮购）(010) 62100077

网 址：www.oceanpress.com.cn

承 印：北京画中画印刷有限公司

版 次：2012 年 7 月第 1 版
2015 年 1 月第 2 次印刷

开 本：889mm×1194mm 1/16

印 张：18.75 （全彩印刷）

字 数：662 千字

印 数：3001～5000 册

定 价：98.00 元（含 1DVD）

本书如有印、装质量问题可与发行部调换

编审委员会

编写委员会

序

在 2012 年的初春，接到了为"完美动力影视动画课程实录"系列丛书作序的邀请，迟迟未能动笔，皆因被丛书内容深深吸引之故。

自从 2000 年国家在政策层面上提出"发展动画产业"以来，中国动画产业的发展突飞猛进。据统计，2011 年全国制作完成的国产电视动画片共 435 部、261224 分钟，全国共有 21 个省份以及有关单位生产制作了国产电视动画成片。国产动画产量的大幅增长，一定程度上反映了我国动画产业蓬勃发展的势头和潜力。尽管中国跃居世界动画产量大国之列，但是却不是动画强国，中国与美国、日本等动画强国相比存在着诸多差距。

这些差距表现在多个方面，又有多种因素制约着中国动画行业的发展，其中最为突出的是我国缺乏大批优秀的动画创作人才，要解决这一困境，使我国的动画产业得到长足发展，动画教育是根本。

目前全国各地的院校纷纷建立了动画专业，也有很多动画公司、培训机构开展了短期培训。随着动画产业的不断发展，动画教育面临着诸多的挑战，很多院校的动画专业课程设置不合理，学习的内容与实际生产脱节，甚至有些社会培训机构都是教软件怎么使用。对于动画教育存在的这些弊端，多媒体行业协会也在不断地探索，动画教育应该是有章法的，应该由项目管理者，或者项目经理来规划课程。动画教育不应单纯讲授软件的操作，我觉得应该能做到让学生明白整个动画生产流程，学习专业的动画创作知识。

除了系统、科学的课程体系外，一套完备的、科学的、系统的专业教材，也是动画教育的关键。自进入多媒体事业，特别是多媒体教学、人才培养事业之后，笔者早已认识到目前多媒体教学领域中，针对初学者的优秀教学书籍的匮乏。

完美动力此次编著的系列图书按照动画生产流程，以由浅入深、循序渐进的原则从基础知识和简单实例逐步过渡到符合生产要求的成熟案例解析。图书内容均为完美动力动画教育讲师亲自编写，将动画制作经验和教学过程中发现的问题在书中集中体现。每本书中的案例都经过讲师精心挑选，具有典型性和代表性，且知识的涵盖面广。该系列图书的公开出版，实在是行业内一大幸事。

完美动力是北京多媒体行业协会不可缺少的会员单位之一，在北京及全国多个省份设有分支机构和子公司，承担着中国文化传播、影像技术、动画艺术、网络技术与影视动画教育的领军任务，并为中国的 CG 产业培育出大批实战队伍。完美动力主要从事影视动画制作、电视包装、影视特效等业务，对北京多媒体行业协会的工作，也一直给予了支持。相信"完美动力影视动画课程实录"系列图书能够给广大 CG 爱好者，尤其是想进入影视动画行业的读者及刚刚从事影视动画工作的行业新人，带来实实在在的帮助，成为大家学习、工作的良伴。

北京多媒体行业协会秘书长

前　言

　　影视动画，是一门视听结合的影视艺术。优秀的影视动画作品能给人们带来欢笑与快乐，带来轻松与享受，甚至带来人生的感悟与思考。在我们或迷恋于片中的某个角色，或为滑稽幽默的故事情节捧腹大笑，或感叹动画作品的丰富想象时，一定在想是谁创造了如此的视听盛宴？是他们，一群默默努力奋斗的CG动画从业者。或许，你期望成为他们中的一员；也可能，已走在路上。

　　你可能是动画院校的学生，或者动画培训机构的学员，也可能是正在进行自学的爱好者。不论采取哪种方式进行学习，拥有一套适合自己的教程，都可以让你在求学的道路上受益，或者用最短的时间走得最远。

　　之所以说是一套，是因为影视动画的制作需要经过由多个环节组成的完整生产流程。对于三维动画，其中最主要的是建模、绑定、材质渲染、动画制作及动力学特效。可以说，每一部动画作品的诞生都是许许多多人共同努力的成果。你可能在日后的工作中只负责其中的一个模块，但加强对其他模块的了解能够帮助我们与其他部门进行有效协作。全面了解、侧重提高，是动画初学者惯常的学习模式。

　　为了帮助大家学习、成长得更快，我们特别推出"完美动力影视动画课程实录"系列图书。该系列图书是根据完美动力动画教育的影视动画课程培训教案整理改编而成的，按照三维动画片制作流程分为《Maya模型》、《Maya绑定》、《Maya材质》、《Maya动画》、《Maya动力学》5本。

　　《Maya模型》介绍了道具建模、场景建模、卡通角色建模、写实角色建模、角色道具建模、面部表情建模等动画片制作中常用的模型制作方法。卡通角色建模与写实角色建模是本书的重点，也是学习建模的难点。

　　《Maya绑定》首先依次介绍了机械类道具绑定、植物类道具绑定、写实角色绑定、蒙皮与权重、附属物体绑定、角色表情绑定的方法，然后说明了绑定合格的一般标准，并对绑定常见问题及实用技巧进行了归纳和总结，最后指出了绑定进阶的主要方面。

　　《Maya材质》分为两篇，第1篇"寻找光与材质世界的钥匙"依次为走进光彩的奇幻世界、熟悉手中的法宝——材质面板应用、体验质感的魅力——认识UV及贴图、登上材质制作的快车——分层渲染；第2篇"打开迷幻般的材质世界"依次为成就的体验——角色材质制作、场景材质制作、Mental Ray渲染器基础与应用、少走弯路——初学者常见问题归纳。

《Maya 动画》同样分为两篇，在第 1 篇"嘿！角色动起来"中首先介绍了 Maya 动画的基本类型、动画基本功——时间和空间，然后重点讲解人物角色动画和动物角色动画的制作方法；在第 2 篇"哇！角色活起来"中首先说明在动画制作中如何表现生动的面部表情和丰富的身体语言，然后指出动画表演的重要性，并说明如何通过"读懂角色"、"演活角色"来赋予角色生命。

　　《Maya 动力学》共 8 章，分别是粒子创建（基础）、粒子控制、流体特效、刚体与柔体特效、自带特效（Effects）的应用、Hair（头发）特效、nCloth（布料）特效和特效知多少。

　　本套图书由一线教师根据多年授课经验和课堂上同学们容易出现的问题精心编写。内容安排上，按照由浅入深、循序渐进的原则，从基础知识、简单实例逐步过渡到符合生产要求的成熟案例。为了让大家能够在学习的过程中知其然知其所以然，还在适当位置加入了与动画制作相关的机械、生物、解剖、物理等知识。每章末尾除了对本章的知识要点进行归纳和总结，帮助大家温故与知新外，还给出了作品点评、课后练习等内容。希望本套图书能给大家带来实实在在的帮助，成为你影视动画制作前进道路上的"启蒙老师"或"领路人"。

　　本套图书由完美动力图书部组织编写。在系列图书即将出版之际，感谢北京多媒体行业协会、中国国际人才开发中心的殷切关心和大力支持。感谢丛书顾问们的学术指导和编委会成员的通力合作。同时，还要感谢孙超、郑岩、韩东润、陈建等参与本书案例视频的讲解录制，感谢完美动力学员王岩、王丹、綦超、孟彦君、陈峰、田永超、孙艳彬、赵鑫、姜南、王宇慧、乌力吉木任等参与本书的通读核查。最后，感谢海洋出版社编辑吕允英、张嫘嫘、张鹤凌等为本书的成功出版所提供的中肯建议和辛勤劳动。

　　由于时间仓促，难免存在疏漏之处，敬请广大读者和同仁批评指正。

完美动力集团董事长　罗江山

光盘说明

章次及名称	教学视频	工程文件
第 1 章 粒子创建（基础）	1.1 粒子 1.2.5 小试牛刀——星云 1.2.5 小试牛刀——消散 1.3.4 小试牛刀——飞行的火箭 1.4.5 小试牛刀——燃烧的照片 1.5.4 小试牛刀——喷泉	1.3.4 Rocket 1.4.5 Photographs Burning 1.5.4 Fountain
第 2 章 粒子控制	2.1.5 小试牛刀——直升机螺旋桨旋转 2.1.6 小试牛刀——多米诺骨牌倒下 2.2.2 一展身手——魔幻彩虹 2.3.2 一展身手——魔法小星星 2.3.2 一展身手——汽车扬尘 2.4.2 一展身手——烟花 2.5.2 一展身手——粒子爆炸 2.6.3 一展身手——破壳的鸡蛋 2.7.2 一展身手——乱箭齐发 2.8.2 一展身手——蜥蜴群组动画 2.9.3 大展拳脚——大树落叶	2.1.5 Helicopter 2.1.6 Dominoes 2.2.2 Rainbow 2.3.2 Star 2.3.3 Madust 2.8.2 Lizard
第 3 章 流体特效	3.2.6 小试牛刀——火（体积渲染方式） 3.2.6 小试牛刀——爆炸（体积渲染方式） 3.2.6 小试牛刀——水（表面渲染方式） 3.3.3 小试牛刀——香烟（体积渲染方式） 3.3.4 小试牛刀——车轮印（表面渲染方式） 3.4.1 创建海洋（Create Ocean） 3.4.5 小试牛刀——帆船	3.3.3 Smoke 3.4.5 Boat

章次及名称	教学视频	工程文件
第 4 章 刚体与柔体特效	4.1 刚体基础知识 4.2.1 刚体重心——不倒翁 4.2.2 刚体碰撞——撞塌铜罐 4.2.3 刚体约束——力的传递 4.2.4 刚体解算与动画间的转换——投篮 4.2.5 综合应用——联动机械 4.3 柔体基础知识 4.4.1 弹簧（Springs）——魔镜 4.4.2 连接发射器——魔幻水杯	4.2.1 Tumbler 4.2.2 Tank 4.2.4 Throw Basketball 4.4.1 Mirror 4.4.2 Magic Cup
第 5 章 自带特效（Effects）的应用	5.1 火 5.2 破碎 5.3 烟尘 5.4 烟花 5.5 曲线流 5.6 闪电	
第 6 章 Hair（头发）特效	6.1 Hair 简介 6.2.1 小试牛刀——头发 6.2.2 小试牛刀——帘子 6.2.3 小试牛刀——铁链	6.2.1 Hair 6.2.2 Curtain 6.2.3 Ironchain
第 7 章 nCloth（布料）特效	7.1 ～ 7.2 nCloth 简介与桌布制作 7.3 小试牛刀——红旗飘动（多重布料解算） 7.4 小试牛刀——晾晒衣服（约束） 7.5 小试牛刀——挑开窗帘（碰撞）	

目 录

Maya动力学

x

2 粒子控制 046

目
录

XI

3 流体特效 151

4　刚体与柔体特效 190

Maya动力学

XIV

开 篇

在一部动画片的制作过程中，诸多的特殊效果，例如：水流、烟花、火焰等并非由模型、材质、动画环节完成，而是由动力学解算得到的。我们这里所说的动力学是 Maya 中的一个模块，它以物理概念为基础，以计算机仿真技术为手段，服务于影视动画艺术。

通常情况下动力学完成的是模型、材质、动画等环节无法完成的工作。试想，如果火焰的形态用模型来做，火焰的动态用动画来做，一定会觉得很棘手，而且做出来的效果也不好。但是如果用基于流体力学的动力学来模拟，就可以得到自然真实的火焰效果，如图 0-1 所示。

图 0-1　篝火的火焰效果

当然，完整的特效动画也需要模型、材质和动画等环节的支持。例如：要完成汽车急刹车时轮胎与地面摩擦产生烟雾这样一个镜头（图 0-2），需要经过模型环节制作汽车模型，材质环节添加汽车材质并制作灯光，动画环节制作汽车刹车动画，最后再由动力学环节制作烟雾。因此我们说动力学是 Maya 中的一个模块，它在动画制作中不是独立存在的。

图 0-2　汽车尾烟特效

那么动力学是如何与动画制作的其他部门进行配合的呢？让我们先来看一下三维动画制作的流程，如图0-3所示。

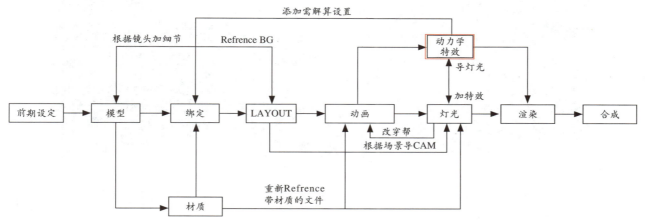

图0-3　三维动画制作流程图

从图0-3我们可以看到，动力学需要和动画、灯光、渲染合成部门进行紧密配合。例如在进行角色身上的布料解算、项链等挂饰的刚体解算，及配合角色动作释放粒子和流体等工作时，都需要动力学制作人员和动画部门进行反复沟通。动画节奏的快慢，动作幅度的大小，都会对最终动力学的效果和制作难度产生影响。此外，灯光也需要和动力学产生互动，动力学中的烟火爆炸，还有一些魔法效果，都会相应地影响到周边环境的亮度和颜色，所以在动力学的调整过程中，要随时和灯光组的同事进行沟通。此外，动力学的效果通常会占用比较长的渲染时间，在渲染器的使用上也会有一定的要求，所以要事先和渲染部门协调好时间和一些渲染设置的问题。

Maya中动力学是由**粒子**、**流体**、**刚体**、**柔体**、**毛发**、**布料**等模块组成的一个系统，每一个模块都有其擅长模拟的效果，综合运用这些模块几乎可以制作出影视动画作品中所需要的所有特效。

粒子是动力学特效的最小单位，在Maya中可以将无数的粒子组合起来使其形成固定的形态，再通过控制粒子颜色、数量、空间分布、运动状态等属性模拟现实中的一些自然现象或宏大的场景，例如：龙卷风、下雪、爆炸、烟花、群组动画等，如图0-4所示。

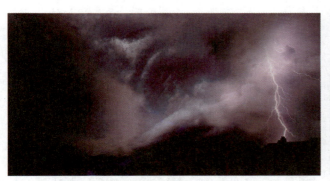

图0-4　粒子特效效果

流体常用于模拟现实中的流态物体，例如：水流、海洋、岩浆等，如图 0-5 所示。

图 0-5　海洋和岩浆

流体还可以模拟一些气态现象，例如：烟、雾、云，如图 0-6 所示。这些效果使用粒子也可以做到，但是相对于粒子，流体实现的动态效果更自然，层次感更强。

图 0-6　烟雾效果

刚体主要用于模拟硬质物体下落、滚动、碰撞等运动效果，例如：保龄球、台球的撞击等，如图 0-7 所示。

图 0-7　刚体特效

柔体主要用于模拟软质物体在外力作用下运动并发生形变的效果，例如：瘪了的足球落到地上等。

Maya 中的毛发系统通常用于为角色添加头发，不仅可以让创作者像理发师那样设计发型，还可以使头发根据角色动作进行逼真的运动，如图 0-8 所示。

布料是用于模仿纺织品的动力学特效，它可以为角色穿上衣服（图0-9），让旗帜在空中飘扬，为新娘蒙上头巾，还可以模拟在两棵树之间拉上绳子等。

图0-8　头发特效

图0-9　布料特效

中国有句俗语："难则不会，会则不难"，大家刚开始学习动力学特效时，可能对一些专业名词或概念的理解有一些困难，但是随着学习的深入一定会渐渐感觉到动力学的奇妙。来吧，做好准备让我们一起揭开动力学特效神秘的面纱。

粒子创建（基础）

> 了解粒子创建的基础知识及创建环境
> 掌握粒子创建的不同方式和场的应用
> 掌握粒子创建的基本命令及粒子的基本属性

粒子是动力学特效的最小单位,在 Maya 中可以将无数的粒子组合起来形成固定的形态,并通过控制其颜色、数量、空间分布、运动状态等,模拟风、火、爆炸、水流等效果。这些效果用模型、材质、动画是很不容易实现的。

本章将详细讲解创建粒子、设置粒子属性、控制粒子的基本方法,并运用这些知识完成星云、消散、飞行的火箭、燃烧的照片、喷泉等特殊效果。

1.1 粒子

什么是粒子?粒子是怎样运动的?这些小小的点又是怎样组合进而实现各种各样的效果的?本节我们将对这些问题进行一一解答。

1.1.1 粒子简介

在计算机图形学中,粒子是有质量、无体积、能够以自由状态存在,并且运动变化符合物理规律的点状物体。在很多三维制作软件和后期合成软件中都有粒子系统,例如:3ds Max、Maya、After Effects、Fusion 等。

粒子是不会凭空产生的。Maya 中创建粒子有四种方式:使用粒子工具创建粒子、使用基本发射器创建粒子、使用物体发射器创建粒子、通过碰撞事件产生粒子。具体采用何种方式创建粒子,取决于希望达到的效果。

在 Maya 中,粒子被创建出来以后,如果不去控制的话,只会沿着原本的方向,以原有的速度运动,很难达到我们想要的效果。我们可以使用各种各样的场来控制粒子的空间分布及运动状态,从而达到我们所需的动画效果。比如,用重力场控制粒子,产生受重力影响向下运动的效果;用空气场控制粒子,产生受风力影响随风飘动的效果。除此之外,我们也可以使用 Mel 语言及表达式来控制粒子,做出所需的更为复杂的效果。比如,用表达式控制粒子,形成龙卷风的效果。

粒子动画和我们所熟知的骨骼动画不一样。骨骼动画是关键帧动画,而粒子动画是过程动画。过程动画需要求解每一帧的运动状态,并且以当前帧的输出数据作为下一帧的输入数据。也就是说,粒子动画是需要解算的。在计算机图形学中,动力学解算是依靠先进的计算机仿真模拟技术来完成的。中外影片中逼真特效画面的产生依靠的正是这些先进技术。

Maya 中,粒子分为硬件粒子和软件粒子两大类。我们常见的点状粒子是硬件粒子。硬件粒子是用硬件渲染器渲染出来的。硬件粒子以外的就是软件粒子,

比如,云雾状粒子就是软件粒子。软件粒子是用软件渲染器渲染出来的。渲染总是与灯光材质密不可分。在默认情况下,Maya 中的粒子是 Lambert 材质,因此我们用硬件渲染器渲染出来的粒子总是灰白色。而软件粒子采用有体积感的粒子云材质,能渲染出像云雾一样有体积感的效果。

1.1.2 粒子创建的环境

打开 Maya 软件,切换到 Dynamics(动力学)模块(快捷键为【F5】),这里除一些常驻菜单外都是动力学模块常用的命令菜单,如图 1-1 所示,红框中的 Particles 就是粒子命令菜单。

图 1-1 粒子菜单位置

Maya 粒子是需要解算的,所以在创建粒子前要对 Maya 的播放设置进行修改。打开 Window → Settings/Preferences → Preferences(偏好设定),修改 Playback speed(帧速率)为"Play every frame"(逐帧播放),如图 1-2 所示。这一点非常重要,因为只有这样设置,才能让粒子得到正确的动态效果。

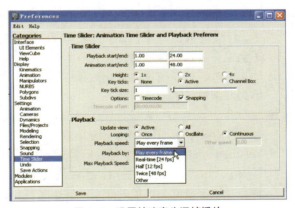

图 1-2 设置帧速率为逐帧播放

1.2 用工具创建粒子——星云及消散

在 1.1.1 节中我们了解到创建粒子有多种方式,本节重点讲解创建粒子的第一种方式:用工具创建粒子。本部分将学习粒子的部分常用属性、影响粒子运动的场,以及粒子渲染的独特方式——硬件渲染。

1.2.1 Particle Tool(粒子工具)

Particle Tool(粒子工具)是 Maya 提供的手动创

建粒子的工具，它可以让创作者在 Maya 视图中用鼠标随意地创建粒子或者绘出粒子群和粒子网格。

粒子工具所在的菜单位置：Dynamics（动力学模块）（按快捷键【F5】）下，Particles → Particle Tool。

单击 Particle Tool 命令后面 ☐（选项盒）图标，可以打开 Particle Tool 的属性窗口，如图 1-3 所示。

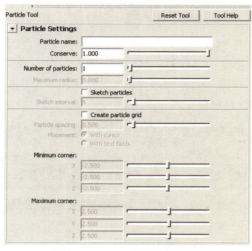

图 1-3　Particle Tool 属性窗口

【参数说明】

● Particle name（粒子名称）：在此输入名称，则创建出的粒子将以输入的名称命名，如果此处为空，则粒子将以 Maya 默认的命名方式 particle1、particle2……命名。

● Conserve（继承）：粒子对自身速度和衰减的继承，0≤参数值≤1，如果此数值为 1，则粒子会完全继承本身的速度，数值为 0～1 之间的小数时，粒子速度就按此做相应的衰减，数值为 0 则粒子不继承速度。

● Number of particles（粒子数量）：此属性用于控制每次单击鼠标时，在视图中创建出的粒子数量。

● Maximum radius（最大半径）：当粒子的创建数量大于 1 时，此属性将被激活。此值大于 0 时，将在以设定数值为半径的球型区域中随机创建粒子，半径越小创建出的粒子越紧凑，半径越大创建出的粒子越松散，如图 1-4 所示。

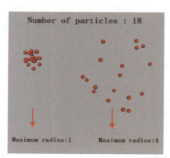

图 1-4　不同 Maximum radius 数值情况对比

● Sketch particles（绘制粒子）：勾选此选项，可以随意在视图中按住鼠标左键自由绘制粒子，取消勾选，则只能通过鼠标单击的方式创建粒子。

● Sketch interval（绘制间隔）：绘制间隔的值影响笔触间隔的大小，值越小笔触之间像素间隔就越小，反之则笔触间隔就越大，如图 1-5 所示。

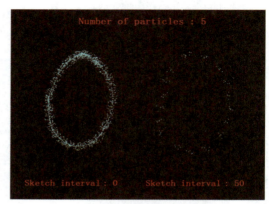

图 1-5　不同绘制间隔数值情况对比

● Create particle grid（创建粒子栅格）：勾选此选项，进入创建粒子栅格状态，同时 Maya 将自动取消 Sketch particles（绘制粒子），并将 Number of particles（粒子数量）强制设置为 1。

【创建方法】　在视图中单击鼠标，创建第一个粒子，然后随意移动鼠标位置，创建出第二个粒子，创建完成后按【Enter】键结束，则创建出来的粒子是平面粒子栅格，如图 1-6 所示。

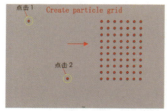

图 1-6　平面粒子栅格

如果想模拟带有粒子容积栅格的话，需要先创建两个粒子，创建完成后，按【Insert】键，并且用鼠标中键调整粒子位置（可以切换到侧视图移动粒子位置），最终让两个粒子不在同一平面，如图 1-7 所示。最后按【Enter】键创建粒子，将会出现粒子容积栅格效果，如图 1-8 所示。

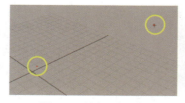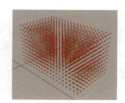

图 1-7　创建两个不在　　　图 1-8　创建粒子
同一平面的粒子　　　　　　容积栅格

- Particle spacing（粒子间距）：粒子间距控制着当粒子栅格被创建时的每个粒子之间的相对距离，不同粒子间距情况对比如图1-9所示。

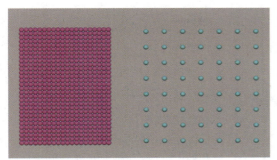

Particle spaoing:0.5   Particle spacing:2
图1-9　不同粒子间距情况对比

- Placement（粒子布置）
  ➤ With cursor（用光标）：用鼠标手动来创建粒子栅格；
  ➤ With text fields（用栅格）：手动输入数值来定位栅格的容积，如图1-10所示。

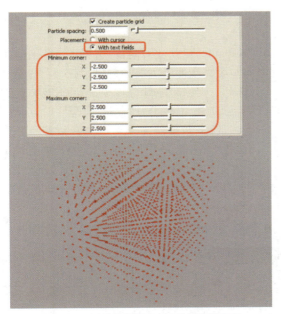

图1-10　手动输入数值来定位栅格的容积

当粒子工具属性保持默认时，在场景中单击鼠标左键，每单击一次可以创建出一颗粒子。当然我们也可以改变粒子工具属性的设置创建出不同形态的粒子。

> ⚠ **注　意**
>
> 粒子一旦被创建出来，将不能单独移动，即不能使用Maya提供的移动、缩放、旋转工具改变粒子的状态。粒子运动是通过Maya内置的解算器解算实现的。这是粒子的特性。

1.2.2　粒子属性

粒子被创建出来后，在视图中选择粒子，按【Ctrl+A】键打开粒子属性窗口，在particleShape1标签页下列出了粒子的所有属性，用来控制粒子的渲染方式、生命模式等。

1）粒子渲染方式

粒子的渲染方式有：MultiPoint（多点式）、MultiStreak（多条纹式）、Numeric（数字）、Points（点状）、Spheres（球状）、Sprites（精灵）、Streak（条纹）、Blobby Surface（s/w）（融合曲面）、Cloud（s/w）（粒子云）、Tube（s/w）（柱状）。默认的渲染方式为Points（点状），我们可以通过设置粒子的属性改变粒子的渲染方式。本章重点介绍MultiStreak（多条纹式）和MultiPoint（多点式）渲染方式。

（1）MultiStreak（多条纹式）渲染方式。选择粒子，按【Ctrl+A】键打开粒子属性窗口，找到particleShape1标签页下面的Particle Render Type（粒子渲染类型）选项，将其设置为MultiStreak（多条纹式），如图1-11所示。

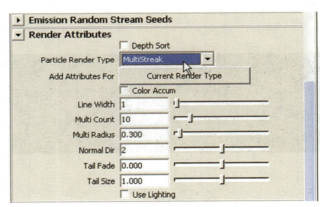

图1-11　多条纹式渲染

多条纹类型粒子的原理是在单个粒子的基础上复制出多个粒子，可以调整参数来改变粒子大小，同时粒子的速度也对粒子大小有影响，粒子速度越大，粒子体积越大，当粒子的速度为0时，多条纹类型粒子将不可见。

【参数说明】
- Depth Sort（深度排序）：勾选后粒子之间有互相遮挡关系，反之则没有。
- Particle Render Type（粒子的渲染类型）：粒子的渲染类型，默认为Points。
- Add Attributes For（粒子属性列表）：单击打开Particle Render Type中粒子类型的属性列表。
- Color Accum（颜色叠加）：对重叠粒子的颜色和透明度叠加，使粒子重叠部分的颜色变亮。
- Line Width（宽度）：设置多条纹粒子类型的宽度。

- Multi Count（重复数量）：多条纹粒子类型的重复数量。
- Multi Radius（分布范围）：多条纹粒子的分布范围。
- Normal Dir（法线方向）：当场景中粒子运动方向与主光源照射方向相反时，将此数值设置为1（例如，雨滴与地灯），否则粒子不能被正确渲染；当场景中粒子方向与主光源照射方向相互垂直时，将此数值设置为2（例如，雨滴与车灯），否则粒子不能被正确渲染；当场景中主光源照射方向与粒子运动方向相同时，将此数值设置为3（例如，雨滴与路灯），否则粒子不能被正确渲染。
- Tail Fade（尾部透明）：多条纹粒子尾部透明控制，−1（尾部透明）～1（尾部不透明）的过渡，如图1-12所示。
- Tail Size（尾部大小）：多条纹粒子尾部大小的控制，数值大于0时则依照速度的方向延长粒子大小，数值小于0时则与速度相反的方向延长粒子的大小，数值为0时粒子将不可见，如图1-12所示。

| Tail Fade：1 | Tail Fade：−1 | Tail Fade：−1 |
| Tail Size：20.66 | Tail Size：20.66 | Tail Size：−20.66 |

图1-12　不同尾部大小数值情况对比

- Use Lighting（使用灯光）：Use Lighting使用场景灯光，默认为关闭状态。

⚠️ **注 意**

不同的粒子渲染类型有着不同的属性，下面我们学习多点式渲染。

（2）MultiPoint（多点式）渲染方式。MultiPoint（多点粒子）是相对于Points（单点）而言的，MultiPoint是以Points中每个粒子为核心分散出的多个粒子形式。

选择粒子，按【Ctrl+A】键打开粒子属性窗口，找到particleShape1标签页下面的Particle Render Type选项，将其设置为MultiPoint，如图1-13所示。

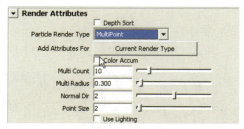

图1-13　多点式渲染

【参数说明】

- Depth Sort（深度排序）：勾选后粒子之间有互相遮挡关系，反之则没有。
- Particle Render Type（粒子的渲染类型）：粒子的渲染类型，默认为Points。
- Add Attributes For（打开粒子属性列表）：单击打开Particle Render Type中粒子类型的属性列表。
- Color Accum（颜色叠加）：对重叠粒子的颜色和透明度叠加，使粒子重叠部分的颜色变亮。
- Multi Count（重复数量）：多点式粒子类型的重复数量。
- Multi Radius（分布范围）：多点式粒子的分布范围。
- Normal Dir（法线方向）：当场景中粒子运动方向与主光源照射方向相反时，此数值设置为1（例如，雨滴与地灯），否则粒子不能被正确渲染；当场景中粒子方向与主光源照射方向相互垂直时，此数值设置为2（例如，雨滴与车灯），否则粒子不能被正确渲染；当场景中主光源照射方向与粒子运动方向相同时，此数值设置为3（例如，雨滴与路灯），否则粒子不能被正确渲染。
- Point Size（粒子点大小）：多点式粒子点的大小。

⚠️ **注 意**

不同的粒子渲染类型有着不同的属性，后面的章节会有其他类型的说明。

2）粒子生命模式

粒子在场景中默认是永远存在的。我们可以通过改变粒子的生命属性，使之消失，即死亡。

在粒子属性中，要知道Particle's Age（粒子的年龄）与Lifespan（粒子生命）是不一样的，粒子的年龄是粒子在场景中当前的时间，粒子生命是粒子在场景中生存的时间。

例如，我们可以把粒子比作人，这个人的生命是80岁，而其今年25岁，这里的80是人的生命，25就是人的年龄。也就是说，我们将粒子的Lifespan设置为5，播放动画到48帧（即2秒），这里的5就是粒子的生命，说明粒子在场景中存活的时间是 5 秒，这里的 48 是粒子的年龄，当粒子的年龄等于粒子生命时，粒子将死亡。

粒子的生命如何控制呢？在视图中选择粒子，按【Ctrl+A】键切换到 particleShape1 节点下，找到 Lifespan Attributes（see also per-particle tab）属性，如图 1-14 所示。

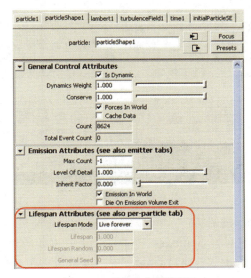

图 1-14　粒子生命属性窗口

【参数说明】

● Lifespan Mode（生命模式）：共有 4 种，分别为 Live forever（生命永恒）、Constant（固定生命）、Random range（随机生命）、lifespanPP only（每粒子生命），如图 1-15 所示。

图 1-15　粒子生命的 4 种模式

➢ Live forever（生命永恒）：场景中的粒子永远存在，不会消失。
➢ Constant（固定生命）：场景中的所有粒子生命统一，粒子会在同一时间死亡。当选择 Constant 后，Lifespan 将会被激活。

　　提　示

　　在 Lifespan 中的参数是以秒为单位的，这里的秒是根据 Maya 中的帧速率而定的。Maya 中默认的帧速率是 24 帧每秒，如图 1-16 所示。Lifespan 中的数值乘以帧速率就是粒子的生命。例如：帧速率是 24，Lifespan 为 1，最终的粒子生命就是 $1 \times 24 = 24$ 帧。

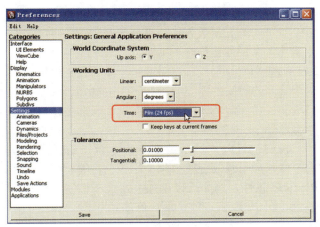

图 1-16　帧速率为 24 帧每秒

➢ Random range（随机生命）：设置场景中的粒子生命随机，当选择 Random range 后将会激活 Lifespan 和 Lifespan Random（粒子随机生命）和 General Seed（随机索引）三个属性。可以通过 Lifespan 和 Lifespan Random 两个属性的调整来控制粒子的生命随机，实现粒子在不同时间死亡。通过调整 General Seed 可以改变粒子生命随机状态（很少修改此属性数值）。

如果选择 Random range 模式，则粒子最终生命随机的时间范围是：Lifespan 减去 Lifespan Random 的 1/2 到 Lifespan 加上 lifespan Random 的 1/2。例如，粒子的生命 Lifespan 为 3，随机生命 Lifespan Random 为 2，粒子最终生命的范围将是：〔$3 - (2 \times 0.5)$〕到〔$3 + (2 \times 0.5)$〕，2 ～ 4 秒之间每粒子随机取值。最终，每一个粒子的生命数值都不一样，因此粒子死亡的时间也不一样。

➢ lifespanPP only（每粒子生命）：lifespanPP only 同样为每粒子生命随机，选择该模式后，只能在每粒子属性中（用表达式或 Rmap）控制粒子的生命，具体方法在此不做详细讲解，控制每粒子生命的位置如图 1-17 所示。

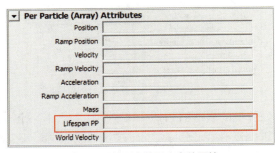

图 1-17　控制每粒子生命的属性

3）Per-Object（每物体）和Per-Particle（每粒子）

粒子的绝大多数属性，可分为两种，一种是每物体属性，另一种是每粒子属性。

当我们把一个粒子群看成一个整体，并希望改变这个整体的时候，需要编辑 Per-Object 属性。例如我们重新设定了每物体颜色，那么这个整体中所有粒子的颜色都会一起改变。

我们也可以把粒子群中的每个粒子看成是独立的个体，如果想改变单个粒子的颜色，需要编辑 Per-Particle 属性，例如通过添加表达式来控制每粒子的颜色，可以得到一个五颜六色的粒子群，如图1-18所示。

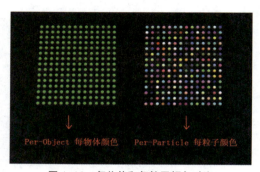

图1-18　每物体和每粒子颜色对比

> **提　示**
>
> 除了粒子颜色之外，还有粒子大小、旋转、透明等属性，都是分每粒子和每物体两个属性的。

4）每物体颜色

下面我们介绍如何控制每物体颜色。

在视图中选择粒子，按【Ctrl+A】键打开粒子属性窗口，在 particleShape1 标签页下面的 Add Dynamic Attributes（添加动力学属性）栏下单击【Color】选项，可为粒子添加每物体颜色，如图1-19所示。

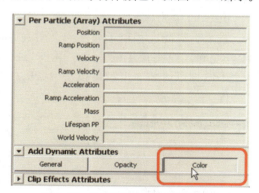

图1-19　为粒子添加颜色属性的位置

在弹出的属性框 Particle Color 中勾选第一个属性 Add Per Object Attribute，可添加每物体颜色，最后单击【Add Attribute】按钮完成添加，如图1-20所示。

图1-20　添加每物体属性

> **提　示**
>
> 添加每物体颜色完成后，为了提高视图中粒子的显示质量，可以将场景显示设置为高质量，如图1-21所示。

图1-21　高质量显示

为了观看方便，我们将场景视图设置为黑色。执行 Window → Settings / Preferences → Color Settings 命令，弹出属性窗口 Colors 中，选择 3D Views 下的 Background，如图1-22所示。

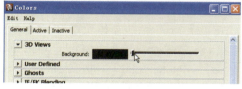

图1-22　设置为黑色

> **提　示**
>
> 按【Alt+B】键可以快速切换场景黑、白、灰三种颜色。

添加完每物体颜色后，将会在粒子渲染属性 Render Attributes 下看到 Color Red（红色）、Color Green（绿色）、Color Blue（蓝色）三个属性。通过修改这三个颜色便可调节粒子的整体颜色，如图1-23所示。

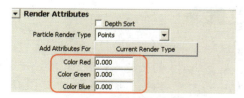

图1-23　修改粒子 RGB 颜色

5）每粒子颜色和每粒子透明

如果想对每个粒子点的颜色分别控制，可以通过

“每粒子颜色”属性完成；如果想让粒子在死亡的过程中由不透明过渡到完全透明，可以通过“每粒子透明”属性来控制。

提　示

控制每粒子属性，有两种方法：通过 Expression（表达式）控制和 Ramp（渐变）贴图控制。Expression 控制的方法会在后面章节进行介绍。

（1）添加每粒子颜色。选择粒子，按【Ctrl+A】键打开粒子属性窗口，在 Per Particle（Array）Attributes 每粒子属性框中单击【Color】按钮，在弹出的 Particles Color 对话框中，勾选 Add Per Particle Attribute（添加每粒子属性），如图 1-24 所示。

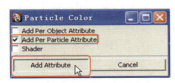

图 1–24　添加每粒子属性

添加每粒子颜色后，在 Per Particle（Array）Attributes 菜单下会出现 RGB PP（每粒子颜色）属性，如图 1-25 所示。

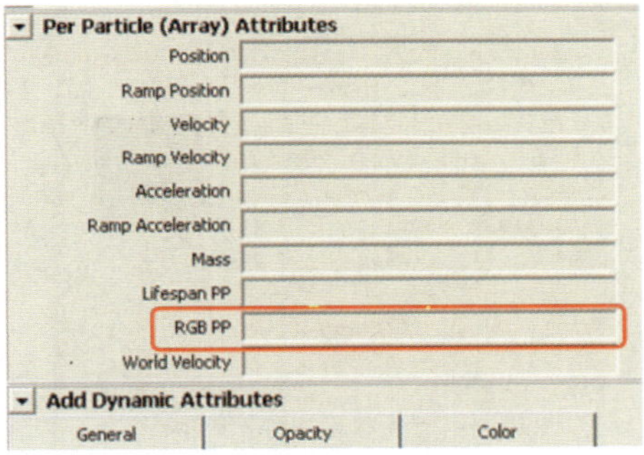

图 1–25　每粒子颜色属性

（2）控制每粒子颜色。我们可以通过创建 Ramp（渐变）贴图的方法改变粒子颜色：在 RGB PP 中按住鼠标右键不放，待弹出对话窗口后，单击 Create Ramp（创建渐变）的选项盒按钮，如图 1-26 所示。

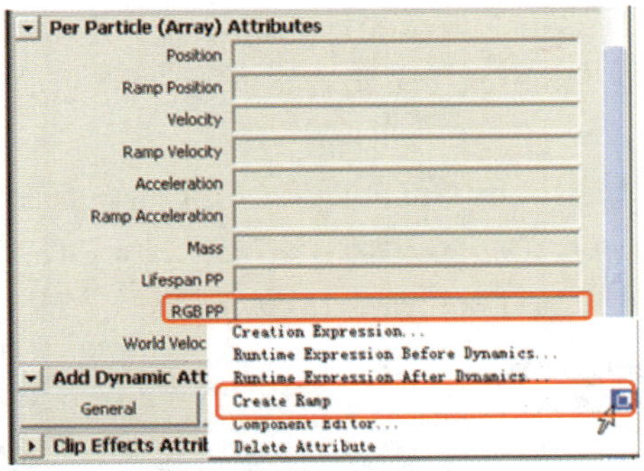

图 1–26　给每粒子属性添加 Ramp

单击 Create Ramp 的选项盒按钮，会弹出 Create Ramp Options（创建渐变选择项）属性窗口，如图 1-27 所示。在属性窗口中有三个选项，分别为 Input U、Input V 和 Map To 。

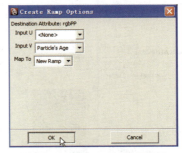

图 1–27　创建 Ramp 选项窗口

Input U（输入 U）和 Input V（输入 V）决定粒子依据 Ramp 的 U 方向还是 V 方向来为每粒子属性创建 Ramp，而 Input U 和 Input V 的选项，决定 Ramp 依据粒子的哪种属性来控制每粒子的颜色，默认的属性是 Input U 为 None（无），Input V 为 Particle’s Age（粒子的年龄）。Map To 选项中的内容是用场景中的哪个 Ramp 控制每粒子的颜色，默认为 New Ramp（创建新的渐变）。本实例中保持默认。

按照默认属性数值创建完成后，在 RGB PP 上单击鼠标右键，待弹出选项窗口后依次选择 arrayMapper1.outColorPP → Edit Ramp（编辑渐变），如图 1-28 所示。

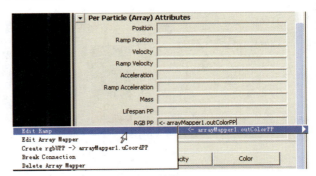

图 1–28　编辑 Ramp

进入编辑状态后将会看到一个由红、绿、蓝三个颜色构成的 Ramp 贴图，如图 1-29 所示。

在为每粒子创建 Ramp 时，所做的调整是 Input U 为 None，Input V 为 Particle’s Age（粒子的年龄），并且之前已经提到 Input U 和 Input V 是决定粒子依据 Ramp 的 U 方向还是 V 方向来为每粒子属性创建 Ramp，所以 Ramp 的 U 方向没有做控制，我们控制的是 Ramp 的 V 方向，在 Ramp 的 V 方向中是红、绿、蓝三种颜色的过渡，同时在数值上也是 0 ～ 1 的过渡。由于该 Ramp 的 V 方向依据的是粒子的年龄（Particle’s Age），所以，粒子的颜色将会随着年龄的变化而改变，粒子自身年龄为0时为Ramp底部的颜色——红色。当粒子年龄等于粒子生命时，也就是粒子寿命结束时，粒子的颜色为Ramp顶部的颜色——蓝色。粒子的年龄与Ramp的计算方式是：年龄与生命的比值age / lifespanPP，其过渡数值跟Ramp一致，都为0～1。

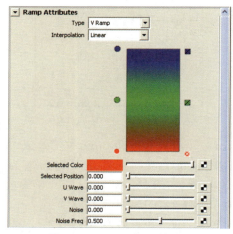

图1-29　Ramp贴图属性设置

需要注意在为每粒子创建渐变的时候控制的是Input U，还是Input V，如果控制的是Input V，则Ramp Attributes（渐变属性）下的Type（类型）渐变类型要设置为V；如果控制的是Input U，则Ramp Attributes下的Type要设置为U，如图1-30所示。

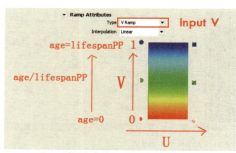

图1-30　每粒子的颜色根据V方向颜色变化

（3）控制每粒子透明。如果想让粒子在死亡的过程中由不透明过渡到完全透明，这时需要为粒子添加OpacityPP（每粒子透明）。

首先在场景中选择粒子，进入粒子属性窗口后单击【Opacity】（透明）按钮，待弹出Particle Opacity属性窗口后勾选Add Per Particle Attribute（添加每粒子属性），然后单击【Add Attribute】（添加属性）按钮，在每粒子属性通道栏中用鼠标右键单击【Opacity PP】选项，待弹出菜单后单击【Create Ramp】选项，操作步骤如图1-31所示。

图1-31　添加每粒子透明

操作步骤跟每粒子颜色添加Ramp一样，其原理是由Ramp依据每粒子年龄来控制每粒子透明度的变化，Opacity PP添加完的Ramp默认是（由下到上）白、灰、黑三种色彩，首先将Ramp的V方向调整为白到黑过渡。

粒子的透明将会随着年龄的变化而改变，粒子自身年龄age=0时，粒子的OpacityPP为Ramp底部的颜色——白色，也就是粒子Opacity PP =1（不透明），这时粒子处于完全不透明状态，随着时间的变化，当粒子年龄等于生命时，也就是粒子寿命结束时，粒子的颜色为Ramp顶部的颜色——黑色，这时粒子的透明度，粒子Opacity = 0（完全透明）。粒子的年龄与Ramp的计算方式是：年龄与生命的比值age / lifespanPP，其过渡数值跟Ramp一致，都为0～1，如图1-32所示。

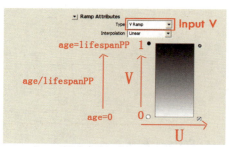

Ramp的V方向依据每粒子年龄的变化
而改变每粒子的透明

图1-32　每粒子的透明

1.2.3　硬件渲染器

粒子的以下渲染形式是software（软件渲染器）渲染不出来的，例如：MultiPoint（多点式）、MultiStreak（多条纹式）、Numeric（数字）、Points（点状）、Spheres（球状）、Sprites（精灵）、Streak（条纹）。

只有Blobby Surface（s/w）（融合曲面类型）、Cloud（s/w）（粒子云类型）、Tube（s/w）（柱状类型）这三个可以通过software（软件渲染器）渲染出来。

提　示

后缀带（s/w）代表software（软件渲染器）。

如果想要渲染这些不能使用软件渲染器渲染的粒子，需要通过硬件渲染完成。硬件渲染分为 Hardware Render Buffer（硬件截屏式渲染）与 Hardware（硬件渲染）两种。

1）Hardware Render Buffer（硬件截屏式渲染）

硬件截屏式渲染在渲染时速度很快，虽然质量比 Hardware 稍差，但是在 Maya 中渲染粒子时人们通常以该渲染器作为首选，因为它内部可调节参数较多，可以满足渲染的需要。

执行 Window → Rendering → Hardware Render Buffer 命令，进入硬件渲染器编辑窗口。单击 Hardware Render Buffer 命令后，会弹出硬件截屏式渲染器窗口，如图 1-33 所示，单击 Render → Attributes（渲染属性设置），会弹出它的属性窗口，如图 1-34 所示。

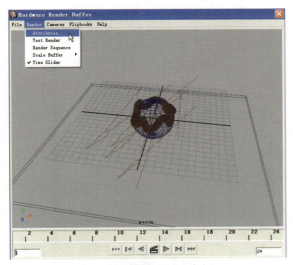

图 1-33　硬件截屏式渲染窗口

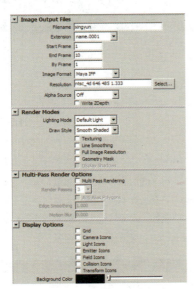

图 1-34　渲染属性窗口

【参数说明】

（1）Image Output Filses（图片输出）

- Filename（文件名称）：渲染图片的序列名称。
- Extension（扩展名）：渲染图片序列格式。
- Start Frame（开始帧）：渲染文件的起始帧。
- End Frame（结束帧）：渲染文件结束帧。
- By Frame（间隔帧）：渲染输出图片的间隔帧，默认数值为 1。
- Image Format（图片格式）：渲染图片的输出格式，默认为 Maya IFF 格式。
- Resolution（像素）：渲染图像的尺寸，单击 Select 可以选择，也可以手动输入数值修改渲染尺寸。
- Alpha Source（Alpha 通道）：输出是否带有 Alpha 通道，默认为关闭状态，在制作中我们习惯将它设置为 Hardware Alpha（硬件通道），如图 1-35 所示。

图 1-35　硬件通道

- Write ZDepth（写入 Z 通道）：是否输出 Z 通道。不勾选就不渲染 Z 通道。

（2）Render Modes（渲染模式）

现在讲解 Hardware Render 的渲染模式，如图 1-36 所示。

图 1-36　渲染模式

- Lighting Mode（灯光模式）：灯光模式有 3 种，即 Default Light（默认灯光）、All Light（场景中所有灯光）和 Select Light（所选择的灯光），如图 1-37 所示。

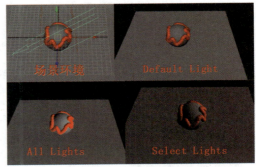

图 1-37　灯光模式对比

- Draw Style（提取渲染类型）：提取渲染类型有四种,即points(点渲染)、Wireframe(线框渲染)、Flat Shaded（粗糙模型渲染）和Smooth Shaded（光滑模型渲染），如图1-38所示。

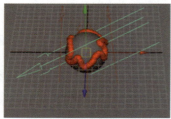

(a) 场景环境

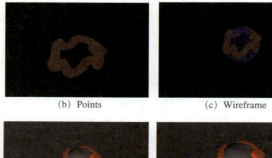

(b) Points　　　　　(c) Wireframe

(d) Flat shaded　　　(e) Smooth shaded

图1-38　渲染类型对比

- Texturing（纹理）：如果勾选该选项，则会渲染程序纹理贴图；反之，则不会渲染纹理贴图。
- Line Smoothing（线性光滑）：线性光滑，提高渲染质量。
- Full Image Resolution（完整图片像素）：保持完整图片像素。有时候渲染尺寸已经设定好，但渲出来的图片和设定的实际尺寸不一样，这时就需要勾选Full Image Resoulution，来保证渲染出来的图片和设定的图片尺寸一样。
- Geometry Mask（几何体遮挡）：几何物体之间的遮挡，类似材质球中的Black Hole，即不被渲染，但是有遮挡关系。
- Display Shadows（显示阴影）：当Lighting Mode模式不是Default Light时，Display Shadows为激活状态，勾选后则会产生阴影效果；反之，则没有阴影效果。

（3）Multi-Pass Render Options（多重渲染）

- Multi Pass Rendring（多重渲染属性）：勾选后则激活多重渲染。渲染出来的图片会更加柔和。
- Render Passes（渲染次数）：可调整渲染次数，数值越大效果越柔和，适量调整可实现很好的效果。

- Anti Alias Polygons（优化几何体）：勾选后会激活 Edge Smoothing（边缘模糊）和 Motion Blur（运动模糊）两个选项。

（4）Display Options（显示选项）。可以在如图1-39所示的窗口中选择要渲染的虚拟物体：Grid（网格）、Camera Icons（摄像机）、Light Icons（灯光）、Emitter Icons（发射器）、Field Icons（场）、Collision Icons（碰撞）或 Transform Icons（转换坐标）。还可以设置 Background Color（背景颜色），渲染效果如图1-40所示。

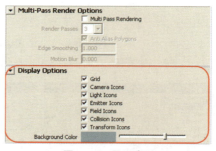

图1-39　显示选项

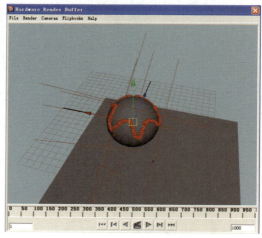

图1-40　显示渲染

2）Hardware（硬件渲染）

渲染粒子的另外一种方法就是 Hardware，也可以渲染出粒子，硬件渲染速度稍慢，但是质量比 Hardware Render Buffer（硬件截屏式渲染器）好。在 Maya 制作中如果想提高渲染质量则选择 Hardware。单击图1-41中的渲染设置图标，会弹出 Render Settings（渲染属性编辑）窗口，将 Maya Sorftware 改为 Maya Hardware，如图1-42所示。

图1-41　渲染命令

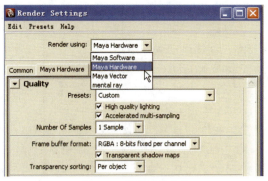

图 1-42　硬件渲染命令

1.2.4　漩涡场与扰动场

什么是场？场就是模拟现实中存在或者不存在的力。使用动力场可模拟自然界的动力运动，如重力、风。

Maya 中的场分为很多种，分别是 Air（空气场）、Drag（拖动场）、Gravity（重力场）、Newton（牛顿场）、Radial（放射场）、Turbulence（扰动场）、Uniform（统一场）、Vortex（旋涡场）和 Volume Axis（体积轴场）。在星云及消散的案例中应用了 Vortex 和 Turbulence。下面就对这两种场进行介绍，其他类型的场在后文中会陆续介绍。

1）Vortex（漩涡场）

漩涡场，顾名思义，置于其中的物体会做圆环状的抛射运动，读者可以想象从旋转的车轮上甩出的水滴所做的运动或者龙卷风所做的运动。

执行 Fields → Vortex 命令，单击 ❑（选项盒）图标，弹出漩涡场的属性窗口如图 1-43 所示。

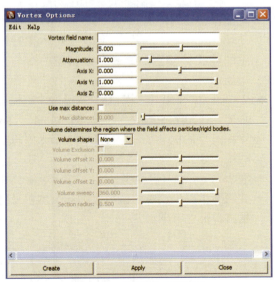

图 1-43　旋涡场的属性窗口

【参数说明】

● Vortex Field name（漩涡场名称）：设定漩涡场的名称，如此处为空白 Maya 则自动为其命名。

● Magnitude（强度）：设定漩涡场的强度。此项的值越大，漩涡场的影响力越大。此值为正数时，则漩涡场会以逆时针方向影响物体，当值为负数时，漩涡场会以顺时针方向影响物体。

● Attenuation（衰减）：当漩涡场和被影响的物体距离增加时，此项设置漩涡场强度的衰减程度。此参数的数值越大，则距离增加时强度衰减得越快。当数值为 0 时，漩涡场强度为恒量，不会受距离影响。

● Axis X/Axis Y/Axis Z（X 轴 /Y 轴 /Z 轴）：设定漩涡场沿哪个轴向影响粒子的作用力。

● Use max distance（使用最大距离）：如果打开 Use max distance 选项，由 Max distance 设置区域范围内的对象将受到漩涡场的影响。如果关闭此项，无论被影响对象距离有多远，都会受到场的影响。

● Max distance（最大距离）：设置漩涡场影响的最大距离。必须勾选 Use max distance，Max distance 才会起作用。

● Volume shape（体积形状）：设定漩涡场体积形状，包含 None（无）、Cube（立方体）、Sphere（球体）、Cylinder（圆柱体）、Cone（圆锥体）和 Torus（圆环体）等六种形状。如果将漩涡场改变为体积形态，那么只有体积范围内的空间才可以影响粒子，如图 1-44 所示。

图 1-44　体积形状对比

● Volume Exclusion（体积排除）：勾选该项，当前体积范围内的部分将不受到漩涡场的影响；相反，如果关闭该项则当前体积范围外的部分不受漩涡场影响。

● Volume offset X/Volume offset Y/Volume offset Z（体积偏移 X/ 体积偏移 Y/ 体积偏移 Z）：设定体积偏移力的距离。Volume Offset 是根据漩涡场的局部坐标而定位，所以旋转体积时则设定的体积偏移也随之转动。

● Volume sweep（体积扫描）：设定体积旋转角度，只能作用于 Sphere、Cylinder、Cone、Torus 这 4 种体积类型的漩涡场，该参数对 Cube 类型体积漩涡场无效。

● Section radius（界面半径）：设定圆环截面的半径，该参数值越大则环形发射器截面越粗，当值为 0 时，环形就变成一个圆。

2）Turbulence（扰动场）

扰动场可以使置于其中的物体产生无规律的运动。扰动场和其他场搭配可以模仿自然界中某些物体（如空气、水）无规律的运动。

打开 Maya，按【F5】键切换到 Dynamics 模块，在场景中绘制粒子栅格，保持粒子为选择状态，执行 Fields → Turbulence 命令，粒子扰动前后对比如图 1-45 所示。

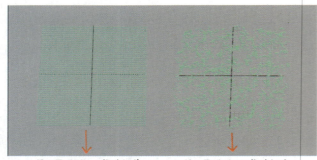

添加 Turbulence 扰动场前　　添加 Turbulence 扰动场后

图 1-45　粒子扰动前后对比

单击 Turbulence 命令后面（选项盒）图标，打开扰动场属性设置窗口扰动场内部的属性，如图 1-46 所示。

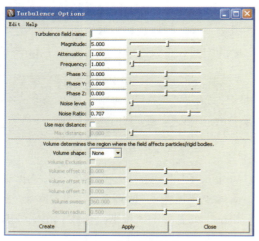

图 1-46　扰动场属性窗口

【参数说明】

- Turbulence field name（扰动场名称）：设定扰动场的名称，如空白则 Maya 自动为其命名为 turbulenceField1，turbulenceField2……。
- Magnitude（强度）：设定扰动场的强度。此数值越大，扰动场的影响力越大。我们可以使用正直或负值以随机方式来影响物体。
- Attenuation（衰减）：此项设置扰动场强度的衰减程度。此项的数值越大，则距离增加时强度衰减得越快。此项值为 0 时，扰动场强度为恒量，不会受距离影响。

- Frequency（频率）：设定扰动场的频率。该参数值越大，则被影响物体无规律运动的频率越高，物体运动越不规则。
- Phase X/Phase Y/Phase Z（X 相位 /Y 相位 /Z 相位）：设定扰动场相位的大小。可控制扰动场在 X，Y，Z 方向上分裂。
- Noise level（噪波级别）：该参数越大，扰动场越不规则，场中的被影响物体也就越随机。
- Noise Ratio（噪波率）：添加细节扰动，当 Noise level 为 0 的时候，Noise Ratio 属性无效。
- Use max distance（使用最大距离）：如果打开 Use max distance 选项，由 Max distance 设置区域范围内的对象将受到扰动场的影响。如果关闭此项，无论被影响对象距离有多远，都会受到场的影响。
- Max distance（最大距离）：此项设置扰动场所能影响的最大距离。必须打开 Use max distance，Max distance 才会起作用。
- Volume shape（体积形状）：设定体积的形状。可包括的选项为 None（无）、Cube（立方体）、Sphere（球体）、Cylinder（圆柱体）、Cone（圆锥体）和 Torus（圆环体）等 6 种。
- Volume Exclusion（体积排除）：勾选此项，当前体积范围内的部分将不受扰动场的影响；相反，如果关闭该项则当前体积范围外的部分将不受到扰动场影响。
- Volume offset X/Volume offset Y/Volume offset Z（体积偏移 X/ 体积偏移 Y/ 体积偏移 Z）：设定偏移力场的距离。Volume Offset 是根据扰动场局部坐标而定的，所以旋转体积时则设定的体积偏移也随之转动，制作中很少会被用到。
- Volume sweep（体积扫描）：设定体积的旋转角度，作用于 Sphere、Cylinder、Cone、Torus 体积类型的扰动场，该参数对 Cube 体积类型的场无效。
- Section radius（界面半径）：设定 Torus 体积的截面圆半径，该参数值越大则环形体积发射器越粗，反之则越细。

1.2.5　小试牛刀——星云

在一些影片中，经常看到星空中星云的转动效果，下面我们就用粒子来制作星云的效果。制作星云非常简单，首先用绘制粒子工具绘制出星云的效果，然后给粒子加漩涡场，最后渲染合成。用这种方法还可以模拟龙卷风形成螺旋效果，如图 1-47 所示。

图1-47 星云效果图

1) 创建星云形态

1 打开 Maya 软件，按【F5】键进入动力学 Dynamics 模块，首先将视图切换为 top（顶）视图。

2 执行 Paritlces → Particle Tool 命令，单击该命令后面 ▢（选项盒）图标打开其属性设置窗口，勾选 Sketch particles（绘制粒子）选项，并设定属性 Conserve（继承）为 0.5，Number of particles（粒子数量）为 15，Maximum radius（最大半径）为 2.5，如图 1-48 所示。设置完成后在顶视图用鼠标左键绘制粒子，如图 1-49 所示。

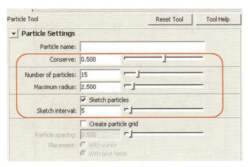

图1-48 属性设置

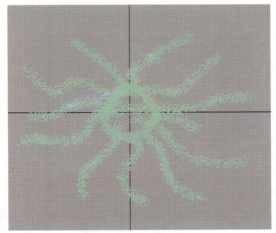

图1-49 绘制粒子

3 粒子效果绘制完毕后，在视图中选中所创建的粒子，执行 Fields → Vortex（漩涡场）命令，为其添加动力学场来影响它的动态，从而改变粒子的形态。

4 将视图切换到 persp（透视图），单击播放按钮观看效果，如图 1-50 所示。

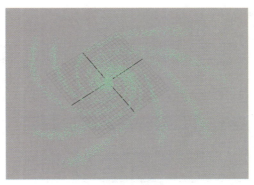

图1-50 播放效果

2) 调节星云颜色

1 回到 particleShape1 标签下，添加每物体颜色，并且把粒子渲染形式改为多条纹式，在添加完每物体颜色后将会在粒子 Render Attributes（渲染属性）下看到 Color Red（红色），Color Green（绿色），Color Blue（蓝色）三个属性，分别设置为 R：1，G：0.55，B：0.4，并勾选 Color Accum（颜色叠加）和 Use Lighting（使用灯光），设置 Multi Radius（多条粒子分部半径）为 0.909，Tail Size（尾部大小）为 0.864，如图 1-51 所示。

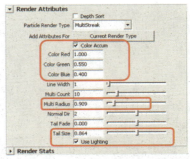

图1-51 粒子颜色和形态设置

2 在透视图中观看粒子云的效果，并保存文件，如图 1-52 所示。

图 1-52　播放观察

3）渲染输出与合成

1 我们通过硬件渲染器对粒子进行渲染，在 Hardware 中将 Presets（渲染质量）设置为 Production quality（产品质量），降低 Number Of Samples（采样次数数值）为 4，其他选项保持默认，如图 1-53 所示。

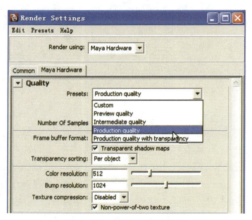

图 1-53　设置产品级渲染

2 渲染完毕后将渲染出来的序列图片导入到后期软件进行简单合成，最终完成星云制作，如图 1-54 所示。

图 1-54　渲染合成效果

1.2.6　小试牛刀——消散

在电影中我们经常会看到字幕出现后像灰尘一样被风吹散的效果，下面我们就来制作这种效果，这个例子还是用绘制粒子工具绘制出"2012"字样，然后添加扰乱场来制作粒子的吹散效果，最后给粒子添加 Ramp 控制每粒子的颜色和透明。运用类似的方法，还可以制作出花瓣飘散、满地纸屑被风吹散等效果。完成消散效果，主要运用的是 Particle Tool（粒子创建工具）和 Turbulence（扰动场）两个命令，如图 1-55 所示。

图 1-55　2012 消散效果

1）绘制"2012"图案

1 打开 Maya 软件，按【F5】键切换到 Dynamics 模块，执行 Create → Text 命令，输入 2012 单击【Create】按钮，打开 Particle Tool（粒子工具）属性窗口，调整 Number of particles（粒子数量）为 22，Maximum radius（粒子分布范围）为 0.918，勾选 Sketch particles（粒子绘制）选项，将 Sketch interval（粒子绘制间隔）设置为 5，如图 1-56 所示。设置完成后，在顶视图中按照创建的文字曲线绘制 2012 图案，绘制完成后把曲线隐藏，绘制效果图 1-57 所示。

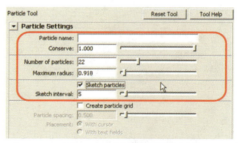

图 1-56　粒子属性设置

图 1-57　绘制效果

2 在视图中选中粒子并且为粒子添加 Turbulence，扰动场添加完成后，按【Ctrl+A】键打开扰动场属性设置窗口，将扰动场强度数值 Magnitude 设置为 30，扰动场的 Volume Shape（体积类型）设置为 Cube（立方体），并对 Turbulence 进行位移和缩放，最后将扰动场的 Attenuation（衰减）降低为 0，其他属性数值暂时不做调整保持默认，具体参考数值如图 1-58 所示，最终效果如图 1-59 所示。

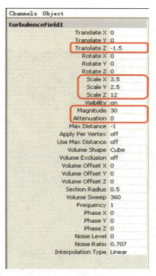

图 1-58　扰乱场属性设置

图 1-59　扰乱场大小设置

2）控制粒子动态

1 Turbulence 数值设置完成后，从第 1 帧到第 120 帧为扰动场从右向左制作位移动画，并为扰动 Phase X（轴相位）制作关键帧动画，目的是实现 Turbulence 无规律扰动，数值为 0 ~ 10，如图 1-60 所示。

图 1-60　扰乱场动画设置

2 选择粒子（绘制的 2012 粒子图案），按【Ctrl+A】键打开粒子属性窗口，将生命的模式调整为 Lifespan Random（随机生命），将 Lifespan（生命）设置为 7，Lifespan Random 也设置为 5，将粒子 Conserve（继承）设置为 0.9，播放动画，如图 1-61 所示。

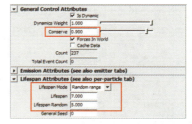

（a）属性设置

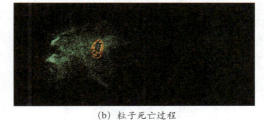

（b）粒子死亡过程

图 1-61　生命设置

3）调整粒子颜色

1 选择粒子，按【Ctrl+A】键打开粒子属性窗口，在 Per Particle（Array）Attributes（每粒子属性框）中单击【Color】按钮，如图 1-62 所示；同时会弹出 Particles Color（粒子颜色）对话框，勾选 Add Per Particle Attribute（每粒子颜色属性）后，单击【Add Atribute】按钮，如图 1-63 所示。

图 1-62　添加颜色属性

图 1-63　每粒子属性

2 添加每粒子颜色后在 Per Particle（Array）Attributes（每粒子属性框）下面会出现每粒子 RGB PP 属性，如图 1-64 所示，然后在每粒子 RGB PP 中按住鼠标右键不放，待弹出对话窗口后，单击 Create Ramp 的属性窗口图标，如图 1-65 所示。

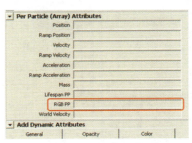

图 1-64　每粒子颜色

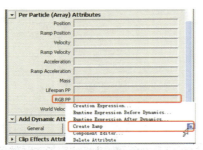

图 1-65　给每粒子属性添加 Ramp

3 单击 Create Ramp 的选项盒按钮图标后将会弹出 Create Ramp Options（创建渐变选择项）属性窗口。在属性窗口中有 3 个选项，分别为 Input U、Input V、Map To。单击【OK】按钮创建 Ramp，如图 1-66 所示。

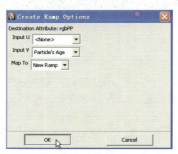

图 1-66　创建渐变选项窗口

4 在每粒子 RGB PP 上单击鼠标右键，待弹出属性窗口后依次选择【arrayMapper1.outColorPP】中的【Edit Ramp】选项，如图 1-67 所示。

图 1-67　编辑渐变

5 进入编辑状态后将会看到一个由红、绿、蓝 3 个颜色构成的 Ramp（渐变）贴图。

6 将 Ramp 的颜色调整得丰富一些，如图 1-68 所示。

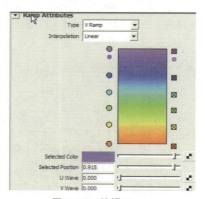

图 1-68　编辑 Ramp

7 播放动画会发现粒子在死亡的过程中有颜色变化的效果，如图 1-69 所示。

图 1-69　播放动画效果

4）调整粒子透明

1 如果想让粒子在死亡的过程中由不透明过渡到完全透明，这时需要为粒子添加 OpacityPP（每粒子透明属性）。首先在场景中选择粒子，进入粒子属性窗口后单击【Opacity】按钮，待弹出粒子 Particle Opacity 属性窗口后勾选 Add Per Particle Attribute 选项，然后单击【Add Attribute】（添加属性）按钮，在每粒子属性通道栏中用鼠标右键单击【Opacity PP】选项，待弹出菜单后单击【Create Ramp】选项，操作步骤如图 1-70 所示。创建完成后将其保持默认，不予以修改。

图 1-70　创建每粒子透明

2 为了增加视图内的观看质量先将场景设置为高质量显示，如图 1-71 所示。

图 1-71　高质量显示

3 场景被设置为高质量显示后，将粒子的渲染类型改为多点式，并勾选 Color Accum（颜色叠加）选项，将 Multi Count（重复数量）调整为 8，Multi Radius（粒子分部范围）调整为 1.405，Normal Dir（法线方向）

保持默认为 2，Point Size（粒子大小）调整为 1，勾选 Use Lighting（使用灯光）选项，如图 1-72 所示。

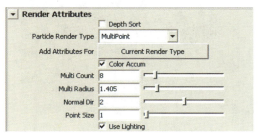

图 1-72　粒子渲染类型属性设置

4 如果想得到较好渲染质量的话，就用 Hardware（硬件渲染器）渲染，调整渲染方式为 Maya Hardware（硬件渲染），将渲染级别设置为 Production quality（产品质量），然后降低 Number Of Samples（采样次数）为 4 次，如图 1-73 所示。

图 1-73　硬件渲染属性设置

全部设置完成后调整好视图并进行批量渲染，如图 1-74 所示。

图 1-74　最终渲染效果

1.3　基本发射器创建粒子——飞行的火箭

不仅可以用手动工具创建粒子，还可以用发射器创建粒子，这样可以更直观、更容易地观察和控制粒子。本节讲解如何用基本发射器创建粒子、基本发射器的 3 种类型，学习设置粒子的初始状态和创建粒子缓存的方法。最后，通过制作火箭尾焰加深对基础命令的理解，最终效果如图 1-75 所示。

图 1-75　最终渲染合成效果

1.3.1　基本发射器

粒子基本发射器是 Maya 提供的用来自动创建粒子的发射装置，可以通过调节相应属性创建粒子集群，并控制粒子的发射数量、发射速度，以及发射形状和发射方向等。

基本发射器的位置：Dynamics → Particles → Create Emitter。

Maya 的基本发射器有 3 种类型：Omnii Emitter（粒子全局发射器）、Directional Emitter（方向发射器）和 Volume Emitter（体积发射器）。

1）Omni Emitter（粒子全局发射器）

默认状态下，创建的粒子发射器是 Omni 全局发射器，现在打开粒子发射器的属性窗口，如图 1-76 所示，可以看到 Omni（全局）发射器的属性窗口中有很多属性为灰色、处于关闭状态，这些关闭状态的属性对粒子全局发射器没有任何影响，这里只讲解可编辑的属性。

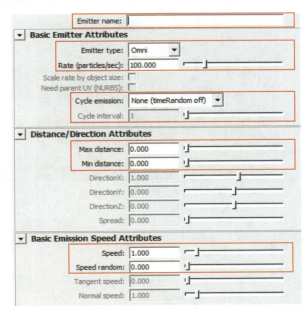

图 1-76　粒子全局发射器属性窗口

【参数说明】

- Emitter name（发射器名称）：如果输入名称，则创建出的发射器将以输入的名称命名，如果此处为空，则粒子将以 Maya 默认的命名方式 Emitter1，Emitter2……命名。
- Emitter type（发射器类型）：可以选择粒子发射器的发射类型，如图 1-77 所示。

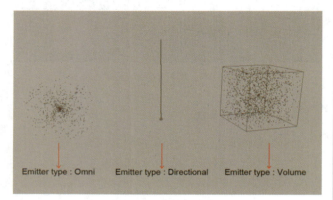

图 1-77　发射类型对比

  - ➤ Omni（全局发射）：发射器以自身中心为发射源向全方向发射粒子，粒子将被发射到各个方向。
  - ➤ Directional（方向发射）：发射器以自身中心为发射源向指定的方向发射粒子，粒子将会按照 X、Y、Z 轴的方向进行发射。
  - ➤ Volume（体积发射）：发射器从一个有限的空间体积进行发射。
- Rate（particles/sec）（粒子发射数量）：每秒从发射源发射粒子的数目，数值越大，数量越多，反之每秒发射的数量减少，如图 1-78 所示。

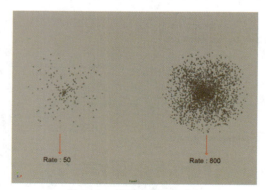

图 1-78　粒子发射数量对比

- Cycle emission（循环发射）
  - ➤ None（timeRandom off）：发射的循环序列不会被开启；
  - ➤ Frame（timeRandom on）：用户指定的以"帧"为单位循环发射粒子。

对比效果如图 1-79 所示。

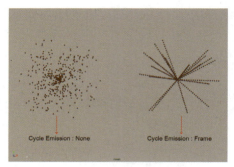

图 1-79　循环发射

- Cycle interval（循环间距）：粒子发射器开始延续循环发射粒子的时间，（当此数值为 3 时，发射器会在第 3 帧的状态下循环发射粒子，当此值为 10 时，发射器会以粒子在场景中第 10 帧的状态循环发射粒子），此项只有在 Frame（timeRandom on）被选择的时候才被激活，如图 1-80 所示。

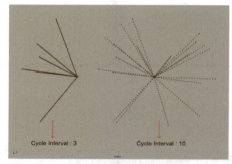

图 1-80　循环间距对比

- Max distance（最大距离）：设定粒子被发射的初始位置与发射器之间的最远距离，可以输入 0 或者更大的数值，但不能低于 Min distance 的数值。
- Min distance（最小距离）：设定粒子被发射的初始位置与发射器之间的最近距离，默认值为 0，可以输入 0 或者更大的数值。

调整发射器的 Min distance 数值为 8，Max distance 数值为 9，发射器将会从距离自身 8～9 之间的球形区域向周围发射粒子，如图 1-81 所示。

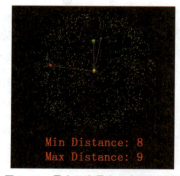

图 1-81　最大距离最小距离数值设置

在发射器的属性编辑器中再将发射器的类型调整为 Directional，Min distance 数值为 5，Max distance 数值为 10，这样可以更清楚地发现粒子是在距离发射器 5 ~ 10 之间被发射出来的，如图 1-82 所示。

图 1-82　距离测量

- Speed（发射速度）：控制粒子被发射器发射出的初始速度，值越大速度就越快。
- Speed random（随机速度）：可以使粒子不依靠表达式而产生随机的速度。每个粒子发射的速度范围是 Speed–Speed random/2 ~ Speed +Speed random/2。

2）Directional（方向发射器）和Volume（体积发射器）

我们已经学习了 Omni（全局发射器），现在再来学习两种发射器，一种是 Directional，另一种是 Volume。

（1）Directional（方向发射器）

打开粒子发射器属性窗口，将发射器类型切换到 Directional，图中灰色的属性为关闭状态不会对粒子有任何影响，这里只讲解可编辑区域的属性，如图 1-83 所示。

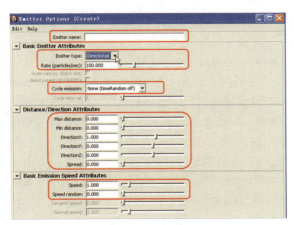

图 1-83　方向发射器属性窗口

【参数说明】

表 1-1 中的属性与 Omni（全局发射器）相同，这里给出中英文对照。

- Direction X/Direction Y/Direction Z（发射方向 X/ 发射方向 Y/ 发射方向 Z）：当发射器设置为 Directional（方向发射器）和 Volume（体积发射器）类型时此值将可以控制粒子在空间坐标的发射方向。

表 1-1　属性中英文对照

英　　文	中　　文
Emitter name	发射器名称
Emitter type	发射器类型
Rate（particles/sec）	粒子发射数量
Cycle emission	循环发射
Cycle interval	循环间距
Min distance	最小距离
Max distance	最大距离
Speed	发射速度
Speed random	随机速度

- Spread（展开角度）：在发射器为 Directional 类型时被激活，这个值定义了粒子发射所经过的锥状区域，这个值的调整范围在 0 ~ 1 之间，单位是"1π"弧度（1 弧度 ≈ 57.3248°），1π 弧度 ≈ 1×3.14 弧度 ≈ 180°，0.5 弧度大约是 90°，1 弧度大约为 180°。

可以将粒子方向发射器的 Spread 调整为 0.2 弧度，其他参数保持不变，如图 1-84 所示。

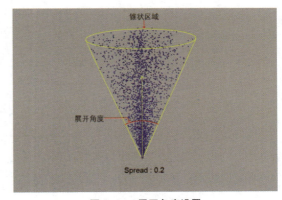

图 1-84　展开角度设置

（2）Volume（体积发射器）

打开粒子发射器属性窗口，将发射器类型切换到 Volume。同样，图中灰色的属性为关闭状态不会对粒子有任何影响，这里只讲解可编辑区域的属性，如图 1-85 所示。

粒子发射器的属性中前半部分是通用属性，我们之前已经讲解过，这里不做过多解释，只对新的参数进行说明。

【参数说明】

- Scale rate by object size（物体缩放控制发射数目）：勾选后体积发射器的体积大小将影响发射器数量的多少，体积越大，发射数量越多，体积越小，发射数量越少，此属性默认为不勾选状态。

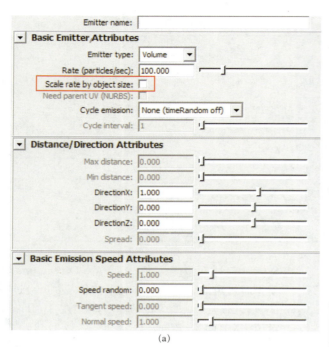

(a)

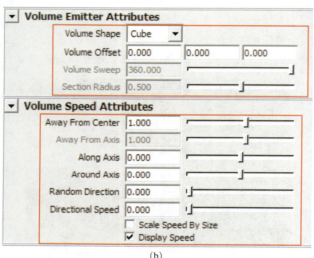

(b)

图 1-85　体积发射器属性窗口

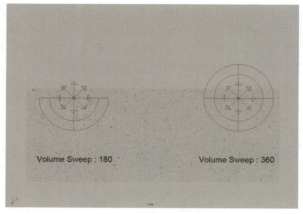

图 1-86　体积扫描对比

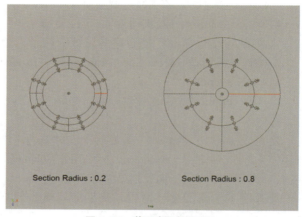

图 1-87　截面半径数值对比

- Volume Shape（体积形状）：体积形状有 5 种，分别是 Cube、Sphere、Cylinder、Cone、Torus。
- Volume Offset（体积偏移）：控制体积形状相对发射器之间的偏移，偏移数值是以发射器自身坐标为参考。
- Volume Sweep（体积扫描）：定义了除了形体为 Cube 的其他形体的体积范围，如图 1-86 所示。
- Section Radius（截面半径）：在体积形状为 Torus 时才被激活，控制 Torus 截面半径的大小，如图 1-87 所示。
- Away From Center（离开中心点）：只有在 Volume Shape 为 Cube、Sphere 时被激活，指定粒子从中心处向各方向移动的速度。

- Away From Axis（离开中心轴）：指定粒子离开圆柱、圆锥或圆环体积中心时的速度。当 Volume Shape 为 Cylinder、Cone、Torus 时被开启。
- Along Axis（沿中心轴）：指定粒子沿着所有体积中心轴运动时的速度。对立方体和球体体积发射器而言，中心轴被定义为 Y 轴正半轴。
- Around Axis（围绕中心轴）：指定粒子围绕所有体积中心轴运动时的速度，如 1 为顺时针，则 -1 就为逆时针。
- Random Direction（随机方向）：为粒子发射时增加随机无规律方向的力。
- Directional Speed（方向速度）：在指定的 X、Y、Z 方向上增加粒子的移动速度。
- Scale Speed By Size（根据尺寸缩放速度）：如果打开这个选项，当用户增大发射器的体积时，粒子的发射速度也就随之增加，反之则衰减。
- Display Speed（显示速度）：打开时会显示速度的方向箭头，在粒子创建发射窗口中没有该属性，我们需要切换到发射器的通道栏中进行编辑，如图 1-88 所示。

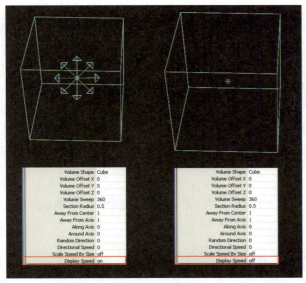

图1-88 显示速度

图1-90 播放动画

图1-91 设置前后对比

1.3.2 Initial State（设置粒子初始状态）

初始状态就是粒子在第1帧的状态。设置初始状态，就是将粒子当前的状态设置为第1帧的状态。假设我们有一个发射器，并且要让发射器发射了一定数量的粒子后作为场景的开始，可以播放动画，看到粒子已发射到预期的状态时停止动画，然后设置当前属性值作为最初的状态。回到第1帧，以设定的状态作为初始状态。

在主菜单 Solvers → Initial State 选项下，如果选择 Set for Selected，会将所选的动力学对象的当前状态设置为初始状态，如果选择 Set for All Dynamic，则将场景中所有的动力学对象当前状态设置为初始状态。

例如，在场景中创建两组栅格粒子，如图1-89所示。

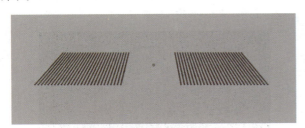

图1-89 两组栅格粒子

在视图中选中两组粒子并且添加 Turbulence 扰动场，播放动画，让粒子产生动画，如图1-90所示。

可以选择两组粒子中的任意一组，选择主菜单 Solvers → Initial State → Set for Selected 选项，为选择的粒子创建初始状态。

将动画返回到第1帧，可以看到一组粒子回到了模型的初始状态，而另一组粒子以扰动后的状态作为第1帧的初始状态，设置前后对比如图1-91所示。

1.3.3 Create Particle Disk Cache（创建粒子缓存）

缓存是将动力学模拟的粒子动态数据以 data 文件的形式储存到硬盘中，再次播放动画时，Maya 从硬盘中读取粒子动态数据，便可以还原粒子动态。这样做可以提高场景的播放速度，提高渲染效率，特别是在使用多处理器进行批渲染时，Maya 从硬盘缓存中加载数据，而无须重新计算，避免了渲染开始阶段的粒子"预备过程"。

Create Particle Disk Cache 命令的菜单位置：Solvers → Create Particle Disk Cache。

打开 Create Particle Disk Cache 创建粒子磁盘缓存属性窗口，如图1-92所示。

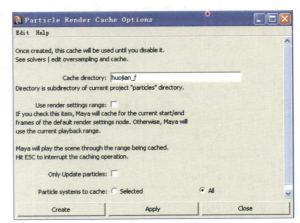

图1-92 粒子磁盘缓存属性窗口

【参数说明】

● Cache Directory（缓存路径）：设定粒子磁盘缓存的储存位置，默认保存到用户的工程目录中 Particles 文件夹下，如图1-93所示。

图 1-93　缓存文件夹

这里在此处的属性窗口中只需填写当前场景的名称，此处的名称自动默认为当前场景的名称，如果此处不是当前场景名称，选择 Edit → Reset Settings，将会自动命名为当前场景名称，如图 1-94 所示。

图 1-94　缓存文件夹命名

- Use render settings range（使用全局范围）：勾选此项，粒子磁盘缓存的时间创建范围取决于 Render Global 中的时间范围设置。
- Particle systems to cache（缓存的粒子系统）：如果点选 Select（所选）项，则 Maya 仅为场景中可见的粒子系统（不含中间粒子系统）创建磁盘缓存；如果点选 ALL（所有）项，Maya 将为场景中所有的粒子系统创建磁盘缓存。

> ⚠ **注 意**
>
> 粒子缓存创建完成后，将不再受动力学解算。

如果对当前效果不满意可以通过下面的这个编辑缓存。菜单位置：Solvers → Edit oversapling or Cache Settings...（编辑采样率和缓存）。

打开 Edit oversampling or Cache Settings 的属性窗口，其属性设置如图 1-95 所示。

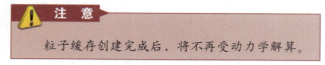

图 1-95　属性设置

【参数说明】

- Oversampling（采样值）：设定动力学解算的采样级别，此值越大则解算越精确。

- Use Particle Disk Cache（使用粒子磁盘缓存）：此项决定了 Maya 是否使用磁盘缓存。当用户创建缓存时，此属性会被自动打开。如果用户不希望使用磁盘缓存，则可以在此关闭这个选项。用户也可以重新创建缓存。
- Cache Directory（缓存路径）：设定磁盘缓存的储存路径。利用此项用户也可以使用多个磁盘缓存。
- Min Frame Cached/Max Frame Cached（缓存的最小帧 / 缓存的最大帧）：磁盘缓存数据中记录了解算数据的最小和最大帧，也就是所创建缓存的范围。

1.3.4　小试牛刀——飞行的火箭

相信读者在电视节目中都看过火箭发射时的场面，火箭升空时助推器的后面会带有长长的尾焰，但是当火箭进入太空以后我们就看不到它了。为了给观众讲解火箭在太空中的状态，往往会用三维动画模拟火箭的飞行状态。本节我们就来学习如何制作火箭的尾焰。制作火箭尾焰效果使用了圆柱形粒子发射器，通过调节粒子发射器和粒子的参数来实现火箭尾焰的形态，其次用 Ramp 贴图来控制每粒子颜色来模拟尾焰的颜色，最后用截屏硬件渲染器来渲染粒子。用这种方法还可以制作战斗机尾焰、宇宙的光线、激光灯等效果。

1）创建尾焰形态

打开光盘 \Project\1.3.4Rocket\scenes\1.3.4Rocket_base.ma，在这个文件中已经为火箭模型制作了路径动画。

1 火箭推动器的形状为圆柱形，所以这里创建 Volume（体积发射器），并将发射器的类型调整为 Cylinder（圆柱形），如图 1-96 所示。

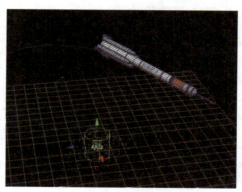

图 1-96　创建发射器

2 按【F2】键进入 Animation 模块，首先在场景中先选择火箭模型，然后再按住【Shift】键在场景中加选体积发射器，执行 Constrain → Parent（父子约束）命令，单击命令后面的选项盒图标，进入 Parent 的属性编辑窗口，去掉 Maintain offset（保持位置）选项的勾选，如图 1-97 所示。

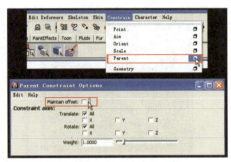

图 1-97　父子约束设置

3 Parent 的属性设置完成后单击【Apply】按钮，粒子发射器的中心位置将匹配到火箭物体的中心位置上，如图 1-98 所示。

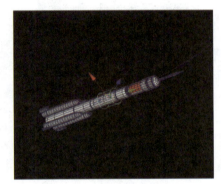

图 1-98　发射器和火箭匹配

4 按住【W】键并单击鼠标左键然后拖动鼠标，将位移坐标由世界坐标切换成 Object 物体坐标，然后调整体积发射器的位置，将其调整到火箭的尾部，并调整其大小，如图 1-99 所示。

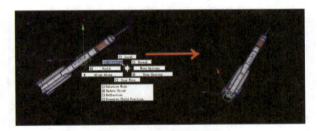

图 1-99　发射器位置调整

5 打开 Outliner 窗口，将体积发射器和粒子打成一个组（按【Ctrl+G】键），并命名为 fx_Huojian，将体积发射器命名为 huojian_Emitter1，粒子命名为 fire_Particle1。现在播放动画，发现体积发射器又回到了火箭物体的中心点位置上，所以现在要重新将发射器对好位置，最后将体积发射器层级下的 emitter1_parentConstraint1（Parent 约束节点）删除，如图 1-100 所示。

6 重新为粒子发射器创建 Parent 约束。再次选择火箭物体，并且加选体积发射器，最后打开 Parent 属性调节窗口，勾选 Maintain offset 命令，单击【Apply】按钮完成约束创建，如图 1-101 所示。

图 1-100　删除 Parent（父子）约束节点

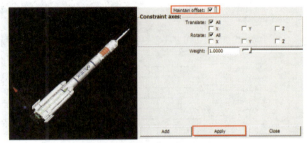

图 1-101　父子约束属性设置

7 接下来调整发射器发射粒子的动态效果，将火箭的动画关闭，这样在编辑发射器属性时方便预览粒子的动态效果，一般操作方法是选择火箭，在通道属性栏中，用鼠标左键选择位移和旋转通道，然后按住鼠标右键待弹出菜单后单击【Mute Selected】命令，如图 1-102 所示。

图 1-102　动画关闭

8 将体积发射器的 Away From Center 属性数值调整为 0，Away From Axis 属性数值调整为 0，Along Axis 属性数值调整为 -20，Speed random 属性数值调整为 5，播放动画观看效果，如图 1-103 所示。

图 1-103　发射器数值调整

9 将粒子生命 Lifespan 属性数值调整为 0.4，Lifespan Random（生命随机数值）调整为 0.3，然后选择粒子将粒子渲染类型修改为 MultiStreak（多条纹渲染）类型，播放动画后，发现发射器每秒发射粒子数量较少，增加发射器每秒发射粒子数量 Rate（Particles/Sec）为 500，最后编辑 MultiStreak 中的属性数值，勾选 Color Accum 选项，调整 Multi Count 属性数值为 9，Multi Radius 为 0.088，Tail Size 为 4.132，其他属性属性数值保持不变，播放动画观看效果，如图 1-104 所示。

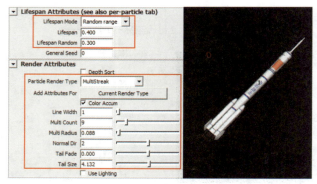

图 1-104　发射数值调整

2）调整尾焰颜色

1 选择粒子，为粒子添加每粒子颜色属性和每粒子透明属性，添加完成后全部依据 ParticleAge（粒子年龄）添加 Ramp，如图 1-105 所示。

图 1-105　添加颜色和透明

2 打开 Hardware Render Buffer 渲染器，在 Render Modes（渲染模块）下勾选 Line Smoothing 和 Full Image Resolution 选项，在 Multi-Pass Render Options（多重渲染选项）下勾选 Multi Pass Rendering 选项，将 Render Passes 调整为 5，勾选 Anti Alias Polygons 选项，调整 Edge Smoothing 属性数值为 1，将 Motion Blur 调整为 2。调整完后进行渲染，如图 1-106 所示。

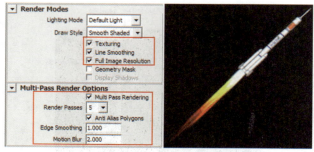

图 1-106　属性设置及渲染效果

3）调整尾焰形态

1 如果想让火箭在初始帧就有火苗的效果，就需要为粒子设定初始状态。播放动画，粒子发射器发射出粒子效果，选择粒子，执行 Solvers → Initial State → Set

for Selected 命令，火箭将在第 1 帧有火苗效果，如图 1-107 所示。

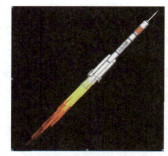

图 1-107　设定初始状态

2 选择火箭的位移和旋转通道，按住右键执行 Unmute Selected 命令，播放动画，如图 1-108 所示。

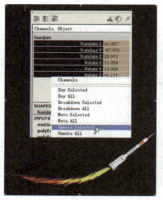

图 1-108　解锁动画后的效果

> **提　示**
>
> 播放动画后，发现在火箭拐弯时尾焰发生了弯曲，真实的尾焰不会出现这样的现象。下面我们用创建粒子缓存的方式解决这个问题。

3 将时间调回到第 1 帧，选择粒子，关闭发射器的位移和旋转通道（执行 Mute Selected 命令）。然后创建粒子缓存（Create Particle Disk Cache），打开创建粒子缓存面板，在 Cache Director 属性窗口中填写当前场景的名称，其他属性保持默认状态，单击【Create】按钮，粒子缓存创建完毕后，选择火箭物体的位移和旋转通道（执行 Unmute Selected 命令），播放动画，如图 1-109 所示。

> **提　示**
>
> 播放动画发现粒子不再跟随发射器运动，没关系。在这一步出现这样的效果是正确的，在下一步我们将解决这个问题。

4 将时间返回第 1 帧，选择火箭模型，然后加选粒子，执行 Parent 命令，播放动画，这时粒子跟随火箭运动了，而且不再有扭曲和拉伸效果，如图 1-110 所示。

图1-109　发射器不跟随物体运动

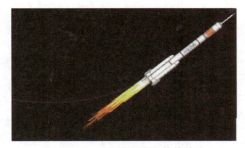

图1-110　不再有扭曲和拉伸效果

5 将火箭和粒子进行批量渲染并进行简单合成，实现最终效果，如图1-111所示。

图1-111　最终渲染合成效果

1.4　物体发射器创建粒子——燃烧的照片

之前我们学习了两种创建粒子的方法，一种是Particle Tool（粒子工具），另一种是Create Emitter（创建发射器）。本节我们来学习第三种创建粒子的方法——Emit from Object（物体发射器）。这节我们会介绍Emit from Object的4种类型及如何用贴图控制Emit from Object发射粒子的颜色和区域，最后通过制作"燃烧的照片"巩固所学知识。

1.4.1　Emit from Object（物体发射器）

Emit from Object是作用到物体及曲线上创建粒子的工具，使物体及曲线充当发射器来发射粒子。物体发射器应用范围非常广泛，可以在物体的表面或物体的顶点上发射粒子。

Emit from Object命令所在的菜单位置：Particles → Emit from object，如图1-112所示。

图1-112　物体发射命令的位置

现在打开粒子物体发射器的属性窗口，讲解内部的属性参数，如图1-113所示。

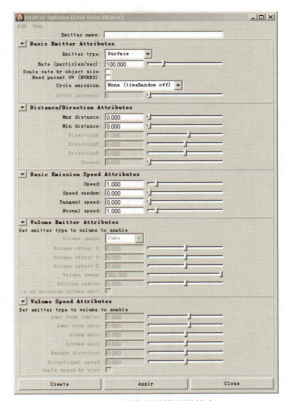

图1-113　物体发射器的属性窗口

【参数说明】

● **Emitter name**（发射器名称）：如果输入名称，则创建出的发射器将以输入的名称命名，如果此处为空，则粒子将以Maya默认的命名方式Emitter1，Emitter2，Emitter……命名。

（1）Basic Emitter Attributes

● **Emitter type**（发射器类型）：可以选择粒子发射器的发射类型，如图1-114所示。

　➢ **Omni**（点发射）：将粒子的发射源固定在物体顶点上，粒子将被发射到各个方向。

　➢ **Directional**（方向发射）：将粒子的发射源固定在物体顶点上，粒子将会按照X,Y或Z轴的值进行发射。

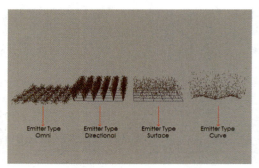
图 1-114 发射类型对比

> Surface（表面发射）：以物体的表面作为依据发射粒子。
> Curve（曲线）：依据曲线上的信息发射粒子。
- Rate（particles/sec）（粒子发射数量）：每秒从发射源发射粒子的数目，数值越大，数量越多，反之每秒发射的数量减少。
- Scale rate by object size（物体缩放控制发射数目）：只有在发射器类型为 Surface、Curve 时才被激活，如果打开这个选项，发射出的粒子数量就会根据物体的缩放而增加或者减少发射的数量。
- Need parent UV（NURBS）（需要 Nurbs 物体）：这个属性只有当物体发射器为 NURBS 曲面时才被激活。当这个选项被选择的时候，Maya 就会自动为创建出来的粒子增加两个 Per Particle 的属性 parentU 和 parentV。你可以像控制粒子的颜色和透明度一样来用这两个属性控制粒子在表面发射的位置。
- Cycle emission（循环发射）：Cycle emission 功能可以让用户重新启动循环发射，有两个选项可以选择。
  > None（timeRandom off）关闭循环发射；
  > Frame（timeRandom on）依据第几帧的状态循环发射。
  物体发射器的循环发射跟前面学习过的粒子发射器的循环发射一样，可以参考之前的讲解。
- Cycle interval（循环间距）：当 Cycle emission 开启时，用户可以自定义循环的间距，此项只有在 Frame（timeRandom on）被选择的时候才被激活。物体发射器的循环间距跟前面学习过的粒子发射器的循环发射一样，可以参考之前的讲解。

（2）Distance/Direction Attribution
- Min distance（最小距离）：设定粒子被发射的初始位置和距离发射器最近的距离。
- Max distance（最大距离）：设定粒子被发射的初始位置和距离发射器的最远距离。

- Direction X/Direction Y/Direction Z（发射方向 X/ 发射方向 Y/ 发射方向 Z）：当发射器设置为 Directional、Volume 类型时，此值将可以控制粒子在空间坐标的发射方向。
- Spread（展开角度）：在发射器为 Directional 类型被激活时，这个值定义了粒子发射所经过的锥状区域，取值范围为 0～1，0.5 为 90°，1 为 180°。

（3）Basic Emission Speed Attributes
- Speed（发射速度）：控制粒子被发射器发射出的初始速度，值越大速度就越快。
- Speed random（随机速度）：让粒子不依靠表达式而产生随机的速度。每个粒子发射的速度范围是 Speed-Speed random/2 ～ Speed +Speed random/2。
- Tangent speed（切线速度）：只有当发射源为 Surface、Curve 时这个属性才有效，是推动粒子沿着物体切线方向运动的力。
- Normal speed（法线速度）：只有当发射源为 Surface、Curve 时这个属性才有效，是推动粒子沿着物体法线方向运动的力，如图 1-115 所示。

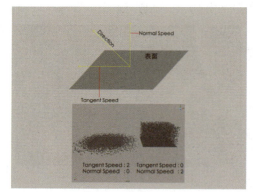
图 1-115 法线数值调节

1.4.2 Texture Emission Attribute（贴图控制发射属性）

在使用物体发射器发射粒子时，可以设置发射出来的粒子继承物体的颜色和透明度，还可以通过贴图的方式控制粒子在物体上的发射区域。

1）属性
打开粒子发射器的属性，选择 emitter1 选项卡，如图 1-116 所示。

图 1-116 选择 emitter 选项卡

Maya动力学

在属性窗口中找到 Texture Emission Attribute（NURBS/Poly Surfaces only）选项标签便可以打开它的属性，如图 1-117 所示。

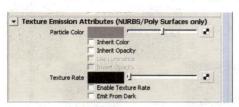

图 1-117　贴图控制颜色和发射区域

【参数说明】

● Particle Color（设定粒子的颜色）：既可以选择单色，也可以使用贴图控制粒子的颜色。

　➤ Inherit Color：粒子继承（物体发射器）物体的颜色。

　➤ Inherit Opacity：粒子继承（物体发射器）物体的不透明度；勾选这个选项便可以打开下面的属性。

　➤ Use Luminance：透明依据亮度通道。

　➤ Invert Opacity：反向不透明。

● Texture Rate（纹理速率）：贴图控制粒子发射器的发射区域。

● Enable Texture Rate：开启贴图控制粒子发射器的发射区域，默认为关闭状态。

● Emit From Dark：从贴图的黑色区域发射粒子。勾选该项从贴图的黑色区域发射粒子，不勾选该项从贴图的白色区域发射粒子。默认为从贴图的白色区域发射粒子，当然也可以理解为发射区域的反向。

2）控制粒子发射颜色

1 在场景中创建一个 nurbsPlane1，增加 UV 段数到 20，并将其历史删除。选择 nurbsPlane1，创建物体发射器，在这里需要注意将物体发射器的发射类型设置为 Surface（表面）类型，并勾选 Need parent UV（NURBS）选项，如图 1-118 所示。

2 创建完成后，将粒子渲染类型设置为 Spheres（球形），播放动画，发现粒子在物体表面发射出来，但是没有特殊的变化，如图 1-119 所示。

3 将 Texture Emission Attribute 中的 Particle Color 调整为红色，如图 1-120 所示，并勾选 Inherit Color 选项。

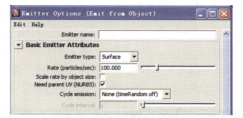

图 1-118　物体发射器设置

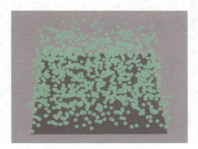

图 1-119　发射效果

图 1-120　粒子颜色调节

4 添加每粒子属性 RGB PP，添加完成后再次播放动画，发现粒子变为了红色，如图 1-121 所示。

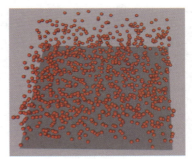

图 1-121　播放观察

5 创建一个 Lambert 材质球并赋予物体，在材质球的 Color 通道添加一张 Ramp 贴图，然后将 Ramp 贴图（按住鼠标中间）拖放到 Texture Emission Attributes 下面的 Particle Color 中，并勾选 Inherit Color 选项，如图 1-122 所示。

图 1-122　Ramp 控制颜色

播放动画，我们看到发出来的粒子颜色与物体的颜色相同，如图 1-123 所示。这就是贴图控制粒子发射颜色的功能了，因为在步骤 4 中勾选了 Inherit Color（继承颜色）属性，所以物体发射器在发射粒子时，产生的粒子便会继承物体的颜色。

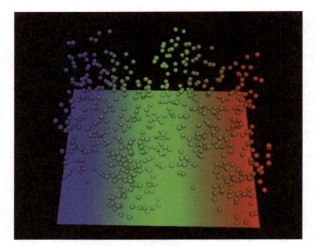

图 1-123　播放观察

3）控制粒子发射区域

1 按照"2）控制粒子发射颜色"中步骤 1～步骤 3 的方法，创建物体发射器，并修改粒子的发射颜色。

2 创建一个 Lambert 材质球并赋予物体，在材质球的 Color 通道添加一张 Checker 纹理，将纹理的 UV 重复属性 Repeat UV 设置为 2，如图 1-124 所示。

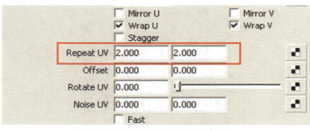

图 1-124　设置纹理 UV 重复

3 将 Checker 纹理拖放到 Texture Emission Attributes 下面的 Texture Rate 中，并勾选 Enable Texture Rate 选项，如图 1-125 所示。

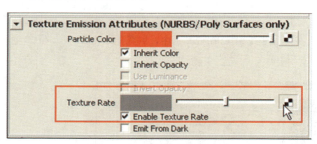

图 1-125　贴图控制发射区域

4 将视图切换到顶视图，播放动画观看效果，如图 1-126 所示。可以看到粒子只在白色区域发射，黑色区域没有粒子发射，这就是贴图控制粒子发射的区域。

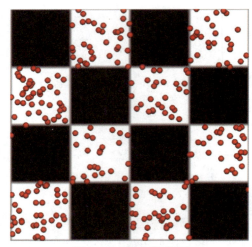

图 1-126　白色发射粒子

1.4.3　Fire（特效火）

Fire（特效火）是 Maya 自带的特效效果之一。它可以使用户更容易创建复杂的特效效果。每个 Maya 自带特效都提供了很多调节的选项和属性。我们先介绍 Fire。

命令位置在动力学的主菜单 Effects → Create Fire，单击 Create Fire 命令后面的选项盒按钮打开其属性窗口，会看到很多参数，如图 1-127 所示。

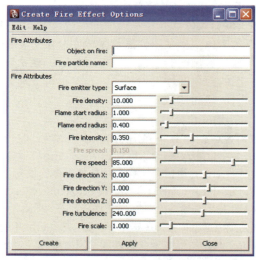

图 1-127　Create Fire 属性窗口

（1）Fire Attributes

● Object on fire（发射火的物体名字）：如果执行此命令前在视图中选择物体，这里可以不填入物体的名字，如果没有选择物体，则这里需要填入要发射火焰的物体名字。

● Fire particle name（火焰粒子名称）：生成的火焰粒子的名字，如果创建之前填入名字，则创建出来的粒子名字以填入的名字为准，否则以 Maya 默认的 Particle1，Particle2……命名。

（2）Fire Attributes

- Fire emitter type（火焰发射器类型）：可以选择的粒子发射器类型有 Omni-directional point、Directional point、Surface、Curve 四种类型，创建之后发射类型将不可以再修改。
- Fire density（火焰密度）：控制火焰发射的数量，这个数值同时影响着火焰整体的明度，如图 1-128 所示。

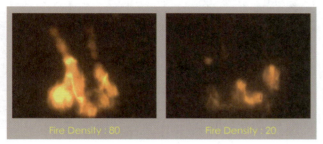

图 1-128　火焰密度数值对比

- Flame start radius（火焰起始的半径）：控制火焰粒子出生的每颗粒子半径。
- Flame end radius（火焰结束的半径）：控制火焰粒子死亡的每颗粒子半径。

- Fire intensity（火焰亮度）：控制火焰的整体亮度，值越大亮度越高。
- Fire spread（火焰展开角度）：控制粒子发射的展开角度，范围为 0～1，为 1 的时候展开角度为 180°。此数值只在发射类型为 Directional point 和 Curve 时有效。
- Fire speed（火焰速度）：用来控制火焰粒子上升的速度。
- Fire direction X/Fire direction Y/Fire direction Z（火焰发射方向）：设置火焰的发射方向。
- Fire turbulence（火焰扰乱）：用来控制火焰在发射过程中速度和方向的紊乱。
- Fire scale（火焰比例缩放）：火焰的整体缩放包括 Fire indensity、Flame start radius、Flame end radius、Fire speed、Fire turbulence 和 Fire lifespan。

Create Fire 命令可以很轻松地创建出火的特效，借助物体发射的方法，用户只需调整几个简单的参数，就可以制作出效果很好的火焰，如图 1-129 所示。

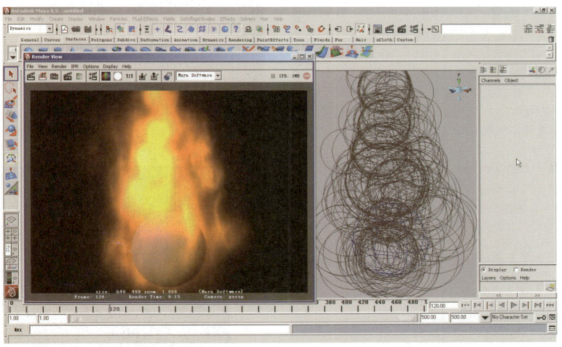

图 1-129　渲染观察火苗效果

1.4.4　Dynamic Relationships（动力学关联编辑器）

使用 Dynamic Relationships，可以连接或打断选择物体与场、发射器和碰撞之间的连接。

命令位置 Window → Relationship Editors → Dynamic Relationships。

打开 Dynamic Relationships 属性窗口，如图 1-130 所示。

动力学关联编辑器分为两大窗口，左边窗口显示的是场景中的物体，跟 Outliner 窗口显示的物体一样。当在左侧选择物体后右侧的窗口就会显示出相关的动力学信息〔Fields（场）、Collisions（碰撞物体）、

Emitters（发射器）、All（显示所有）〕。在右侧高亮显示的物体表示与左侧选择的物体关联；相反，右侧没有高亮显示的物体表示还未与左侧选择的物体关联。可以通过单击右侧显示的物体，来进行关联或断开关联的操作。

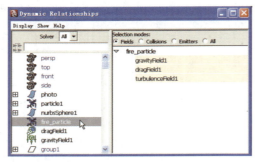

图 1-130　Dynamic Relationships 属性窗口

1.4.5　小试牛刀——燃烧的照片

当看到这一节时，先想象以下这样的场景你是否见过：一张桌子上放着一张照片，照片的旁边放着一支蜡烛，突然蜡烛倒了下来，烧着了照片。如果细心观察就会发现，照片的燃烧会从接触蜡烛火焰的位置开始慢慢地向周围蔓延。同样的效果还有一张报纸被点燃、一片枯草起火等，燃烧的过程都是从一端开始蔓延到另一端。本节以照片燃烧为例讲解制作这种效果的方法。燃烧照片使用的是物体发射粒子，然后用 Ramp 贴图来控制粒子蔓延的动态，火焰的效果是用 Maya 自带特效和之前创建的发射器做关联，最后再调节贴图来控制火焰的细节。

1）设置燃烧过程

打开：光盘 \Project\1.4.5Photographs Burning\scenes\1.4.5Photographs Burning.ma

1 选择平面物体，然后打开物体发射器的属性，将物体发射器的发射类型调整为表面发射（Surface），勾选 Need parent UV（NURBS）选项，属性设置如图 1-131 所示。单击【Apply】按钮，创建物体发射器。

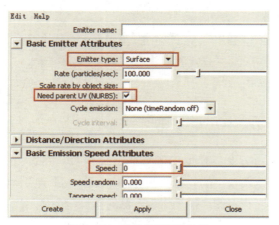

图 1-131　物体发射属性设置

2 打开 Hypershade（材质编辑器），创建 lambert3（Lambert 材质球），并为 lambert3（材质球）的 Color 通道添加 Ramp 贴图，将 Ramp 贴图调整为黑色到白色的上下过渡，并将 Ramp 的过渡类型调整为 Exponential Up（升幂）过渡类型。如图 1-132 所示。

图 1-132　创建材质添加 Ramp

3 按住鼠标中键将 Ramp 贴图拖到发射器属性下的 Texture Emission Attributes → Texture Rate 选项中，并勾选 Enablae Texture Rate（开启贴图控制发射区域），勾选 Emit Form Dark（黑色区域发射），如图 1-133 所示。用这张贴图来控制粒子发射器的发射区域。

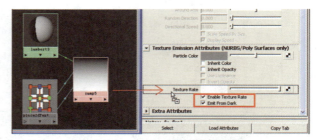

图 1-133　用 Ramp 控制发射区域

4 现在播放动画，粒子将在黑色区域发射出来，如图 1-134 所示。

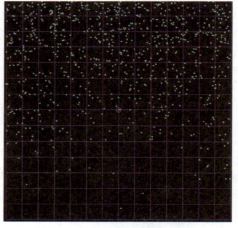

图 1-134　播放动画观察发射效果

5 如果想实现粒子发射区域的扩散效果，需要对 Ramp（渐变）贴图做关键帧动画，打开 Ramp（渐变）贴图的属性窗口，将 Ramp（渐变）贴图的 Selected Position 1.000（黑色区域）和 Selected Position 0.800（白色区域）由上向下设置动画，如图 1-135 所示。

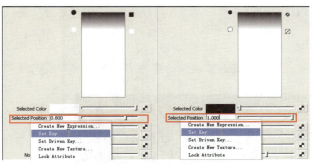

图 1-135　给 Ramp 设置关键帧动画

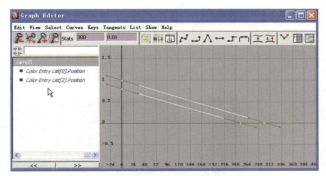

图 1-136　调节曲线

白色区域动画过渡时间为 1～250 帧，Selected Position（选择位置）数值过渡为 0.8～0；黑色区域动画过渡时间为 1～300 帧，Selected Position 数值过渡为 1～0.01。Ramp 贴图动画调整完成后简单调整动画曲线，尽力做到两条曲线互相平行，如图 1-136 所示。

6 现在我们选中场景中的粒子，然后执行 Emit from Object（物体发射器）命令，物体发射器保持默认属性，让粒子作为发射器继续发射粒子。播放动画，发现粒子的数量增加了，如图 1-137 所示。

图 1-137　粒子作为发射器发射粒子

7 现在需要做的是让这些新发射出来的粒子变成火的效果。在场景中创建一个 nurbsSphere，为小球创建 Fire（火特效），打开 Outliner 窗口，将 particle3 命名为 fire_particle，并将 particle1 发射的 particle2 删除，选中 fire_particle 如图 1-138 所示。

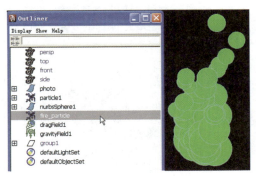

图 1-138　创建 Fire

8 现在将 fire_particle 关联到发射器 emitter1 和 fx_fire1 中，并将 nurbsSphere1 内所有物体删除，如图 1-139 所示。

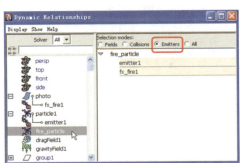

图 1-139 粒子关联发射器

9 播放动画后发现粒子数量太少，加大 fx_fire 粒子发射器的发射数量到 1000，如图 1-140 所示。

图 1-140 发射数量调节

10 再次播放动画，可以看到粒子发射的数量增加了很多，如图 1-141 所示。

2）调整火苗燃烧细节

火苗燃烧扩散动画基本调节完成，接下来调整火

图 1-141　观察播放效果

苗整体的细节部分。通过实际观察会发现，照片上燃烧过的火苗将逐渐衰弱，最终熄灭，不可能一直燃烧，所以还需要控制火苗的燃烧区域，即粒子的发射区域。

1　打开控制粒子发射区域的 Ramp 属性窗口，将 Ramp 的 Interpolation（过渡类型）调整为 Linear 类型，并在 Ramp 贴图中添加一个白色的过渡，然后制作关键帧动画效果，动画过渡时间为 61～360 帧，Selected Position 数值过渡为 1～0.01，如图 1-142 所示。

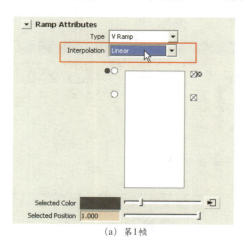

（a）第 1 帧

图 1-142　为 Ramp 设置关键帧动画

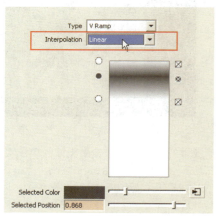

（b）第 45 帧

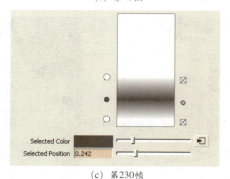

（c）第 230 帧

图 1-142（续）

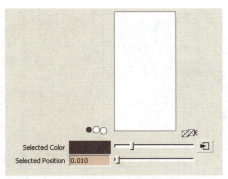

(d) 第360帧

图 1-142 (续)

2 将 particle1 的生命模式 Lifespan Mode 设置为 Random range 随机模式，将 Lifespan 调整为 1.5，Lifespan Random 调整为 1，如图 1-143 所示。

图 1-143 调整生命数值

3 现在播放动画观看效果，发现粒子的燃烧过渡有些生硬，如图 1-144 所示。

图 1-144 播放观察火焰

4 再次调整控制粒子扩散区域的 Ramp，在 Ramp 贴图的黑色区域添加 Noise 纹理，调整 Noise 的 Threshold 为 0.13，Amplitude 为 0.35，其他属性的数值保持不变。

5 调整完成后进行渲染，发现照片已经燃烧了，但是燃烧后的照片没有变黑的效果。打开材质编辑器，可以复制一个控制粒子区域的 Ramp 贴图，Edit → Duplicate → With Connections to Network（关联复制，带有动画信息），如图 1-145 所示。

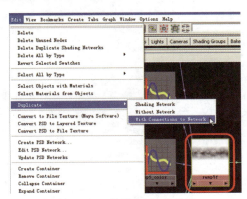

图 1-145 关联复制命令位置

6 打开复制出来的 Ramp 属性窗口，将该 Ramp 顶部的白色调整为灰色，如图 1-146 所示。

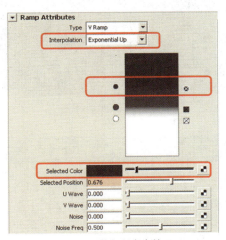

图 1-146 调节复制出来的 Ramp

7 在材质编辑器中选择该 Ramp，按住鼠标中间将它拖动到图片的贴图纹理上，松开鼠标，待弹出属性窗口后我们单击 colorGain 选项，如图 1-147 所示。

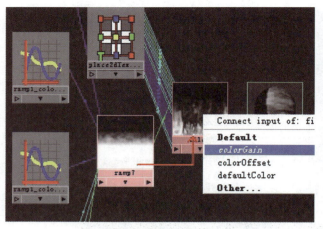

图 1-147 连接属性

8 降低火苗的强度。Fire Intensity 降低为 0.02，Quality 调整为 Intermediate quality，如图 1-148 所示。

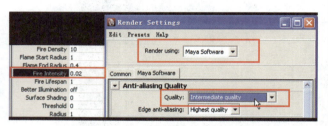

图 1-148 设置火苗强度及渲染质量

9 调整摄像机角度，进行最终渲染，如图 1-149 所示。

图 1-149 最终渲染

1.5 碰撞产生粒子——喷泉

粒子还可以通过碰撞的方式产生，即当发射器发射出一级粒子，与物体发生碰撞时会产生新的二级粒子。这种创建粒子的方式需要满足两个条件：一是粒子必须与物体发生碰撞；二是要设置粒子碰撞之后会发生什么情况——碰撞事件。本节通过喷泉的实例熟练掌握这种新的创建粒子的方法，案例最终效果如图 1-150 所示。

图 1-150 最终合成效果

1.5.1 Make Collide（碰撞）

Make Collide 命令可以使 Particle（粒子）与 Maya 中的 Geometry（几何物体）体发生碰撞。

命令位置：Particles → Make Collide，创建碰撞命令的属性如图 1-151 所示。

图 1-151 碰撞属性窗口

【参数说明】

- Resilience（弹力）：设置弹力发生的数值，数值范围 0～1，0 为没有弹力发生，1 为弹力充分，不衰减。
- Friction（摩擦力）：摩擦力是控制粒子与物体碰撞弹起时粒子速度的属性。0 代表粒子与物体碰撞时不产生摩擦力。只有 0～1 的值可以产生接近自然的摩擦力，如果超出的数值就会夸大其效果，如图 1-152 所示。

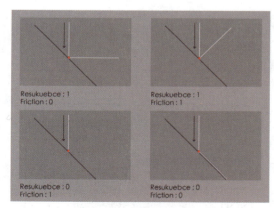

图 1-152 碰撞摩擦力弹力对比

- Offset（碰撞偏移）：可以调整粒子同物体碰撞之后与物体平行的偏移位置，如图 1-153 所示。

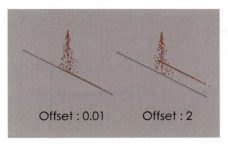

Offset : 0.01   Offset : 2

图 1-153　碰撞偏移数值对比

实例　创建粒子碰撞

1　打开 Maya，切换到 Dynamic 动力学模块，选择主菜单 Particles → Create Emitter。打开其选项窗口，设置 Rate 为 10，DirectionX 为 0，DirectionY 为 -1，DirectionZ 为 0，Spread 为 0.2，Speed 为 5，如图 1-154 所示。

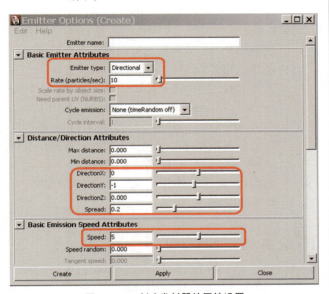

图 1-154　创建发射器的属性设置

2　在视图中创建一个长宽为 20 的多边形平面，并调节粒子发射器和平面的位置，播放动画，发现粒子和平面之间没有任何关系，直接穿透平面而继续运动，如图 1-155 所示。

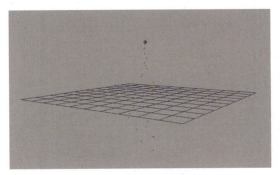

图 1-155　创建平面播放动画

3　在大纲视图中选择 particle1 和 pPlane1，如图 1-156 所示。

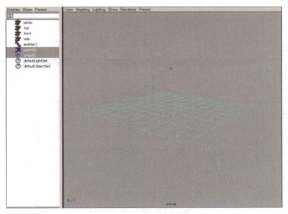

图 1-156　选择面片

4　执行 Particles → Make Collide 命令，打开其选项窗口，设置 Resilience 为 0.5，Friciton 为 0.2，单击【Create】按钮为选择的粒子和平面创建碰撞关系，如图 1-157 所示。

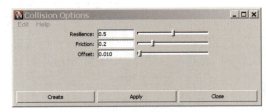

图 1-157　碰撞数值

5　播放动画，发现粒子与平面已经发生碰撞，如图 1-158 所示。

图 1-158　播放动画发生碰撞

1.5.2　Particle Collision Event Editior（碰撞事件）

在粒子碰撞到几何体时，可以通过碰撞事件设置粒子与物体发生碰撞后发生的事件。例如：让粒子发射新粒子，消失或者分裂成多个粒子等，还可以设置碰撞后执行一段关于碰撞的 Mel 脚本。

碰撞事件的菜单位置：Particles → Particle Collision Event Editior。

单击 Particle Collision Event Editior 命令便可以打开碰撞事件属性窗口，如图 1-159 所示。

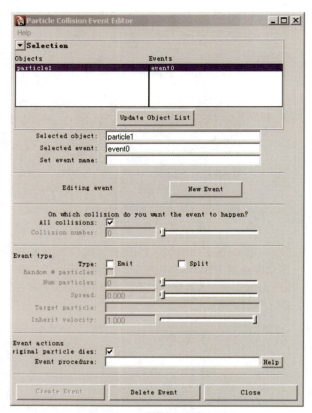

图 1-159　碰撞事件属性窗口

【参数说明】

- Objects/Events（物体/事件）：在物体列表中选择粒子，相应粒子的碰撞事件就会出现在事件列表中。
- Update Object List（更新物体列表）：当删除粒子或者是增加粒子物体的时候，单击这个按钮就会更新物体列表。
- Selected object（选择的物体）：显示选择的粒子物体。
- Selected event（选择的事件）：显示选择的粒子事件。
- Set event name（设置事件命名）：创建或修改碰撞事件的名字。
- Editing event（状态标签）：显示当前状态是新建事件或者是修改事件。
- New Event（新建事件）：单击按钮给选定粒子增加新的碰撞事件。
- All collisions（所有碰撞）：勾选此项，当前碰撞事件将会应用到所有的碰撞上。
- Collision number（碰撞序号）：如 All Collisions 选项取消勾选，则事件会按照所设置的 Collision Number 进行碰撞事件，比如 1 为第一次碰撞，2 为第二次碰撞。
- Emit（发射）：当粒子与物体碰撞时，粒子保持原有的运动状态，在碰撞之后能够发射出新

的粒子。

- Split（分裂）：当粒子与物体碰撞时，粒子在碰撞的瞬间分裂成新的粒子。
- Random # particles（随机粒子）：选中此框指示事件使用一个随机数量的粒子。
- Num particles（粒子数量）：设置在事件之后所产生的粒子数量。
- Spread（展开）：设置在事件之后粒子的展开角度。0 为不展开，0.5 为 90°，1 为 180°。
- Target particle（目标粒子）：在这里输入粒子的名字，事件后不产生新的粒子，以输入的粒子作为目标粒子。
- Inherit velocity（继承速度）：设置事件后产生的新粒子继承碰撞粒子速度的百分比。
- Original particle dies（原始粒子死亡）：勾选此项，当粒子与物体碰撞的时候死亡。
- Event procedure（事件程序）：任何在物体列举栏中的 Particle 物体都可以使用这个碰撞事件程序。事件程序是一个 Mel 脚本文件，它有着规定的书写方式：global proc myEventProc (string $particleName,int $particleId,string $objectName)。其中，$particleName 是指使用这个事件程序的 particle 物体，$particleId 是 particle 物体的 ID 序号，$objectName 是指 particle 碰撞的物体（此处只是简单介绍，不要求掌握）。

实例　制造碰撞事件

1 打开光盘文件 \Project\15.2event\scenes\15.2event\.ma，（不需要选择粒子）直接单击碰撞事件命令，将碰撞事件的属性数值进行调整，在 Event type 碰撞类型下勾选 Emit，将 Num particles 调整为 5，将 Spread 调整为 0.702，将 Inherit velocity 调整为 0.929，最后勾选 Original particle dies 选项，如图 1-160 所示。

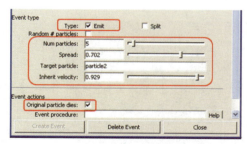

图 1-160　碰撞事件数值调整

2 设置完成后将碰撞事件所产生的 particle2 调整为红色，播放动画时便可以看到灰色的粒子在与物体碰撞后产生红色的新粒子，并且原始的灰色粒子消失了，如图 1-161 所示。

Maya 动力学

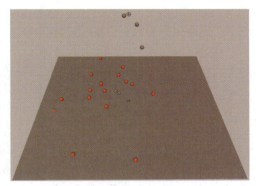

图1-161　播放动画效果

1.5.3　Gravity（重力场）

重力场是动力学场的一种类型，用于模拟现实中的地球引力，使Maya场景中的物体产生下落的重力，与现实中的重力不同，这里的重力场可以设置重力的大小、方向、强度等属性。

Gravity（重力场）命令所在的菜单位置：Fields → Gravity。为物体创建重力场，需要先选择物体，然后执行Gravity（重力场）命令。

单击Gravity（重力场）命令后面的选项盒按钮，打开命令的属性窗口，如图1-162所示。

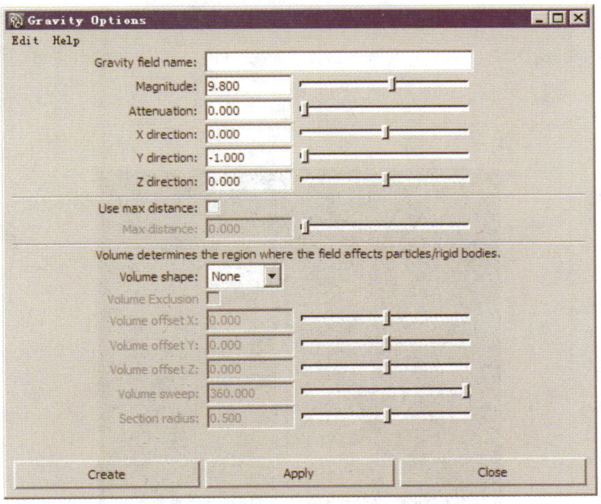

图1-162　重力场属性窗口

【参数说明】

- Gravity field name（重力场名称）：设定重力场的名称，如空白则Maya自动为其命名为gravity1、gravity2……。
- Magnitude（强度）：设定重力场的强度。此项数值越大，重力场的影响力越大，粒子或者物体下落速度会更快。
- Attenuation（衰减）：此项设置重力强度的衰减程度。此项数值越大，则距离增加时强度衰减得越快。此项值为0时，重力场强度为恒量，不会受距离影响。

- X direction/Y direction/Z direction（X方向/Y方向/Z方向）：设定重力场方向，默认是Y轴 −1，也就是世界坐标竖直向下。
- Use max distance（使用最大距离）：如果打开 Use max distance选项，由Max distance设置区域范围内的对象将受到重力场的影响。如果关闭此项，无论被影响对象距离有多远，都会受到场的影响。
- Max distance（最大距离）：此项设置重力场所能影响的最大距离。必须打开Use max Distance，它才会起作用。
- Volume shape（体积形状）：设定体积的形状。可包括的选项为None（无）、Cube（立方体）、Sphere（球体）、Cylinder（圆柱体）、Cone（圆锥体）和Torus（圆环体）6种，如图1-163所示。

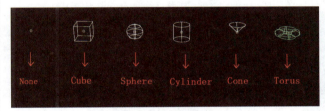

图1-163　体积形状对比

- Volume Exclusion（体积排除）：勾选此项，当前体积范围内的部分将不受重力场的影响。相反，如果关闭该项则当前体积范围外的部分将不受到重力场影响。
- Volume offset X/Volume offset Y/Volume offset Z（体积偏移X/体积偏移Y/体积偏移Z）设定偏移重力场的距离。Volume Offset是根据重力场局部坐标而定的，所以旋转体积时则设定的体积偏移也随之转动，制作中很少会被用到。
- Volume sweep（体积扫描）：设定体积的旋转角度，作用于Sphere、Cylinder、Cone、Torus体积类型的重力场，该参数对Cube体积类型的场无效。
- Section radius（界面半径）：设定Torus（圆环）体积的截面圆半径，该参数值越大则环形体积发射器越粗，反之则越细。

1.5.4　小试牛刀——喷泉

喷泉将水喷到空中，在重力的作用下水落回到地面上，在空中还是一大团的水珠，落到地面上便摔成粉碎，甚至溅起很多水花。本节将利用粒子碰撞、碰撞时间及重力场知识，制作水花四溅的效果。

打开光盘 \Project\1.5.4 Fountain\scenes\1.5.4 Fountain.ma

1 在场景中创建粒子发射器，在 Emiitter name 中将发射器命名为 penquan_emitter，Emitter type 调整为 Directional，Rate（particles/sec）调整为 1000，DirectionX 调整为 0，DirectionY 调整为 1，Spread 调整为 0.08，Speed 调整为 55，Speed random 调整为 15，调整完成后单击【Apply】按钮创建发射器。

2 将发射器放置到喷泉喷水口的位置，如图 1-164 所示。

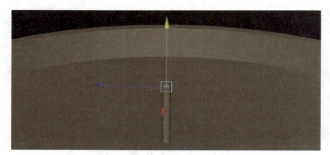

图 1-164　调整发射器位置

3 在 Outliner 中将粒子的名称命名为 penquan，选择 penquan 粒子添加重力场，将重力场的名称命名为 penquan_gravityField，调整重力场的 Magnitude 为 60，其他属性保持不变，创建完成后与粒子发射器和粒子打成一个组，将组命名为 penquan。

4 选择粒子，先为粒子添加每物体颜色，然后将粒子类型修改为 MultiStreak 类型，勾选 Color Accum 选项，将 Color Red 调整为 0.5，Color Green 调整为 0.6，Color Blue 调整为 0.6，Multi Count 调整为 2，Multi Radius 调整为 0.37，Tail Fade 调整为 0，Tail Size 调整为 -0.6，其他属性数值保持不变。

5 播放动画，发现粒子与地面没有任何关系，现在选择粒子，然后再选择地面，打开 Collision Options 属性窗口，将 Resilience 调整为 0.282，Friction 调整为 0.45，Offset 调整为 0.05，然后单击【Apply】按钮创建粒子碰撞。

6 播放动画，观看效果，粒子与物体发生了碰撞，如图 1-165 所示。

图 1-165　播放动画效果

7 现在希望粒子与表面碰撞后产生粒子，用来模拟溅起的水花。打开碰撞事件属性窗口，将碰撞事件的 Type（类型）调整为 Emit 类型，Num particles 调整为 5，

Spread 调整为 0.5，Inherit velocity 调整为 1，勾选 Original particle dies 选项，其他属性保持默认，如图 1-166 所示。

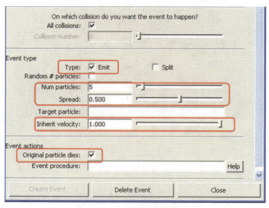

图 1-166　碰撞事件数值调节

8 现在播放动画，碰撞事件已经有新粒子发射出来，选择新发射的粒子，将其名称命名为 shuihua，然后为粒子 shuihua 添加每物体颜色属性，添加完成后将粒子 shuihua 的渲染类型调整为 MultiStreak 类型，勾选 Color Accum，将 Color Red 调整为 0.5，Color Green 调整为 0.6，Color Blue 调整为 0.6，Multi Count 调整为 7，Multi Radius 调整为 0.491，Tail Fade 调整为 0，Tail Size 调整为 -0.666，其他属性数值保持不变。

9 为粒子 shuihua 添加重力场，将重力场的名称命名为 shuihua_gravityField，将重力场的 Magnitude 强度值调整为 90，现在播放动画发现粒子 shuihua 并未与水池物体产生碰撞，如图 1-167 所示。

图 1-167　播放效果

10 选择粒子 shuihua 再加选水池物体，打开 Collision Options 属性窗口，Resilience 调整为 0.282，Friction 调整为 0.45，Offset 调整为 0.05，此时粒子 shuihua 就与水池物体产生了碰撞。这次为粒子 shuihua 制作碰撞事件，勾选 Original particle dies 选项，粒子 shuihua 碰撞后死亡，如图 1-168 所示。

Maya动力学

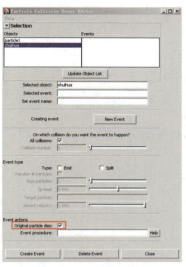

图 1-168 修改碰撞属性

11 最终效果制作完成,打开硬件渲染器,进行渲染,将渲染出来的喷泉图片在后期软件中进行合成。如图 1-169 所示。

图 1-169 最终渲染效果

1.6 本章小结

（1）创建粒子有 4 种方式：工具创建粒子、基本发射器发射粒子、物体发射器发射粒子、碰撞产生粒子。

（2）带有（s/w）标识的粒子渲染形态可以通过软件渲染器渲染，除此之外的其他渲染形态需要使用硬件渲染器渲染。

（3）粒子动画与传统的关键帧动画不同，粒子动画是解算器根据属性设置计算得到的。

（4）每物体属性控制粒子团的整体属性，每粒子属性控制粒子团中单个粒子的属性。

（5）场，用于模拟各种作用力。根据实现的效果不同，Maya 中的场分为很多种，本章根据案例制作需要重点介绍了 Vortex（漩涡场）、Turbulence（扰动场）、Gravity（重力场）。其他类型的场在后续章节中会陆续介绍。

（6）动力学关联编辑器在动力学中是一个常用工具，它的功能类似于灯光连接编辑器，用于链接或打断粒子与各种作用力的关系。

（7）粒子生命是粒子在场景中生存的时间，粒子年龄是粒子在场景中的当前时间。

（8）粒子缓存是把粒子的动态信息存储在文件中，这样就可以关闭解算器，通过读取文件中的数据还原粒子的动态，可以加快播放的速度，通常在确定粒子动态不再修改之后创建粒子缓存。

1.7 课后练习

观察本书附带光盘中的视频（图 1-170），充分运用之前学到的知识，将视频中的粒子形态制作出来。制作过程中需要注意以下几点。

（1）之前我们讲了多种粒子创建的方法，有时候制作一种效果，选择不同的发射方法都可以达到我们想要的效果，所以根据视频参考分析粒子的合理发射方式。

（2）根据我们想要的效果调节粒子的渲染形式、粒子的颜色、粒子的生命。

（3）调节粒子的运动形态，分析粒子用什么场来控制。

（4）粒子和物体的碰撞调节，注意不要有穿插。

（5）选择合适的渲染器进行渲染。

图 1-170 最终渲染效果

2

粒子控制

> 了解表达式和Mel语言的创建方法及语法符号

> 掌握每粒子、精灵贴图及粒子云表达式

> 掌握goal（目标）值相关表达式

> 掌握粒子替代的相关表达式

粒子被创建出来以后要想得到预期的效果，需要对其进行控制。例如：改变粒子颜色、控制粒子空间分布及运动状态等。在 Maya 中，可以通过粒子属性、场、Mel 语言及表达式等方式控制粒子。本章将重点学习 Mel 语言及表达式的应用，并结合实例巩固 Mel 语言及表达式控制粒子的方法。

2.1　Mel语言和表达式

Maya 是一个功能很强大的软件，不仅为创作者提供了基本的属性控制，还提供了高级控制方式——Mel 语言及表达式，我们可以通过 Mel 语言及表达式进行 Maya 的基础操作（例如：通过执行一段 Mel 脚本创建一个球体模型），也可以完成更为复杂的效果（例如：通过表达式控制群体动画中个体之间的运动差异），还可以完成一系列基础操作的快捷批量处理（例如：通过 Mel 语言编写骨骼绑定插件）。通过对 Mel 语言及表达式的应用，可以大大提高我们的工作效率。

在动力学中运用 Mel 语言及表达式主要是为了弥补基础操作的不足，完成更为复杂的特效。从本节开始我们将进入 Mel 语言及表达式的学习，了解创建 Mel 语言及表达式的方法，学习常用语法，并通过实例掌握表达式的应用。

2.1.1　Mel 语言

Mel 语言，即 Maya 嵌入式语言，是 Maya 使用最方便和控制最灵活的编程接口。从打开 Maya 的那一刻起，你就一直在不知不觉中使用 Mel。在场景中选择一个物体或显示一个对话框就是执行 Mel 命令的直接结果。事实上，整个 Maya 的图形用户界面都是由 Mel 来控制的。Maya 的几乎所有功能都可以通过 Mel 来实现。

1）Script Editor（脚本编辑器）

Mel 语言在 Maya 的脚本编辑器里书写和查看。在 Maya 主菜单执行 Window → General Editors → Script Editor 命令，即可打开 Script Editor。

> **提　示**
>
> 单击 Maya 右下角的图标 ▤，也可打开 Script Editor。

Script Editor 有上下两个区域，如图 2-1 所示，上面的区域是命令返回窗口，这里记录用户在 Maya 中的操作命令，下面的区域是脚本编辑区域，用户可以

在此区域编写脚本。

图 2-1　脚本编辑器的结构

> **提　示**
>
> 在脚本编辑区域内有 Mel 和 Python 两种语言编辑区，我们只学习 Mel，以后所提到的编辑区全部为 Mel 脚本编辑区。

2）如何执行脚本程序

在脚本编辑区编写完脚本程序后，可以用以下几种方法执行脚本程序。

方法 1　在脚本编写区域中，直接按小键盘回车键执行脚本，这种方式不会保留脚本编辑区域中的文本。

方法 2　在脚本编写区域中选择文本，按小键盘回车键执行脚本，这种方式可以保留脚本编辑区域中的文本。

方法 3　在脚本编写区域中选择文本，按【Ctrl】键 + 大键盘【Enter】键执行脚本，这种方式可以保留脚本编辑区域中的文本。

方法 4　在脚本编辑器的标题栏中单击 Command → Execute。

3）如何删除脚本程序和返回信息

对编写的脚本程序和执行后返回的信息可以通过以下几种方法清除。

方法 1　在脚本编辑器中 Edit → Clear History 清空命令返回区域中的所有记录。

方法 2　Edit → Clear Input 清空脚本编辑区域。

方法 3　Edit → Clear All 清空命令返回区域和脚本编写区域内容，如图 2-2 所示。

方法 4　当然也可以在命令返回窗口区域按住鼠标右键，待弹出快捷窗口后，单击 Clear History 或 Clear All，如图 2-3 所示。

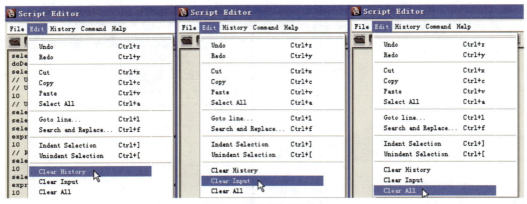

图 2-2　清除脚本记录命令

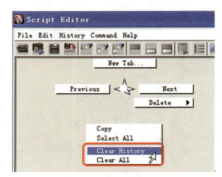

图 2-3　清除脚本记录右键命令

4）Script Editor使用——创建文字

Script Editor 的使用方法可以通过一个案例了解。

1 启动 Maya，或在 Maya 下新建一个场景。

2 单击 Maya 右下角的 ▣ 图标，打开 Script Editor（脚本编辑器），如图 2-4 所示。

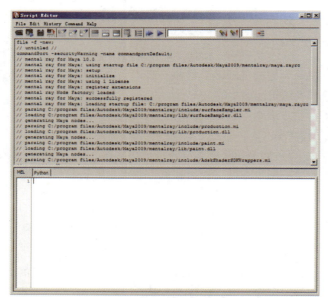

图 2-4　脚本编辑器

3 在脚本编辑器中，执行 Edit → Clear All 命令，清空命令返回区域和脚本编写区域内容。

4 在下面的 Mel 脚本编辑区中单击一下，激活 Mel 脚本编辑区。

5 输入文本 textCurves –t "Hello World!";

6 按【Ctrl+Enter】键。刚才输入的文字现在转移到了脚本编辑器的命令返回区域，并在它下面列出了结果。如图 2-5 所示。

图 2-5　输入文本

这样就在场景中创建了一个"Hello World！"的文本对象，如图 2-6 所示。

图 2-6　脚本创建出的文字

2.1.2　表达式

表达式，即使用 Mel 语句将属性动画化的程序。我们知道，通过创建一系列的关键帧，可以将任何属性在 Maya 中做动画。表达式也可用于将一个属性做动画，但不是通过关键帧，而是通过 Mel 命令定义属性的值实现。这些 Mel 命令在每一帧进行求值，然后将结果存储在表达式所分配到的属性中。这种技术通常称为过程式动画，即由程序（Mel 命令）而不是由关键帧来控制动画。

表达式可用于创建复杂的动画，而不涉及或很少涉及手动操作。这是一种将属性动画化的强大方法。通常情况下，任何属性都可由语句进行控制。因此，Maya 的大多数构件都能够完成过程式动画。对于关键帧很难做到的工作，使用表达式可以轻松完成，通过编写程序，可以实现想要的效果。此外，表达式对后面将要学习的每粒子属性的控制也是非常重要的。

1）表达式编辑器及其常用属性

表达式的编写、编辑与执行是在表达式编辑器中进行的。

单击主菜单上的 Window → Animation Editors → Expression Editor 命令，打开表达式编辑器，如图 2-7 所示。

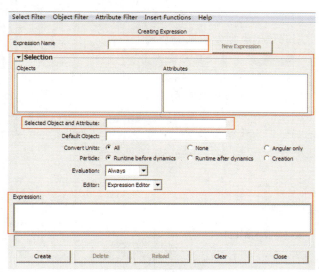

图 2-7　表达式编辑器

> **提　示**
>
> 还可以在物体通道栏中选择要添加表达式的属性，单击右键，待弹出菜单后，执行 Editors → Expressions... 命令。

【参数说明】

● Expression Name（表达式名称）：用户可以为表达式命名，如果不填写 Maya 将以 expression1、expression2、expression3……命名。

● Objects（物体列表）：物体列表中显示当前选择的物体名称。

● Attributes（属性列表）：属性列表中显示在物体列表中选择的物体所具有的属性。

● Selected Object and Attribute（所选择的物体和物体属性）：显示物体列表中所选物体和属性列表中所选属性的组合，即被选物体的被选属性，也就是当前准备要编写表达式的物体及其属性。

● Expression（表达式编辑区域）：在此区域编写、修改、删除表达式。

2）表达式编辑器的使用——小球自由落体运动

下面，我们通过小球的自由落体运动案例，来演示一下表达式编辑器的使用方法。

1　启动 Maya，或在 Maya 下新建一个场景。

2　创建一个多边形球体模型。

3　选择球体模型，执行主菜单上的 Window → Animation Editors → Expression Editor 命令，打开表达式编辑器。

4　在表达式编辑器的属性列表中，选择 translateY 选项。那么在所选的物体和物体属性一栏中将会出现 pSphere1.translateY。

5　在表达式编辑器的表达式编辑区域写入如下表达式：

pSphere1.translateY=−0.5*9.8*(time*time);

该表达式的含义是小球在 Y 方向（高度方向）的运动是自由落体运动。在物理学中，物体自由落体运动的位移公式是：

$$y = -\frac{1}{2}gt^2$$

式中，负号代表竖直向下；g 代表重力加速度，在地球上，取值 9.8m/s^2；t 代表时间。

6　单击表达式编辑器左下方的【Create】按钮，将刚刚写入的表达式创建并保存下来。

> **提　示**
>
> 如果写入的表达式是正确的，那么单击完 Create 按钮后，该按钮变成 Edit 按钮，如图 2-8 所示。

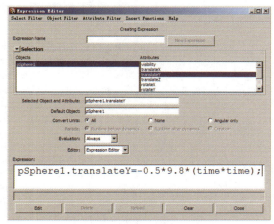

图 2-8　写入的表达式

7 为了便于观察，我们再加入下列表达式：

```
if((frame%24)==0)
duplicate -rr pSphere1;
```

该表达式的含义是复制小球模型。这句表达式所起到的作用是播放动画时，每24帧将小球模型复制一遍，即每秒复制一遍，也就是在小球自由落体运动时，把每一秒的状态保持下来，类似于延时拍摄，便于观察小球的运动状态。写完之后，单击 Edit 按钮，如图 2-9 所示。

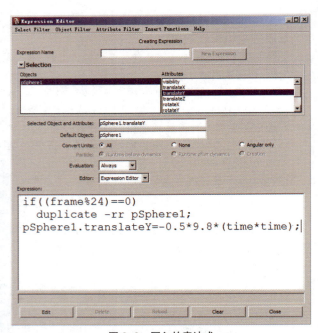

图 2-9　写入的表达式

8 单击播放按钮，播放动画，观察效果，如图 2-10 所示。

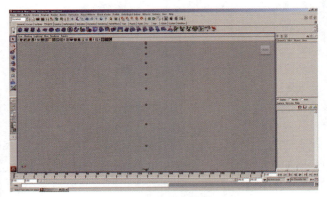

图 2-10　观察效果

2.1.3　常用语法

通过前面的学习我们已经了解到，Mel 语言或表达式是一种程序语言，我们要在编辑器里编写语句来实现我们想要的效果，就需要了解这种语言的语法。

1）Maya中常用的数据类型

Maya 中的数据类型有 float（浮点）型、int（整数）型、string（字符串）型、vector（矢量）型等。常用的数据类型介绍见表 2-1。

2）变量类型及其定义方法

既然 Maya 中的数据类型有 float（浮点）型、int（整数）型、string（字符串）型、vector（矢量）型等，在把数据赋予变量时，变量的类型应与数据类型相匹配，为此需要提前定义变量。定义各种变量的方法见表 2-2。

表 2-1　常用数据类型

数据类型	数据类型详细介绍
float 浮点 （带有小数点的数据）	小数点可以浮动的数据称为浮点数据，即小数。例如：0.3、2.5、4.908、5.0，并且在 Maya 中像这些固定不变的数值我们称之为"常量"，在这里的数值就是浮点类型常量
int 整数 （不带小数点的数据）	不带有小数点的数据称为整数数据。例如：0、57、88、100，这些数值为整数类型常量
string 字符串 （体现为物体、属性或节点的名称）	字符串类型代表的只是单纯的字符，没有实际意义。例如，在场景中创建 NURBS 小球，小球名称为 nurbsSphere1，nurbsSphere1 就是一个字符串，由 12 个字符组成，"1"在这里代表其中的一个字符，不是数值 在 Maya 中固定不变的字符我们称之为字符串常量，在字符串常量中除了字母和数字外，空格（"⎵"）和下划线"_"等部分特殊符号也可以定义为字符串类型，例如："ook"、"love_cg2008"、"Maya_*/max@xsi〔〕"。字符串常量除了"数字"赋予字符变量时可以不加双引号外，在其他情况下都需要加双引号，例如 string $kk="ok"，必须要加双引号，string $yy=111，可以不加双引号。这里只是简单介绍，不需要掌握，在以后的学习中我们会详细讲解
Vector 矢量 （由 3 个不可分开的属性数值构成，多存在粒子的每粒子属性中）	由 3 个不可分开的属性数值构成，多存在粒子的每粒子属性中，例如，每粒子的颜色 RGB PP，就是由三个不可分开的属性数值构成，在每粒子表达式中写入 RGB PP = << 1，0，0>>；粒子将变为红色。在这里我们要注意矢量数据的写法：在矢量数据中的三个属性数值之间要用"，"号隔开（注意输入法为英文输入法），然后三个属性数值分别要在左右两侧用两个小于号和两个大于号括起来，在以后的学习中我们会详细讲解 在 Maya 中固定不变的矢量我们称为矢量类型的常量，例如：<<2，9.8，15>>、<<0.2，8，6>>

表 2-2　各种定义变量方法

数据类型	如何声变量	举例
float（浮点）型	声明浮点类型变量，要在变量前加上 float，然后添加美元符号"$"，最后是变量的名称	Float $haha; float $k_Ak41;
int（整数）型	声明整数类型变量，要在变量前加上 int，然后添加美元符号"$"，最后是变量的名称	int $a; int $o_k; int $Maya2008;
string（字符串）型	声明字符串类型变量，要在变量前加上 string，然后添加美元符号"$"，最后是变量的名称	string $kkk; string $bb_ok; string $cc456;
vector（矢量）型	声明矢量类型变量，要在变量前加上 vector，然后添加美元符号"$"，最后是变量的名称	vector $a; vector $fly;

变量名称的命名规则，详见表 2-3。

表 2-3　变量的命名规则

命名规则	说　明		
	正确举例	错误举例	错误原因
变量名称前边必须加 $ 符号，标准写法是变量类型和 $ 符号之间只有一个空格符	float$kk float $kk	float Maya	变量名称没有 $ 符号）
变量名称的开头字符必须是英文字母，中间可以出现数字	int $a3456	int $3a	变量名称开头字符只能为英文字母
变量名称中不允许出现特殊符号，下划线除外	string $R_B	string $R^B	变量名称中有特殊符号
变量名称严格区分大小写	vector $a; 和 vector $A; 中定义的 $A 和 $a 完全是两个不同的矢量变量		

3）常量和变量的算术运算

Maya 中的算术运算有 +（加）、-（减）、*（乘）、/（除）、%（取余）等，但不是所有类型的常量和变量都能进行这些运算，见表 2-4。

表 2-4　各种数据类型自身算数运算明细表

数据类型	+	-	*	/	%
float	是	是	是	是	是
int	是	是	是	是	是
string	是	否	否	否	否
vector	是	是	是	是	是

（1）float（浮点）型

这种类型的常量和变量可以进行 +（加）、-（减）、*（乘）、/（除）、%（取余数）等运算。

① +（加）：可以是变量与变量相加，这时变量需提前定义并为其赋值。例如：

```
float $a=5;   （将 5 赋予浮点类型变量 $a，也可以
写成 float $a; $a=5;）
float $b=10;
float $c=$a+$b;
```

浮点类型变量可以接收整数类型常量，例如 float $a=5，可以不用写成 float $a=5.0。

通过"print"命令，可以显示返回的结果：

```
print $c;
```

将上述代码输入 Script Editor（脚本编辑器）中并运行，如图 2-11 所示。

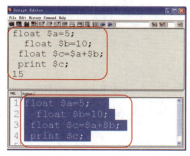

图 2-11　加运算

也可以是变量与常量相加，例如：float $b=10;print ($b+8.8);则返回结果为 18.8。

② -（减）：变量和变量的"-"同"+"的规则一样。例如：

```
float $a=10;
float $b=3;
float $c=$a-$b;
print $c;
```
返回的结果为 7。

③ *（乘）：变量和变量的"*"同"+"的规则一样。例如：

```
float $a=5;
float $b=10;
print($a*$b);   （可以不借用第三个变量来接收
```
前两个变量操作后的返回值，但是必须要加小括号将两个变量括起来）

返回的结果为 50。

④ /（除）：变量和变量的"/"同"+"的规则一样。例如：

```
float $a=4.5;
float $b=3;
float $c=$a/$b;
print $c;
```
返回的结果为 1.5。

⑤ %（取余）：取余就是"被除数"除以"除数"所得的余数，当"被除数"小于"除数"时，取余的返回值为"被除数"。例如，3%2=1（被除数为3，除数2，余数为1），15%6=3，15%8=7，9%3=0，2%3=2（"被除数"小于"除数"，取余结果为2）。（注：0取余任何数都得0）

取余多用于属性的数值在某个数值范围内循环的时候使用，例如，在场景中创建nurbsSphere1，为小球的Y轴写入图2-12中的表达式，nurbsSphere1.translateY的返回值永远是0～29之间循环。

图2-12　取余运算

（2）int（整数）型

算术运算符在int整数类型中的运用和算术运算符在float浮点类型中运用一样。

① +（加）

例如：

```
int $a=5;
int $b=7;
print($a+$b);
```
最终返回值为12。

② -（减）

例如：

```
int $a=8;
int $b=10;
print($a-$b);
```
最终返回值为-2。

③ *（乘）

例如：

```
int $a=8;
int $b=10;
print($a*$b);
```
最终返回值为80。

④ /（除）

例如：

```
int $a=21
int $b=7;
print($a/$b);
```
最终返回值为3。

⑤ %（取余）

例如：

```
int $a=5;
int $b=3
print($a%$b);
```
最终返回值为2。

（3）string（字符串）型。算术运算符在字符串类型中只能执行相加操作。

例如，在脚本编辑器中输入：

```
string $kk=" Maya "; string $yy=" max ";
string $cc=" xsi ";
```

注　意

空格也是一个字符

```
print($kk+$yy+$cc);
```

最后命令返回值为：Maya　max　xsi，如图2-13所示。

图2-13　字符串加运算

（4）vector（矢量）型。

① +（加）：矢量中相对应的三个分量各相加，最终的返回结果还是个矢量。

例如：

```
vector $aa=<<1, 2, 5>>;
vector $bb=<<3, 5, 7>>;
print ($aa+$bb);
```

计算方式为：<<1+3, 2+5, 5+7>>，最终结果为<<4, 7, 12>>，如图2-14所示。

② -（减）：矢量中相对应的三个分量相减，计算方式跟加法一样，最终返回的结果还是矢量。

例如：

```
vector $aa=<<1, 2, 5>>,vector $bb=<<3, 5, 7>>;
print ($aa-$bb);
```

计算方式为<<1-3, 2-5, 5-7>>，最终结果为<<-2, -3, -2>>，如图2-14所示。

③ *（乘）：矢量中相对应的三个分量分别相乘，最后相加，返回结果是浮点或是整数类型。

例如：

```
vector $aa=<<1, 2, 5>>,vector $bb=<<3,
5, 7>>;
print ($aa*$bb);
```

计算方式为"1*3+2*5+5*7"，最终结果为48，如图2-14所示。

④ /（除）：矢量中相对应的三个分量分别相除，计算方式跟加法一样，最终返回的结果还是矢量。

例如：

```
vector $aa=<<1, 2, 5>>,vector $bb=<<3,
5, 7>>;
print ($aa/$bb);
```

计算方式为<<1/3，2/5，5/7>>，最终结果为<<0.333333，0.4，0.714286>>，如图2-14所示。

⑤ %（取余）：矢量中相对应的三个分量分别取余，最终返回的结果还是矢量。

例如：

```
vector $aa=<<1, 2, 5>>,vector $bb=<<3,
5, 7>>;
print ($aa%$bb);
```

计算方式为<<1%3+2%5+5%7>>，最终结果为<<1，2，5>>。如图2-14所示。

加
```
vector $aa=<<1,2,5>>;
vector $bb=<<3,5,7>>;
print ($aa+$bb);
4 7 12
```
减
```
vector $aa=<<1,2,5>>;
vector $bb=<<3,5,7>>;
print ($aa-$bb);
-2 -3 -2
```
乘
```
vector $aa=<<1,2,5>>;
vector $bb=<<3,5,7>>;
print ($aa*$bb);
48
```
除
```
vector $aa=<<1,2,5>>;
vector $bb=<<3,5,7>>;
print ($aa/$bb);
0.333333 0.4 0.714286
```
取余
```
vector $aa=<<1,2,5>>;
vector $bb=<<3,5,7>>;
print ($aa%$bb);
1 2 5
```
图 2-14　矢量运算

4）不同类型的数据之间算术运算

（1）浮点型和整数型之间

例如：float $a=3.14; int $b=9;print ($a+$b); 返回结果为12.14。

（2）浮点型和字符串型之间

例如：

```
float $a=2008;
string $c= "Maya";
print($c+$a);
```

返回结果为Maya2008。在此我们需要注意字符串常量和变量相加要注意双引号，string $aa="haha"; print ($aa+"kk"); 返回结果为hahakk。

（3）浮点型和矢量型之间

一个浮点数值分别与三个矢量执行计算操作，最终的结果为矢量类型。

例如：

```
vector $aa=<<1,2,5>>;
float $k=9.8;print ($k*$aa);
```

返回结果为<<9.8，19.6，49>>，其加、减、乘、除、取余计算方式都一样，都是一个浮点数值分别与三个矢量执行计算操作，最终的结果为矢量类型，此处就不再一一举例，如图2-15所示。

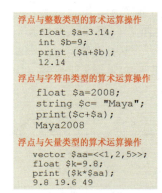

浮点与整数类型的算术运算操作
```
float $a=3.14;
int $b=9;
print ($a+$b);
12.14
```
浮点与字符串类型的算术运算操作
```
float $a=2008;
string $c= "Maya";
print($c+$a);
Maya2008
```
浮点与矢量类型的算术运算操作
```
vector $aa=<<1,2,5>>;
float $k=9.8;
print ($k*$aa);
9.8 19.6 49
```
图 2-15　不同数据类型之间的算术运算

5）表达式中的语法

（1）物体名称和其属性之间用"."（点）间隔。在Maya中如果想用表达式编辑某个物体的属性，需要在表达式的编写窗口中给出属性名称，方法为object.attribute。

> **提　示**
>
> 在编辑Maya表达式时，需要注意字母的大小写。

（2）通过"="（等号）为变量赋值。在Maya中"="（等号）为表达式的赋值符号，它跟数学中的等号意义不同，它是将等号右边的计算结果赋予等号左边的属性变量，从而控制物体的属性值。

（3）预定义变量只有time和frame。在Maya中有两种变量：一种是自定义变量，用户要根据变量的类型来定义；另一种是预定义变量，Maya预先定义好的变量，可以直接使用，在Maya中只有两个预定义变量，time（秒）和frame（帧）。

（4）语句末尾需加"；"（分号）。在Maya中"；"（分号）被称为终止符，表示一句话的结束，当表达式由多个语句构成的时候，每条语句结束的时候都要加终止符。

> **提　示**
>
> 条件语句的条件后边不加，因为语句还没结束。

6）转义字符

在 Maya 中，系统定义了一些字母前加"\"来表示那些常见的不能显示的字符，如 \0，\t，\n 等。这些字符就称为转义字符，因为后面的字符，都不是它原本的字符意思了。

转义字符存在的原因有两点：第一，表示集中定义的字符，比如 Mel 语言里面的控制字符及回车换行等，这些字符都没有现成的文字代号，所以只能用转义字符来表示；第二，一些字符在编辑语言中被定义为特殊用途的字符。这些字符由于被定义为特殊用途，也就失去了原有的意义。例如，我们需要在脚本中反馈"\"或者"""符号，但是 Maya 中这些符号代表了其他意义，不能直接反馈到脚本中，我们也需要用转义字符把他们表现出来。转义字符及其含义见表 2-5。

表 2-5　转义字符及含义

转义字符	\n	\\	\"		\b
含　义	换行符	\ 符号	" 字符	空出一个制表符	方块字符

例如，我们想让脚本返回窗口中显示以下内容：

```
"Maya" \max\\
"AE" "fusion"
```

应在脚本编辑器中输入：

```
string $ks="\"Maya\" \\max\\\\\n\"AE\"\
t\"fusion\"";
print ("\n"+$ks);
```

如图 2-16 所示。

7）限制函数clamp

格式：clamp（min，max，parameter）

作用：当 parameter（参量）小于 min（最小数值）时则返回 min；当 parameter 大于 max（最大数值）时，则返回 max，在 min 和 max 之间时，则返回自身数值。

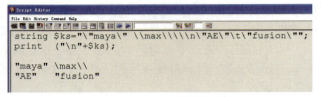

图 2-16　转义字符的使用

8）线性递增函数linstep

格式：linstep（min，max，parameter）

作用：当 parameter 小于等于 min 时，返回值为 0；当 parameter 大于等于 max 的时候，返回值为 1；当 parameter 在 min 和 max 之间时，返回一个 0～1 之间的数。例如：

linstep(4,5,8) 返回值为 1；
linstep(2,3,2.5)；返回值为 0.5；
linstep(2,3,1)；返回值为 0；
linstep(3,6,time)，返回值如图 2-17 所示。

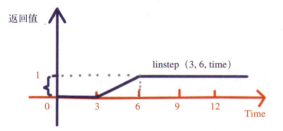

图 2-17　线性递增函数 linstep

9）逻辑运算符

逻辑运算符及其含义见表 2-6。

表 2-6　逻辑运算符及其含义

运算符名称	举　例	分　析	图　解

&&（与运算，或称为"并且"）（两个条件必须全部成立）	if(frame>=5&&frame<=20)
	{
	ball.ty=frame;
	}
		"&&"在这里表示两个条件必须全部成立，当时间 frame 大于等于 5 时，并且时间 frame 小于等于 20 时，ball（球）Y 轴的位移会随着时间的变化而变化	

||（或运算，或称为"或者"）（有一个条件成立即可）	if(frame<=10||frame>=20)
	{
	ball.ty=frame;
	}
		"||"在这里表示只要有一个条件成立即可，当时间 frame 小于等于 10 时，或者时间 frame 大于等于 20 时，ball（球）Y 轴的位移会随着时间的变化而变化	

!()（非运算）（条件的相反）	if (!(frame>10))
	{
	ball.translateY=frame;
	}
		"!()"在这里表示条件的相反，当时间 frame 小于 10 或者等于 10 的情况下都可以成立，也就是只要 frame 在不大于 10 的情况下，ball（球）Y 轴的位移会随着时间的变化而变化	

10) 关系运算符和if-else条件语句

（1）关系运算符。

Maya 中的关系运算符见表2-7。

表2-7　常见关系运算符

关系运算符	<	>	< =	> =	==	! =
含义	小于	大于	小于等于	大于等于	等于	不等于

这些关系运算符主要用来做条件比较，返回的结果是一个逻辑值——真或假。

（2）if-else 条件语句。

一般情况下，系统在执行代码时是按照从上到下的顺序依次进行的。有时我们希望系统在执行代码时，先进行条件判断，满足条件时，执行一段代码；不满足条件时，执行另一段代码。或者，满足条件时，执行一段代码；不满足条件时，什么也不做。这样的程序结构称为分支结构，分支结构允许脚本根据条件的真假来选择执行特定代码。

Mel 语言中可以用两种方式创建分支结构，分别是if-else 语句和switch 语句。其中，if-else 语句用来在两个选项（指定条件成立或不成立）中进行选择；switch 语句用于在多个选项（如小球速度介于哪些范围）中进行选择。相比之下，if-else 语句更为常用。

if-else 条件语句包括 if 条件语句和 if-else 条件语句两种。

① if 条件语句

功能：满足条件时，系统执行一段代码；不满足条件时，系统什么也不做。

格式：

```
if（条件）
{
  命令1
  命令2
……              （满足条件执行该段代码，不满足条件
                  越过该段代码）
}
```

② if-else 条件语句

作用：满足条件时，系统执行一段代码；不满足条件时，系统执行另一段代码。

格式：

```
if（条件）
{
命令1
命令2
……              （满足条件时执行该段代码）
}
else
  {
```

```
命令1
命令2
……              （不满足条件时执行该段代码）
}
```

11) for循环语句

有时我们希望系统在执行代码时，只要某个条件成立，就反复执行这段代码，直到条件不再成立，才退出该段代码执行后面的操作。这样的程序结构称为循环结构，循环结构是一种允许脚本反复执行一段代码的结构。Mel 支持的循环类型有 for 循环、for-in 循环和 while 循环。其中，最常使用的是 for 循环。

为了能够对循环进行控制，需要设定某个条件，如 $i<5$，只要这个条件成立就反复执行下面的代码。但是要想办法让 i 的值随着代码的反复执行发生变化，如递增或递减等，这样才能保证达到一定的循环次数后，$i<5$ 这个条件就不满足了，系统可以去执行后面的操作。如果 i 的值一直不变，就陷入死循环了。

格式：

```
for（条件的初始值；条件的比较；条件的改变）
{
  语句1；
  语句2；
....
}
```

例如：

```
for（$i=1;$i<5;$i=$i+1）    （$i=$i+1语句的
                           功能是变量i的
                           值每次循环加1，
                           =是赋值符号）
{
  print（$i+"\\"）;
}
```

打印的结果为：1\2\3\4\

循环过程：i 初始值为 1，然后 i 去跟 $i<5$ 这个条件比较，比较结果是 1<5，成立，接着执行括号内的代码，完成后执行 $i=$i+1$，$i$ 的值加 1，接着 $i=2$ 再去跟 $i<5$ 这个条件比较，成立……最后直到 $i<5$ 这个条件不成立，退出循环。

> **提 示**
>
> $i=$i+1$ 还有另一种写法：$i++$，二者作用一样，都是在自身的基础上加 1。

针对条件的改变还有很多快捷操作符："+="（加等于）、"-="（减等于）、"*="（乘等于）、"/="（除等于）、"%="（取余等于）、"++"（加加）、"--"（减减）。例如：

```
string $name=" aa";
float $i;                (for 语句中的循环变量默认为
                          整数型，如不是需要提前声明)
for ($i=1;$i<=10;$i+=1.5) ($i+=1.5 作用是：
                          每次循环操作后在
                          自身基础上加 1.5)
  {
    print ($name+$i+" ");
  };
```

输出结果为：aa1，aa2.5，aa4，aa5.5，aa7，aa8.5，aa10。

2.1.4　Mel 与表达式的区别

Mel，即 Maya 嵌入式语言。它是一种语言。基于这种语言，可以完成一件事情。而表达式，是使用 Mel 语句编写的将属性动画化的脚本程序。简单来说，Mel 与表达式的区别就是 Mel 是做一件事情，而表达式是根据时间的变化做一系列事情的区别。在具体操作过程中，它们之间有如下不同之处。

（1）表达式中的变量为局部变量，执行完操作后将自动从内存中消失，不会有任何记录。而 Mel 在脚本编辑器中执行过的自定义变量全部为全局变量，执行完操作后不会自动消失，将会记录到内存中。

例如，在表达式中输入 float $aa; 单击 Creat 创建表达式，然后按【Delate】键删除表达式，再次输入 string $aa; 单击【Create】按钮创建表达式，表达式并没有报错。但是在脚本编辑器中数输入 float $aa; 按小键盘【Enter】键执行命令，然后按【clearAll】按钮清除所有脚本信息，再次输入 string $aa; 按小键盘【Enter】键执行命令，可以看到命令返回窗口提示错误（// Error: int $aa; // // Error: Invalid redeclaration of variable "$aa" as a different type. //)，即使新建场景后再次执行该命令也不可以，只能是重新启动 Maya，释放内存。

（2）表达式在条件成立的情况下，每帧都会执行一次，得到的是一个连续变化的效果；而 Mel 只有当按下小键盘【Enter】键的时候才会执行一次。

（3）预定义变量（time 和 frame）在表达式中使用有效，在 Mel 中使用无效。

（4）在表达式中为属性赋值可以使用等号 "="，例如，pSphere1.translateY =10，也可以使用 SetAttr 来为属性赋值，例如 setAttr　pSphere1.translateY 10; 在 Mel 中不可以使用等号 "=" 来为属性赋值，只能使用 setAttr 为属性赋值。

2.1.5　小试牛刀——直升机螺旋桨旋转

直升机螺旋桨旋转效果可以通过表达式实现，关键在于控制加速度及速度。为此需要用到 if-else 条件

语句。所要完成的最终效果如图 2-18 所示。

图 2-18　直升机螺旋桨旋转

1）制作螺旋桨的旋转动画

1 打开光盘 \Project\2.1.5Helicopter\scenes\2.1.5Helicopter_base.ma。选择飞机螺旋桨（luoxuanjiang），然后在通道栏中选择 RotateY 旋转属性，单击鼠标右键，待弹出下拉菜单后执行 Editors → Expressions... 命令打开表达式编辑器。

2 在 Selected Object and Attribute 中选中 luoxuanjiang.rotateY，然后按住鼠标中键拖动到表达式编写区域，并写入表达式 luoxuanjiang.rotateY=time; 播放动画，飞机螺旋桨有轻微旋转，如图 2-19 所示。

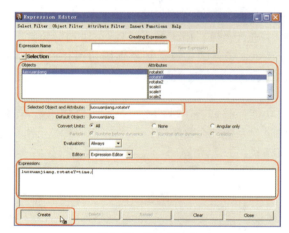

图 2-19　写入表达式

提　示

现在讲解一下在表达式编辑器中 luoxuanjiang.rotateY=time; 意思，首先按照表达式的语法成份将它拆分：luoxuanjiang 为物体名称，"." 为间隔符号，rotateY 为属性名称，"=" 等号为赋值符号,time（秒）是 Maya 中的预定义变量。这句表达式的意思是将等号右侧的预定义变量 time 赋予等号左侧的螺旋桨的 Y 轴旋转，所以在播放动画时会发现当 time=1 时，也就是 frame=24 帧时，luoxuanjiang.rotateY=time=1，飞机的螺旋桨 Y 轴在时间为 1 秒时旋转度数为 1°，如图 2-20 所示。我们播放动画，飞机螺旋桨的 Y 轴也会随着时间的变化将继续旋转。

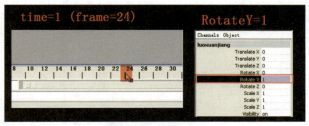

图 2-20　播放动画

3　播放动画时发现飞机螺旋桨旋转的非常慢，所以将表达式修改为luoxuanjiang.rotateY=frame;让飞机螺旋桨的Y轴随帧变化，当时间为24帧时，飞机螺旋桨的Y轴旋转度数为24°，播放动画，飞机螺旋桨旋转快了很多，但是还没有达到我们想要的旋转速度。

4　再次将表达式修改为 luoxuanjiang.rotateY=frame*25;（"*"在这里表示乘号，它属于算术运算符号）。这句表达式的意思是当时间 frame（帧）=1时，luoxuanjiang.rotateY 所被赋予的数值为 frame*25=1*25=25，从而飞机螺旋桨在第1帧旋转度数为25°，当 frame=2 时，luoxuanjiang.rotateY 所被赋予的数值为 frame*25=2*25=50...，当 frame=24 时，luoxuanjiang.rotateY=frame*25=24*25=600，如图 2-21 所示。

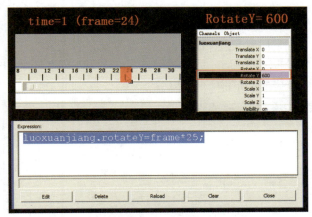

图 2-21　修改表达式

将表达式修改为luoxuanjiang.rotateY=frame*25，播放动画，飞机螺旋桨的旋转速度达到了我们满意的效果。

2）控制螺旋桨的加速及匀速旋转

1　选择飞机螺旋桨的Y轴旋转通道，在表达式编辑器中输入：

```
if (frame>60)
{
luoxuanjiang.rotateY=25;
}
```

> **提示**
>
> 当时间一但大于60帧的时候，执行大括号中的命令luoxuanjiang.rotateY=25。

现在播放动画发现螺旋桨在第61帧的时候Y轴旋转25°，但是当回到第1帧后发现螺旋桨的Y轴还是处于旋转25°后的状态。

2　打开在表达式编辑器中输入：

```
if (frame>60)
{
luoxuanjiang.rotateY=25;
}
else
{
luoxuanjiang.rotateY=0;
}
```

> **提示**
>
> else 中的内容：当条件不成立的情况下，也就是当 frame<=60 的情况下，螺旋桨的Y轴旋转为0。

当然还可以这样写：

```
if (frame==1)
{
luoxuanjiang.rotateY=0;
}
if (frame>60)
{
luoxuanjiang.rotateY=25;
}
```

第一个条件语句表示：当时间为第1帧的时候，执行命令 luoxuanjiang.rotateY=0；

现在将时间回到第1帧，发现螺旋桨的Y轴旋转通道归零。如果想让螺旋桨随时间变化一直旋转我们应该在表达式中输入：

```
if (frame==1)
{
luoxuanjiang.rotateY=0;
}
if (frame>60)
{
luoxuanjiang.rotateY=frame;
}
```

luoxuanjiang.rotateY=frame；这句话的意思是螺旋桨的Y轴旋转随时间的增长而增长。

播放动画发现飞机螺旋桨到61帧时突然转动，然后匀速旋转。现在对这一问题的出现进行分析。分析：if (frame>60) 表示当 frame 为61时；luoxuanjiang.rotateY=frame，此时的 frame 为61，所以飞机的螺旋桨会在第61帧时变为61°。

3　将表达式改为：

```
if (frame == 1 )
{
luoxuanjiang.rotateY = 0;
}
if (frame > 60 )
{
luoxuanjiang.rotateY = (frame-60)*20;
}
```

提 示

luoxuanjiang.rotateY=(frame-60)*20;(frame-60) 这句话的意思是让旋转度数从（frame-60=1）1°开始旋转，由于旋转速度慢，所以再乘以20，来提高旋转速度。

播放动画后会发现飞机螺旋桨到 61 帧后开始旋转，但是螺旋桨的旋转没有从慢到快的加速运动。

4 我们修改表达式为：

```
if (frame == 1 )
{
luoxuanjiang.rotateY = 0;
}
if (frame > 60 )
{
luoxuanjiang.rotateY = (frame-60)*(frame-
60)*0.01;
}
```

提 示

(frame-60)*(frame-60)*0.01；这句话的意思，(frame-60)*(frame-60) 是让螺旋桨旋转产生加速运动，由于螺旋桨的 Y 轴旋转加速运动太快，所以再乘以 0.01 来降低 Y 轴旋转的加速运动。

现在播放动画后发现螺旋桨旋转一直加速旋转，如果我们想限制它的加速旋转到一定的速度后转为匀速运动应该怎么做呢？这里我们需要用到 clamp（限制）函数。

5 将表达式修改为：

```
if (frame==1)
{
luoxuanjiang.rotateY=0;
}
if (frame>60)
{
luoxuanjiang.rotateY=clamp(0,7200,(frame-
60)*(frame-60)*0.02);
}
```

提 示

luoxuanjiang.rotateY=clamp (0，7200，(frame-60)*(frame-60)*0.02)；这句话的意思是当 parameter（参量）——(frame-60)*(frame-60)*0.02 大于 0 并且小于 7200° 时，返回值为自身，一但大于 max（最大数值）7200 时，将会一直为 7200。

现在播放动画我们发现 luoxuanjiang.rotateY 为 7200 时，螺旋桨将不再旋转。

6 表达式修改为：

```
if (frame==1)
{
luoxuanjiang.rotateY=0;
}
if (frame>60)
{
luoxuanjiang.rotateY=clamp(0,7200,(frame-
60)*(frame-60)*0.02);
}
if (luoxuanjiang.rotateY==7200)
{
luoxuanjiang.rotateY=frame*28;
}
```

添加后的条件语句表示：当螺旋桨的 Y 轴旋转一旦等于 7200° 时，我们将螺旋桨的 Y 轴旋转更改为匀速运动 frame*28；如图 2-22 所示。

图 2-22 完整的表达式

2.1.6 小试牛刀——多米诺骨牌倒下

本节介绍使用 Mel 制作多米诺骨牌倒下的动画，讲解"复制"的表达式写法以及 for 循环语句运用。

多米诺骨牌倒下最终效果如图 2-23 所示。

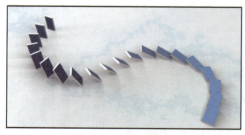

图 2-23 多米诺骨牌倒下

打开光盘 \Project\2.1.6 Dominoes\sence\2.1.6 Dominoes_base.ma 文件，我们想制作多米诺骨牌倒塌的效果，首先要将多米诺骨牌的模型沿路径摆好。

1 打开 Mel 编辑器输入：

```
for($i=1;$i<=100;$i+=5)
{
currentTime $i;
select -r gp ;
duplicate -rr;
}
```

如图 2-24 所示。

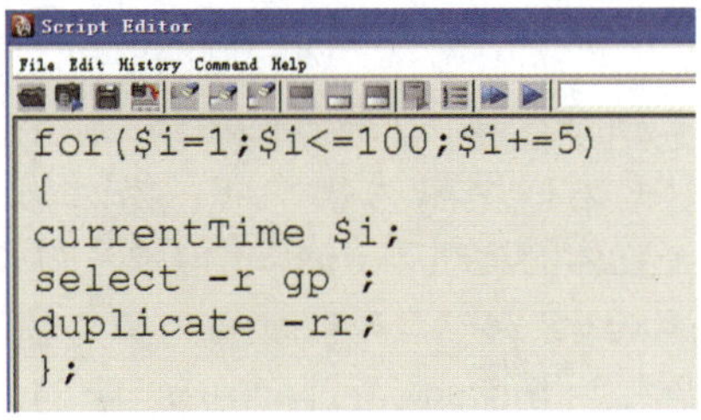

图 2-24　输入表达式

其中，currentTime $i（移动时间位置）：用户在时间线上拖动关键帧后将会在 Mel 命令返回窗口中显示该命令，如图 2-24 所示。

select -r gp（替换选择物体）：用户在场景中选择物体后将会在 Mel 命令返回窗口中显示该命令，如图 2-24 所示。

duplicate -rr（复制物体）：用户在执行该命令后将会在 Mel 命令返回窗口中显示该命令，如图 2-25 所示。

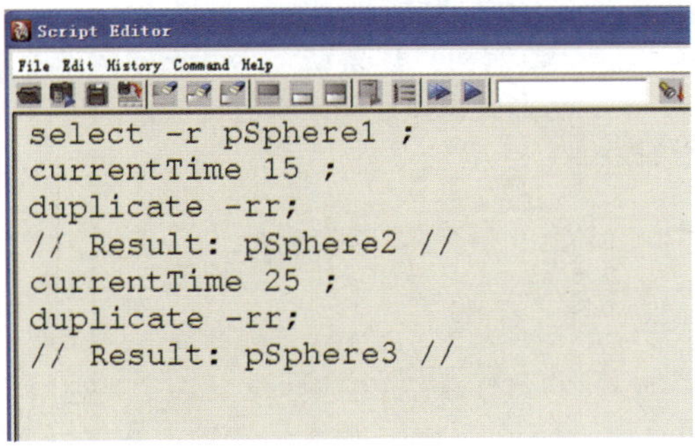

图 2-25　执行命令

我们将多米诺骨牌的模型沿路径制作出来了，现在让它们倒塌，先来分析制作倒塌过程：

（1）骨牌倒塌需要控制的是多米诺骨牌的 X 轴旋转；

（2）旋转到一定数值后停止转动；

（3）骨牌需要时间错位，不能同时倒塌。

2 实现多米诺骨牌的 X 轴旋转，在表达式中输入：

```
for ($i=1;$i<=20;$i++)
{
    string $attr = "gp"+$i+".rx"; // 将所有骨牌的 X 轴旋转通道储存到字符串变量中。
    float $rot = frame; // 将 frame 存储到浮点变量中。
    setAttr $attr $rot; //  设置属性数值。
}
```

表达式目的：由于想控制多个物体运动，所以要写 for 循环语句，将每个物体的 X 轴通道名称储存到一个字符串变量中 string $attr = "gp"+$i+".rx"；接着需要控制所有物体属性的数值，在 for 循环语句中控制很多属性时用"setAttr"命令来设置物体属性，setAttr 的用法是（setAttr 物体名称属性名称属性数值），但是在 setAttr 中的属性数值不可以为预定义变量 time 和 frame，所以提前将 frame 给到浮点变量 $rot 中。如图 2-26 所示。

图 2-26　修改表达式

现在完成了对骨牌 X 轴旋转的操作，可是播放动画后会发现骨牌一直旋转，所以要限制骨牌 X 轴的旋转角度。现在重新播放动画，发现骨牌到 84 帧后互相接触，查看所有骨牌，这时 X 轴的旋转角度为 84°，如图 2-27 所示。

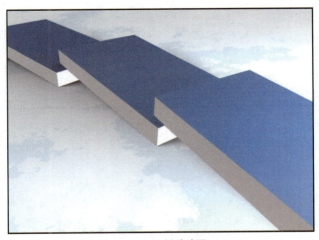

图 2-27　播放动画

3 如果想限制骨牌 X 轴旋转角度的话，需要应用 linstep 函数。将表达式编辑为：

```
for ($i=1;$i<=20;$i++)
{
string $attr="gp"+$i+".rx";
float $rot=linstep(0,42,frame)*84;
setAttr $attr $rot;
}
```

// float $rot=linstep (0，42，frame)*84；在 linstep 的括号中的 0 和 42 表示控制倒塌过程的快慢。这两个数间隔越小，倒塌过程越快，这两个数间隔越大，倒塌过程越慢。linstep（0，42，frame）这句表达式的意思是在 42 帧的时间范围内骨牌的 X 轴旋转了 1°，最后乘以 84 的意思是在 42 帧的时间范围内骨牌的 X 轴旋转了 84°，并一直保持 84°不变。

如图 2-28 所示。

```
Expression:
for ($i=1;$i<=20;$i++)
{
string $attr="gp"+$i+".rx";
float $rot=linstep(0,42,frame)*84;
setAttr $attr $rot;
}
```
```
Edit     Delete     Reload     Clear     Close
```

图 2-28　修改后的表达式

> **提 示**
>
> 现在播放动画，发现所有骨牌的 X 轴旋转到 84°时都不再转动，但是骨牌并没有逐个倒塌，而是同时倒塌，如图 2-29 所示。

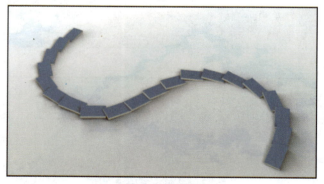

图 2-29　播放动画

4 现在想让时间错位，从而让骨牌逐个倒下，所以将表达式修改为：

```
for ($i=1;$i<=20;$i++)
{
string $attr="gp"+$i+".rx";
float $rot=linstep(0+$i,20+$i,frame)*84;
```

```
setAttr $attr $rot;
}
```

float $rot=linstep (0+$i，20+$i，frame)*84 中这句表达式的意思是，当时间为第 1 帧时，第一个物体 (gp1) 的旋转为 linstep (0+1，20+1，1)*84，返回值为 0*84=0，当时间为第 2 帧时，第一个物体 (gp1) 的旋转为 linstep (0+1，20+1，2)*84，返回结果为 0.05*84=4.2；当时间为第 3 帧时，第一个物体 (gp1) 的旋转为 linstep (0+1，20+1，3)*84，返回结果为 0.1*84=8.4……。

当时间为第 1 帧时，第二个物体 (gp2) 的旋转为 linstep (0+2，20+2，1)*84，返回值为 0*84=0；当时间为第 2 帧时，第二个物体的旋转为 linstep (0+2，20+2，2)*84，返回结果为 0*84=0；当时间为第 3 帧时，第二个物体的旋转为 linstep (0+2，20+2，3)*84，返回结果为 0.05*84=4.2；当时间为第 4 帧时，第二个物体的旋转为 linstep (0+2，20+2，4)*84，返回结果为 0.1*84=8.4……。

当时间为第 1 帧时，第三个物体 (gp3) 的旋转为 linstep (0+3，20+3，1)*84，返回值为 0*84=0；当时间为第 2 帧时，第三个物体的旋转为 linstep (0+3，20+3，2)*84，返回结果为 0*84=0；当时间为第 3 帧时，第三个物体的旋转为 linstep (0+3，20+3，3)*84，返回结果为 0*84=0；当时间为第 4 帧时，第三个物体的旋转为 linstep (0+3，20+3，4)*84，返回结果为 0.05*84=4.2……；当时间为第 5 帧时，第三个物体的旋转为 linstep (0+3，20+3，5)*84，返回结果为 0.1*84=4.2……，如图 2-30 所示。

5 通过图 2-30 可以发现每两个物体之间的间隔都为 1 帧，如果想加大物体之间间隔时间的话，可以将表达式修改为：

```
for ($i=1;$i<=20;$i++)
{
string $attr="gp"+$i+".rx";
float $rot=linstep(0+$i*13,20+$i*13,frame)*84;
setAttr $attr $rot;
}
```

在 linstep (0+$i*13，20+$i*13，frame)*84 中，$i+20 控制的是每个骨牌旋转 84°(1*84) 所需的时间是 20 帧，$i 加上的数值越大，每个骨牌旋转的速度越慢，反之，每个骨牌旋转的速度越快；$i*13 表示每两个物体之间的时间间隔，$i 乘上的数值越大，时间间隔越长，反之，时间间隔越短，如图 2-31 所示。

时间＼物体	gp1	gp2	gp3	gp4	gp5	gp6	gp7	gp8	gp9	gp10	gp11	gp12	gp13	gp14	gp15	gp16	gp17	gp18	gp19	gp20
第1帧	0	0	0	0	0	0	0	0	0	0	0	0	0	0	0	0	0	0	0	0
第2帧	0.05	0	0	0	0	0	0	0	0	0	0	0	0	0	0	0	0	0	0	0
第3帧	0.1	0.05	0	0	0	0	0	0	0	0	0	0	0	0	0	0	0	0	0	0
第4帧	0.15	0.1	0.05	0	0	0	0	0	0	0	0	0	0	0	0	0	0	0	0	0
第5帧	0.2	0.15	0.1	0.05	0	0	0	0	0	0	0	0	0	0	0	0	0	0	0	0
第6帧	0.25	0.2	0.15	0.1	0.05	0	0	0	0	0	0	0	0	0	0	0	0	0	0	0
第7帧	0.3	0.25	0.2	0.15	0.1	0.05	0	0	0	0	0	0	0	0	0	0	0	0	0	0
第8帧	0.35	0.3	0.25	0.2	0.15	0.1	0.05	0	0	0	0	0	0	0	0	0	0	0	0	0
第9帧	0.4	0.35	0.3	0.25	0.2	0.15	0.1	0.05	0	0	0	0	0	0	0	0	0	0	0	0
第10帧	0.45	0.4	0.35	0.3	0.25	0.2	0.15	0.1	0.05	0	0	0	0	0	0	0	0	0	0	0
第11帧	0.5	0.45	0.4	0.35	0.3	0.25	0.2	0.15	0.1	0.05	0	0	0	0	0	0	0	0	0	0
第12帧	0.55	0.5	0.45	0.4	0.35	0.3	0.25	0.2	0.15	0.1	0.05	0	0	0	0	0	0	0	0	0
第13帧	0.6	0.55	0.5	0.45	0.4	0.35	0.3	0.25	0.2	0.15	0.1	0.05	0	0	0	0	0	0	0	0
第14帧	0.65	0.6	0.55	0.5	0.45	0.4	0.35	0.3	0.25	0.2	0.15	0.1	0.05	0	0	0	0	0	0	0
第15帧	0.7	0.65	0.6	0.55	0.5	0.45	0.4	0.35	0.3	0.25	0.2	0.15	0.1	0.05	0	0	0	0	0	0
第16帧	0.75	0.7	0.65	0.6	0.55	0.5	0.45	0.4	0.35	0.3	0.25	0.2	0.15	0.1	0.05	0	0	0	0	0
第17帧	0.8	0.75	0.7	0.65	0.6	0.55	0.5	0.45	0.4	0.35	0.3	0.25	0.2	0.15	0.1	0.05	0	0	0	0
第18帧	0.85	0.8	0.75	0.7	0.65	0.6	0.55	0.5	0.45	0.4	0.35	0.3	0.25	0.2	0.15	0.1	0.05	0	0	0
第19帧	0.9	0.85	0.8	0.75	0.7	0.65	0.6	0.55	0.5	0.45	0.4	0.35	0.3	0.25	0.2	0.15	0.1	0.05	0	0
第20帧	0.95	0.9	0.85	0.8	0.75	0.7	0.65	0.6	0.55	0.5	0.45	0.4	0.35	0.3	0.25	0.2	0.15	0.1	0.05	0
第21帧	1	0.95	0.9	0.85	0.8	0.75	0.7	0.65	0.6	0.55	0.5	0.45	0.4	0.35	0.3	0.25	0.2	0.15	0.1	0.05

图 2-30　返回值对照表

图 2-31　表达式示意图

6 现在播放动画，骨牌倒塌的整体速度感觉可以，但是所看到的速度不是最终速度，也不是最终渲染后的动态效果，所以要在时间条中单击鼠标右键，待弹出命令窗口后单击 playblast 命令，当然也可以到主菜单单击 Window → playblast 命令，如图 2-32 所示。

图 2-32　播放动画

7 预览完成后发现骨牌速度很慢，现在调整骨牌倒塌的时间。将表达式改为：

```
for ($i=1;$i<=20;$i++)
{
string $attr="gp"+$i+".rx";
float $rot=linstep(0+$i*5,8+$i*5,frame)
*84;
setAttr $attr $rot;
}
```

修改后变可以得到理想的倒塌速度了，骨牌倒塌效果如图 2-33 所示。

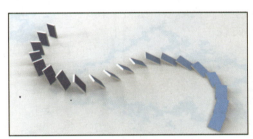

图 2-33　最终效果

2.2　粒子生命

在做粒子特效时，经常会遇到一种情形：粒子产生后，它们会存在一段时间，超过一定时间后，粒子会消失。这种形态的粒子是有生命的，不会永远存在下去。生命，对于粒子来说，体现为粒子存在时间的长短。粒子存在的时间长短不同，所造成的空间聚集形态和动态效果会不同。

2.2.1　粒子基本属性

上一章学习了粒子的基本属性，有粒子的生命和粒子的渲染方式等，除了这些属性外，还可以添加动力学属性。常用的动力学属性有 radiusPP 每粒子半径 parentUV（出生时刻 UV 信息）等。在这一章中，将开始学习用表达式控制粒子的属性。

1）表达式控制粒子属性

当选择某一套粒子，进入该粒子的形状节点

的属性通道栏后，可以看到"Per Particle（Array）Attributes"（每粒子属性）窗口和"Add Dynamic Attributes"（添加动力学属性）窗口，如图2-34所示。

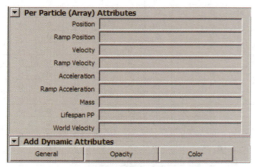

图 2-34　每粒子属性和添加动力学属性窗口

可以利用"添加动力学属性窗口"来给粒子添加所需要的属性。如果添加进来的属性是每粒子属性的话，那么该属性将会出现在每粒子属性窗口中。而每粒子属性窗口中的所有属性均可以对一套粒子中的每个粒子起作用。

每粒子属性既可以用Ramp（渐变）来控制，也可以用表达式来控制。多数情况下是用表达式来控制粒子的空间聚集形态和动态效果。

在每粒子属性窗口中单击右键，在弹出菜单中选择 Creation Expression 命令，可以打开表达式编辑器。在表达式编辑器中可以创建两种每粒子表达式。

（1）创建表达式。选中"Creation"选项，可编辑创建表达式。创建表达式只在粒子出生的那一刻执行一次，以后不会在执行。

（2）运行表达式。运行表达式除了在粒子出生的那一时刻不执行外，以后的每帧都会执行，运行表达式有两种类型。

① 动力学之后运行。先计算动力学（主要是场）对粒子的影响，再计算表达式对粒子的影响。选中"Runtime after dynamics"，可编辑动力学之后运行表达式。

② 动力学之前运行。先计算表达式对粒子的影响，再计算动力学（主要是场）对粒子的影响。选中"Runtime before dynamics"选项，可编辑动力学之前运行表达式。

这两种类型的运行表达式的区别会在以后详细讲解。

　实例　创建表达式和运行表达式的区别

1　在 Maya 中新建场景，创建粒子发射器，将粒子的渲染类型调整为 Spheres（球形），接着单击【Current Render Type】（编辑当前渲染类型的属性）按钮，单击完毕后会弹出当前渲染类型的属性窗口，将 Radius 的数值调整为 0.08，如图2-35所示。

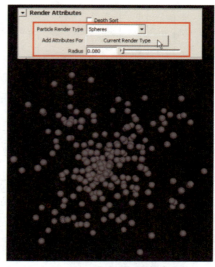

图 2-35　Radius 的属性调整

可以看到每个球形粒子的半径都一样，都是0.08，如果想实现每个粒子的大小不相同则需要添加 Maya 自带的每粒子属性 radiusPP（Maya 中的每粒子属性有两种，一种是 Maya 自身就有的，另一种则是添加自定义属性，在此不做详细讲解）。

2　在粒子属性窗口的每粒子通道栏下单击【General】按钮，待弹出对话窗口后我们选择 Particle 窗口，然后在 particle 窗口下找到 radiusPP 每粒子半径属性，然后单击【OK】按钮，添加完成，如图2-36所示。

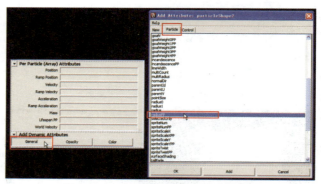

图 2-36　添加 radiusPP 每粒子半径属性

3　添加完成后在 radiusPP 每粒子属性中创建表达式，表达式的类型选择为创建时表达式。在表达式中输入以下内容：particleShape1.radiusPP=rand(0.08,0.2); 重新播放动画会发现粒子的大小不一，如图2-37所示。

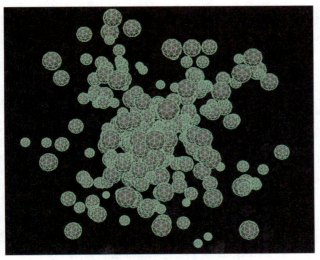

图 2-37　粒子半径大小

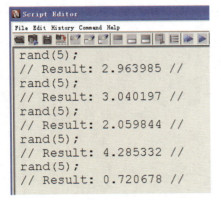

图 2-38　rand 函数演示

4 现在发现每个粒子小球的大小都不一样，所以要把创建的表达式剪切到运行时表达式里面 (Runtime before dynamics)，在这里需要注意，即使将创建表达式里的内容剪切了，但是当我们再回到创建表达式的时候，发现表达式内容还存在，所以需要单击【Delete】按钮，将其删除，或者单击【Edit】按钮，将其编辑，如图 2-39 所示。

图 2-39　删除创建表达式内容

现在重新播放动画，发现每个粒子小球的大小都在不断地变化，这就是运行表达式和创建表达式的区别，在创建表达式执行 (particleShape1.radiusPP= rand（0.08，0.2）；) 这句话后，只有在粒子出生后的那一时刻赋予粒子大小随机数值，以后粒子的大小将不会再改变；而在运行表达式执行 (particleShape1. radiusPP=rand（0.08,0.2）；) 这句话后，除了在粒子

出生的那一帧不执行外，其他每帧都会执行，所以会看到粒子小球的大小在不断地变化。

2）parentUV（出生时刻 UV 信息）

Maya 的粒子有多种发射类型，其中最常用的一种发射类型为从表面发射。我们知道，三维模型表面是有 UV 的。UV 是一套坐标体系，用于记录模型表面点在模型表面的位置。粒子从物体发射就是从物体的表面发射，那么粒子发射瞬间，也就是粒子出生时，会记录模型的 UV 信息。它所记录的 UV 信息就是粒子从物体表面发射时的出生位置，该出生位置是相对于模型表面而言的。parentUV 可传递给粒子的其他相关属性，可用于控制粒子在出生后的后续动画。

在默认状态下，进入粒子的形状节点的属性通道栏后，我们可以看到 Per Particle（Array）Attributes（每粒子属性）窗口中并没有 parentU 和 parentV 这两项。这说明，parentUV 属性是需要我们自己添加的。打开 Add Dynamic Attributes → Genneral → particle 菜单。在该窗口下，我们可以找到 parentU 和 parentV 这两项。选中这两项，可以将其添加进来，如图 2-40 所示。

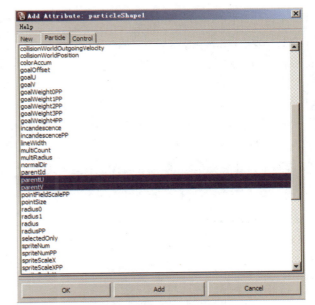

图 2-40　添加 parentU 和 parentV 属性

3）velocity（粒子速度）

速度，对于粒子来说，就是运动的快慢，体现为粒子在空间的运动状态。粒子运动快慢不同，所造成的空间聚集形态和动态效果会不同。对于粒子来说，速度分为两种。一种是一套粒子的整体速度；另一种是一套粒子内每个粒子的运动速度，即每粒子速度。一般情况下，velocity 是指每粒子速度。它在每粒子属性窗口中。我们可以给每粒子速度写表达式来控制一套粒子的运动情况。

4) lifespan（每粒子生命）

生命，对于粒子来说，也就是寿命，体现为粒子存在时间的长短。粒子存在的时间长短不同，所造成的空间聚集形态和动态效果会不同。对于粒子来说，生命模式分为两类四种。一类是一套粒子的整体生命模式，包括 Live forever（永远存在），Constant（恒定值），Random range（随机范围）这三种生命模式。另一类是一套粒子内每个粒子都具有不同的生命值，即第四种生命模式——LifespanPP only（每粒子生命值）。

当我们选择某一套粒子，进入该粒子的形状节点的属性通道栏后，我们可以看到 Lifespan Attributes（生命属性）窗口。在该窗口下，Lifespan Mode（生命模式）、Lifespan（生命值）、Lifespan Random（生命值的随机范围）是调节粒子生命值常用的属性。

当我们将粒子生命模式切换为第四项——lifespanPP only（每粒子生命值）时，就可以激活每粒子属性窗口中的 lifespanPP（每粒子生命值）。这时，我们给每粒子生命值写表达式才有效。否则，表达式不起作用。可以用表达式控制粒子存在的时间长短。

2.2.2 一展身手——魔幻彩虹

本节制作魔幻彩虹，该实例中用物体来发射粒子，粒子的颜色由 Ramp 贴图控制，彩虹的动态也由 Ramp 贴图控制，粒子透明及消失由表达式控制。本实例中的方法还可以运用到银河、魔幻粒子等制作中。

1）创建彩虹的基本形态

打开光盘 \Project\2.2.2 Rainbow\scenes\2.2.2 Rainbow_base.ma 文件。

1 选择 caihong（Nurbs 面片）为其 Color 通道添加 Ramp 贴图，Ramp 的过渡颜色由下向上依次为红、橙、黄、绿、青、蓝、紫，如图 2-41 所示。

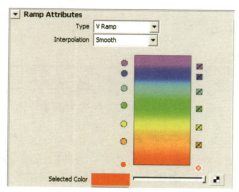

图 2-41　Ramp 贴图

2 选择 caihong（Nurbs 面片），为其创建物体发射器，发射器命名为 fx_Caihong_Emitter1，将粒子命名为 fx_caihong_particle1，发射器类型选择 Surface 表面发射，勾选 Need parent UV，并将发射器的速度 Speed 调整为 0，其他属性保持默认，如图 2-42 所示。

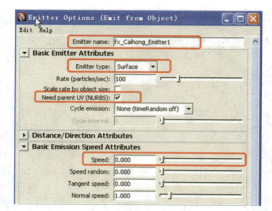

图 2-42　添加发射器

3 播放动画，发现发射器发射的粒子数量较少，可以对粒子发射数量（Rate）做动画，在 300 帧之前为 1500，301 帧时为 0。选择 caihong（Nurbs 面片），按【Ctrl+H】键将其隐藏，播放动画观看效果，如图 2-43 所示。

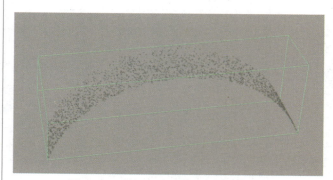

图 2-43　对粒子发射数量（Rate）做动画

4 将 caihong（Nurbs 面片）的 Ramp 贴图赋予粒子发射器的颜色通道，并为粒子添加 RGB PP 每粒子属性，如图 2-44 所示。

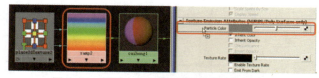

图 2-44　将 Ramp 贴图赋予发射器的颜色通道

5 将粒子（fx_caihong_particle1）的渲染类型修改为 MultiPoint 类型，将 Multi Count 调整为 50，Multi Radius 调整为 1，其他属性保持不变，如图 2-45 所示。

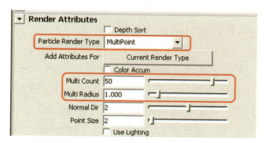

图 2-45　渲染类型修改为 MultiPoint 类型

播放动画，按【6】键，显示材质，观看效果，如图
2-46 所示。

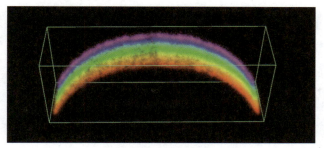

图 2-46　观看效果

6　打开粒子发射器（fx_Caihong_Emitter1）的属性窗口，
为其 Texture Rate 添加 Ramp，并勾选应用贴图发射
属性，如图 2-47 所示。

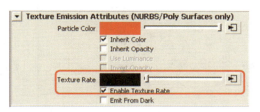

图 2-47　为 Texture Rate 添加 Ramp

调整 Ramp 的类型为 U Ramp，调整颜色的过渡为
Exponential Up，调整 Ramp 颜色由下向上黑白渐变，
并对 Selected Position 制作关键帧动画，黑色位置的
关键帧动画为 1～150 帧，Selected Position 数值过
渡为 1～0；白色位置的关键帧动画为 51～200 帧，
Selected Position 数值过渡为 1～0.001，如图 2-48
所示。

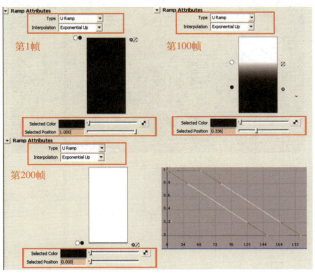

图 2-48　调整 Ramp

现在播放动画，在场景中观看效果，彩虹逐渐出现，
如图 2-49 所示。

7　301 帧之后右侧中的粒子数量要比左侧的多，如图
2-50 所示。因为发射器是依据贴图的 U 方向，从右

向左发射的，可以理解为发射区域的开始帧不同，结
束帧都是 301 帧。但是由于本实例的粒子渲染类型为
MultiPoint，粒子数量多，并且过渡时间不是很长，最
终的效果没有明显变化，所以就没有对此处作修改。
如果修改的话，需要在控制发射区域的 Ramp 上添加
一个黑色渐变，并对 Selected Position 制作关键帧动
画，其关键帧动画时间为 100～250 帧，Selected
Position 数值变化如图 2-51 所示。

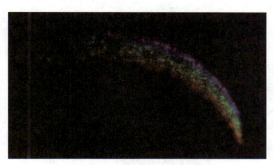

图 2-49　彩虹逐渐出现效果

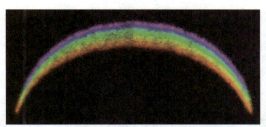

图 2-50　300 帧之后效果

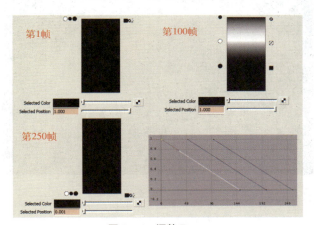

图 2-51　调整 Ramp

2）控制彩虹两端的透明效果

1　我们已经制作出了粒子彩虹出现的效果，现在对粒子
彩虹两侧的透明进行控制，选择粒子彩虹，打开其属
性窗口，为其添加每粒子透明属性 OpacityPP，接着为
其添加 Ramp 贴图，Ramp 贴图的 InputU 不做任何调
整，InputV 依据 ParentU，调整好后创建 Ramp 贴图，
如图 2-52 所示。

2　编辑 Opacity PP 中的 Ramp，将 Ramp 的上下两端
调整为黑色，中间位置调整为灰色，其明度数值约为
0.3，最后将 Ramp 的 Interpolation（过渡类型）调整
为 Smooth（光滑），如图 2-53 所示。

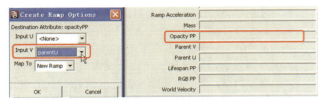

图 2-52　添加透明属性

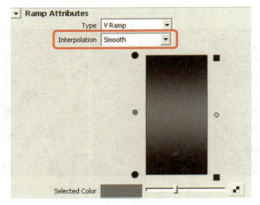

图 2-53　调整 Ramp

调整完成后观看粒子彩虹左右两端的透明过渡，由于创建的 Ramp 是依据 InputU 方向，当 Ramp 的两端变为黑色，中间为灰色的时候也就表明两端的粒子由完全透明向中间不透明过渡，如图 2-54 所示。

图 2-54　彩虹左右两端的透明过渡

3）制作彩虹飘散效果

1 想让彩虹实现飘散的效果，首先选择粒子彩虹（fx_caihong_particle1），为其添加 Turbulence 扰动场，打开 Turbulence 扰动场的属性窗口，将 Turbulence field name 命名为 fx_caihong_tur，调整 Magnitude 为 40，调整 Attenuation 为 0，调整 Frequency 为 0.5，最后将 Volume shape 调整为 Cube 体积类型，如图 2-55 所示。

2 选择扰动场，将扰动场的缩放 ScaleX 调整为 5，ScaleY 调整为 15，ScaleZ 调整为 30，将 TranslateY 调整为 -6，并对 TranslateX 做位移动画，动画时间为 300 ~ 500 帧，过渡数值为 40 ~ -30，如图 2-56 所示。

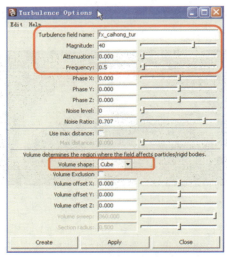

图 2-55　扰动场的属性窗口

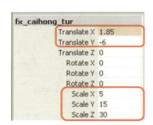

图 2-56　调整扰动场

播放动画到 400 帧，观看粒子彩虹飘散的效果，如图 2-57 所示。

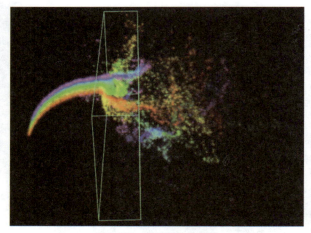

图 2-57　彩虹飘散的效果

3 想让粒子在场景中消散完后死亡消失，首先尝试之前控制粒子死亡的方法。将粒子的生命类型 Lifespan Mode 调整为 Constant 模式，然后调整 Lifespan 为 5，随机生命 Lifespan Random 为 2，播放动画观看效果，如图 2-58 所示。

4）控制彩虹粒子生命

现在发现扰动场没有走完粒子区域就已经有部分粒子死亡消失了，这是因为场景中物体发射器发射出来的粒子的生命都为 5 秒，而物体发射器发射粒子的时间都不同，所以刚发射出来的粒子会提前死亡。

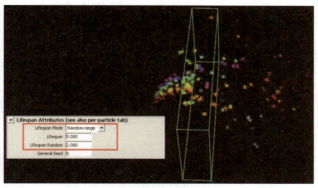

图 2-58　调整粒子生命值

通过分析，粒子发射的每秒发射率是从第 1 帧到第 300 帧以每秒 1500 个粒子发射的，所以在第 1 帧被发射的粒子会提前死亡，第 300 帧发射出来的粒子后死亡，然而想让所有的粒子在没有受到扰动场扰动的时候都不会死亡。当某些粒子受到扰动场影响的时候，这些粒子将会逐渐死亡，这样的话则需要在 Maya 中利用表达式来控制粒子的生命，每粒子的表达式跟之前学过的控制每物体的表达式是不同的。

1 利用表达式控制 (每粒子生命)lifespanPP，在控制 lifespanPP 之前需要将粒子的生命类型调整为 lifespanPP only，如图 2-59 所示。

图 2-59　调整生命类型

2 在每粒子属性窗口中右键单击【Creation】键在运行表达式中写入以下内容：

```
if (fx_caihong_particleShape1.velocity==0)
{
fx_caihong_particleShape1.lifespanPP=time;
}
else
{
fx_caihong_particleShape1.lifespanPP=fx_caihong_particleShape1.lifespanPP;
}
```

3 为了在视图中显示粒子的生命数值，先将粒子发射器的每秒发射率在曲线编辑器中调整为 100，然后将粒子的渲染类型改成 Numeric，并在 Attribute name 中输入 lifespanPP(当然也可以输入 position、velocity 等每粒子属性，此处默认每粒子属性为 particleId)，如图 2-60 所示。
播放动画观看效果，粒子在没受扰动场的影响时生命随时间运动，一旦受到扰动场粒子生命将不在改变，如图 2-61 所示。

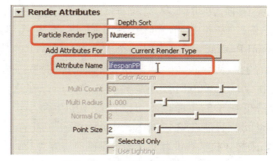

图 2-60　渲染类型改成 Numeric

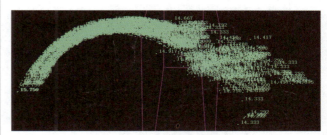

图 2-61　播放动画观看效果

4 在表达式中可以省略粒子的名称，只写每粒子的属性即可：

```
if (velocity==0)
{
lifespanPP=time;
}
else
{
lifespanPP= lifespanPP;
}
```

表达式的含义：if（velocity==0）{lifespanPP=time;} 是说当每粒子的速度等于 0 的时候，每粒子的生命将会随着时间的改变而改变。(velocity 为矢量类型，在这里输入的 veloccity==0 的计算方法为：veolcity 的 X 轴分量的二次方加上 veolcity 的 Y 轴分量的二次方再加上 veolcity 的 Z 轴分量的二次方，最后数值的总和再开平方，这里只是简单介绍，不用掌握)

我们已经将粒子发射器 (fx_Caihong_Emitter1f1) 的速度（Speed）调整为 0，所以被发射出来的粒子自身速度也为 0，从而，粒子在出生的时候粒子生命会随着时间的改变而改变。

else{ lifespanPP=lifespanPP;} 是说当每粒子速度一旦不为 0，也就是受到扰动场影响的时候，粒子的生命数值为此时的时间，不会再随时间改变而改变。例如，某些粒子在第 400 帧的时候受到了扰动场的影响，那这些粒子的生命就是 400 帧 /24 帧 =16.67 秒，以后粒子的生命就不会再随时间的变化而变化了。

现在播放动画发现粒子在场景中存活的时间较长，按照之前的做法可以将表达式改为lifespanPP=time*0.2（乘以一个大于0、小于1的数）；粒子的生命将会减少，但是这样的话有部分粒子在没有受扰动场影响的时候还是会有死亡，所以在这里不可以降低粒子的生命，不可以让粒子的生命小于它当前的时间，只能在这句表达式中增加粒子的生命。

5 如果想让粒子在没有受扰动场影响时一直生存，一旦受到扰动场影响便开始随机死亡，可以将表达式修改为：

```
if (velocity==0)
{

lifespanPP=time;

}
else
{
lifespanPP*=rand(0.98,0.99);
}
```

这段表达式的意思是让粒子在没有速度的时候等于时间，一旦粒子有了速度，让它的生命在每帧的基础上乘以0.98～0.99之间的随机数。

6 播放动画发现粒子死亡太快，再次修改表达式为：

```
if (velocity==0)
{

lifespanPP=time*5;

}
else
{
lifespanPP*=rand(0.98,0.99);
}
```

7 粒子生命效果控制完成，如果个人感觉粒子生命短的话，可以在if(velocity=0)的情况下让lifespanPP乘以更大的数值；如果在lifespanPP=time的情况下个人感觉粒子生命长的话，可以在else的语句中让lifespanPP乘以更小的数值。

5）控制彩虹的透明消失

我们控制了粒子的生命，现在发现粒子在死亡的过程中突然消失，这种效果有些过于生硬，所以需要控制粒子的透明度，在粒子死亡的过程中由不透明逐渐转变为完全透明。

1 选择彩虹粒子，打开粒子属性窗口后我们发现粒子的每粒子透明属性OpacityPP已经添加了Ramp贴图，控制其粒子彩虹的左右两端透明，所以我们不能对OpacityPP再做其他控制。在这种情况下我们需要添加自定义属性，最终的目的是让粒子彩虹在左右两端透明的前提下随着生命的衰减逐渐透明消失。在

Add Dynamic Attributes（添加动力学）属性下单击【General】按钮，添加每粒子属性，如图2-62所示。

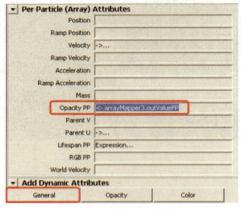

图2-62 添加每粒子属性

2 待弹出属性窗口后，将粒子的Long name命名为custem_opacity_uv，每粒子透明为浮点类型，需要注意，我们添加的每粒子属性是浮点类型还是矢量类型，勾选Per particle（array）每粒子属性，最后单击【OK】按钮添加完成，如图2-63所示。

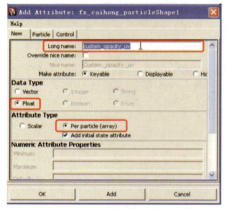

图2-63 添加每粒子透明属性

3 添加完成后将每粒子的OpacityPP所添加的ramp3打断，如图2-64所示。

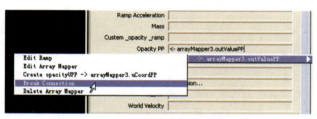

图2-64 打断ramp3的链接

4 为自定义属性Custem_opacity_uv的InputV依据parentU添加ramp3，如图2-65所示。

5 添加完成后再次为每粒子属性添加一个自定义的每粒子属性，其名称为custem_opacity_life，添加完成后为custem_opacity_life每粒子属性中的InputV依据Particle's Age添加一张新的Ramp贴图，如图2-66所示。

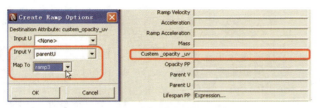

图 2-65　依据 parentU 添加 ramp3

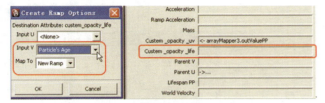

图 2-66　再次添加每粒子属性并添加 Ramp 贴图

6 添加完成后编辑所添加的 Ramp，将 Ramp 从上到下的颜色过渡调整为黑到白，将过渡类型调整为 Exponential Up，如图 2-67 所示。

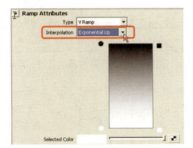

图 2-67　编辑所添加的 Ramp

7 现在为 OpacityPP 每粒子属性添加表达式，在创建表达式中输入表达式：custom_opacity_uv；让粒子在出生时候的透明度依据 custem_opacity_uv 每粒子属性中的 Ramp 贴图，如图 2-68 所示。

图 2-68　为 OpacityPP 每粒子属性添加表达式

8 在动力学之前的运行表达式中写入以下表达式：

```
if (velocity==0)
{

lifespanPP=time*5;
opacityPP=custem_opacity_uv;

}
else
{

lifespanPP*=rand(0.98,0.99);
opac ityPP=custem_opacity_uv*opacity_
```

```
ramp_life;

}
```

opacityPP= custem_opacity_uv*opacity_ramp_life 这句表达式的意思是让粒子彩虹在左右两端透明的前提下随着生命的衰减逐渐透明消失。

播放动画观看效果，粒子在死亡的时候逐渐透明，如图 2-69 所示。

图 2-69　观看效果

9 感觉整体的效果不够绚丽，如果粒子能够在死亡过程中闪烁将会更好，所以再次修改表达式为：

```
If (velocity==0)
{

lifespanPP=time*5;
opacityPP=custem_opacity_uv;

}
else
{

lifespanPP*=rand(0.98,0.99);
opacityPP=rand(1)* custem_opacity_
uv*opacity_ramp_life;

}
```

10 播放动画实现最终的闪烁效果，最后硬件渲染，后期简单合成，完成最终效果，如图 2-70 所示。

图 2-70　最终合成效果

2.3 粒子精灵

Sprites（粒子精灵）是粒子的一种渲染类型，其中的每个粒子可显示相同或不同的纹理图像或图像序列，利用 Sprites 可以制作很多效果，并且渲染速度快，完成的效果有层次感。本节我们在学习通过表达式控制精灵粒子的旋转、缩放等属性的基础上，用静态贴图来制作魔法小星星，用动态贴图来制作汽车尘土。

2.3.1 基本属性

在粒子的渲染属性里将粒子渲染类型设置为 Sprites 类型，单击【Current Render Type】选项，弹出粒子精灵的可编辑属性，如图 2-71 所示。

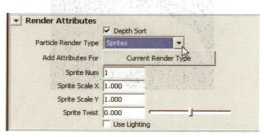

图 2-71 粒子精灵基本属性

【参数说明】

- Depth Sort：深度排序，精灵之间遮挡关系。
- Sprite Num：精灵序列号，用来控制序列图片的序列号。
- Sprite Scale X：粒子精灵的 X 轴缩放。
- Sprite Scale Y：粒子精灵的 Y 轴缩放。
- Sprite Twist：粒子精灵的旋转。

2.3.2 一展身手——魔法小星星

在很多魔幻影片中都有这样的镜头，仙女棒一挥出现很多五颜六色的小星星，这些闪烁的小星星大多数是用粒子制作的。本例用粒子发射器制作路径动画，适当修改粒子的随机生命，然后把粒子的渲染形式切换为精灵贴图并给粒子添加小星星的贴图，接下来用表达式控制粒子的旋转、大小、颜色、透明等，魔法小星星最终效果如图 2-72 所示。

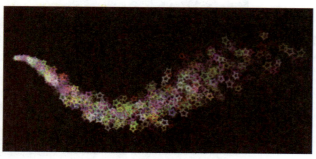

图 2-72 魔法小星星最终效果

1 打开光盘 \Project\2.3.2 Star\scenes\2.3.2 Star_base.ma，当前场景中只有一条曲线。现在为场景创建一个默认的粒子发射器，打开发射器的创建属性窗口，将发射器的名称命名为 star_emitter1，发射器类型 Emitter type 调整为 Omin，粒子的每秒发射率 Rate（particles/sec）调整为 250，发射器的速度 Speed 调整为 0.5，发射器的 Speed random 调整为 0.5，如图 2-73 所示。

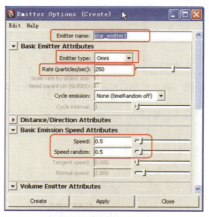

图 2-73 发射器创建属性窗口

2 为粒子发射器创建路径动画。执行 Animation → Motion Paths → Attach to Motion Path 命令。选择粒子发射器，然后加选曲线，最后打开路径动画的属性窗口，将 Time range 调整为 Start/End；Start time 调整为 1，Endtime 调整为 200，其他属性保持默认，编辑完成后单击【Attach】按钮执行命令，如图 2-74 所示。

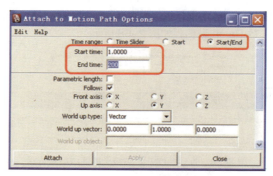

图 2-74 路径动画属性设置

3 播放动画观看效果，粒子一直在场景中存活，我们希望粒子在出生一段时间后死亡消失，所以需要对粒子生命进行编辑。将粒子的生命类型调整为 Random range 随机类型，将粒子的固定生命 Lifespan 调整为 4，Lifespan Random 调整为 2，如图 2-75 所示。

图 2-75 修改粒子生命

Maya动力学

现在播放动画观看粒子效果,如图 2-76 所示。

图 2-76　播放动画

4 将粒子的渲染类型切换为 Sprites 类型,勾选 Depth Sort(深度排序),否则精灵之间就没有遮挡关系。单击【Current Render Type】按钮,弹出粒子精灵的 Render Attributes 属性窗口,如图 2-77 所示。

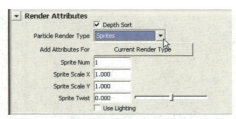

图 2-77　Sprites 渲染类型

播放动画观看效果,如图 2-78 所示。

图 2-78　播放效果

5 选择粒子精灵为其赋予 Lambert 材质球,并为材质球的 Color 通道添加 star.tga 贴图(贴图路径在当前工程文件下的 sourceimages 文件夹内),现在播放动画,如图 2-79 所示。

图 2-79　添加星星材质

6 控制粒子精灵的大小,直接修改 Sprite Scale X、Sprite Scale Y 属性会发现粒子精灵的大小会统一变化,因为这两个属性为每物体属性,如果想实现粒子精灵大小不一的效果,需要添加每粒子缩放属性,也就是 Sprite ScaleX PP 和 Sprite ScaleY PP。

打开粒子属性窗口,单击【General】按钮,如图 2-80 所示。

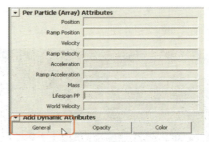

图 2-80　添加属性

7 单击【General】按钮后会弹出 Add Attribute particle Shape1 窗口,然后将其切换到 Particle 菜单中,选中 Sprite ScaleX PP 和 Sprite ScaleY PP 两个每粒子属性,然后单击【OK】按钮,将其添加到每粒子属性窗口中,如图 2-81 所示。

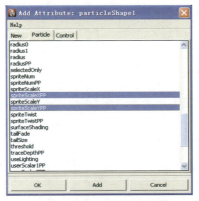

图 2-81　添加每粒子缩放属性

我们希望实现粒子精灵大小不一的效果,由于已经为粒子精灵添加了每粒子缩放属性 Sprite ScaleX PP 和 Sprite ScaleY PP。现在利用表达式控制粒子精灵的大小。

8 选择粒子并打开每粒子属性窗口,在 Sprite ScaleX PP 单击鼠标右键,待弹出属性对话框后,选择 Creation Expression 选项,如图 2-82 所示。

图 2-82　创建表达式

9 单击【Creation Expression】选项,待弹出每粒子创建表达式后,在表达式中输入 "spriteScaleXPP=spriteScaleYPP=rand(0.3, 1.5);",如图 2-83 所示。

图 2-83　输入表达式

播放动画，可以看到粒子精灵的大小在 0.3 ～ 1.5 之间随机变化，如图 2-84 所示。

图 2-84　播放效果

现在希望粒子精灵的大小伴随生命的消失，在随机大小的前提下再逐渐整体变大。首先要分析：既然是依据生命的消失逐渐变大，可以想到依据生命为粒子精灵添加 Ramp，然后让粒子的随机大小乘以该 Ramp，就可以实现粒子大小在随机的前提下再随生命的消失逐渐变大。

10 单击【General】按钮添加每粒子属性，待弹出属性窗口后将 Long name 命名为 custem_scale_ramp，勾选 Float 浮点类型，勾选 Per particle（array）每粒子属性，如图 2-85 所示。

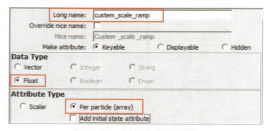

图 2-85　添加自定义属性

11 为每粒子属性 custem_scale_ramp 依据每粒子年龄添加 Ramp，如图 2-86 所示。

图 2-86　添加 Ramp

12 将 Ramp 贴图的上下颜色过渡调整为由白到黑，Ramp 贴图的 Interpolation（过渡类型）调整为 Smooth，如图 2-87 所示。

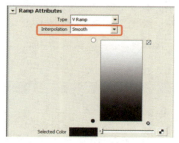

图 2-87　修改 Ramp 属性

13 Ramp 贴图调整完成后打开每粒子运行表达式，在动力学之后运行表达式中写入：spriteScaleYPP=spriteScaleXPP=rand(0.3，1.5)*custem_scale_ramp; 表达式的意思是粒子精灵在 0.3 ～ 1.5 的随机过程中逐渐整体变大，如图 2-88 所示。

图 2-88　添加运行表达式

播放动画，发现粒子精灵的过渡不是很自然，如图 2-89 所示。

图 2-89　观察效果

我们分析这一原因：在创建表达式中控制粒子出生时的大小为 0.3 ～ 1.5 之间随机；在运行表达式中写入的是 spriteScaleYPP=spriteScaleXPP=rand（0.3，1.5）*custem_scale_ramp; 粒子在随机的状态下乘以依据每粒子年龄添加的 Ramp 贴图。

由于创建表达式只在粒子出生的那一帧解算，所以发现粒子发射器位置的粒子体积比较大；由于运行表达式除了粒子出生的那一帧不解算外，以后的每一帧都解算，所以粒子在随机的状态下乘以依据每粒子年龄添加的 Ramp 贴图，从而粒子的随机大小乘以 Ramp 贴图的明度数值（0 ～ 1 的过渡）。

14 我们希望粒子大小从最小随机数 0.3 ～ 1.5 开始递增过渡，不希望粒子大小的最小数值为 0。在 Custem_scale_ramp 上单击鼠标右键，待弹出属性窗口后单击【Edit Attay Mapper】选项，修改贴图阵列，如图 2-90 所示。

图 2-90　单击 Edit Attay Mapper 选项

15 单击 Edit Attay Mapper 选项后，弹出属性编辑窗口，现在将 Min Value 数值调整为 1，Max Value 调整为 2。Min Value 表示该 Ramp 贴图中最小的数值（Ramp 中

的黑色），Max Value 表示该 Ramp 贴图中最大的数值（Ramp 中的白色），如图 2-91 所示。

图 2-91　修改贴图阵列

16 播放动画，发现粒子大小每帧都在变化，所以为表达式添加 seed(id); 固定粒子 id 号，从而固定粒子的随机，图 2-92 所示。

图 2-92　固定粒子的随机

现在播放动画，粒子在大小不一的状态下随年龄的增长而整体变大，如图 2-93 所示。

图 2-93　播放动画

17 小星星的动态不够丰富，所以要为其添加每粒子旋转属性 spriteTwistPP，单击【General】按钮，在 Particle 菜单中选择 spriteTwistPP 选项，如图 2-94 所示。

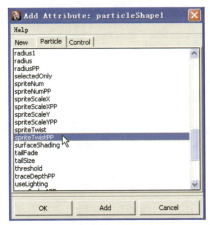

图 2-94　添加旋转属性

18 现在选择粒子，在粒子创建表达式中写入 "spriteTwistPP=

rand(360);"，如图 2-95 所示。

图 2-95　添加表达式

播放动画，发现粒子精灵在出生时的角度是 0° ～ 360° 随机形态，如图 2-96 所示。

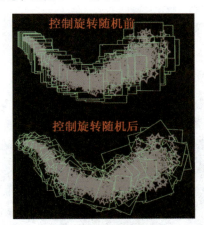

图 2-96　播放动画

已经在创建表达式（Creation）中对粒子精灵的旋转做了控制，现在想让粒子精灵拥有旋转动画，所以我们需要在运行表达式中对粒子的旋转做控制。

19 在运行表达式（Rumtime after dynamics）中输入 "spriteTwistPP+=rand(-5,5);"，如图 2-97 所示。

图 2-97　添加运行表达式

现在播放动画观看效果，粒子精灵有了旋转动画。"spriteTwistPP+=rand(-5, 5);" 这句表达式的意思是说，每帧都让粒子的旋转角度在自身基础上加上一个 -5 ～ 5 的随机数值，由于前面已经有了 seed（id），从而也固定了粒子旋转角度的随机取值。

粒子的动态效果已经基本控制完成，播放动画，粒子精灵从出生时的大小不一逐渐整体变大，并且在播放动画的过程中，粒子精灵拥有随机的旋转，每个粒子精灵旋转的速度和方向都不一样，如图 2-98 所示。

20 现在控制粒子精灵的颜色，要想实现五颜六色的粒子需要添加每粒子颜色 RGB PP，单击【Color】按钮，待弹出每粒子颜色属性窗口后勾选 Add Particle

Attribute 选项，最后单击【Add Attribute】按钮，如图 2-99 所示。

图 2-98　播放动画

图 2-99　添加每粒子颜色

现在播放动画，发现粒子没有了贴图，全部变成了黑色，如图 2-100 所示。

图 2-100　变成了黑色

21 选择粒子的每粒子属性 RGB PP，为其创建 Ramp，Ramp 的 Input V 依据 rgbVPP，如图 2-101 所示。

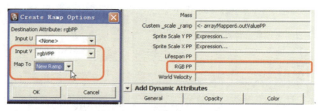

图 2-101　创建 Ramp

22 创建 Ramp 后编辑 Ramp 的颜色，颜色由上向下过渡为蓝、黄、绿、品红、红，颜色的过渡类型为 Soomth，如图 2-102 所示。

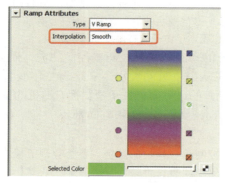

图 2-102　修改 Ramp 属性

现在播放动画发现粒子的颜色只有红色，如图 2-103 所示。

图 2-103　播放效果

之所以粒子精灵的颜色都为红色，是因为 Ramp 贴图的 V 方向依据的是 rgbVPP，也就相当于 Ramp 的 Selected Position，而现在的 rgbVPP 还没有做任何控制，它的取值为 0，所以所有的粒子精灵全部为红色，如图 2-104 所示。

图 2-104　调节 Ramp 属性

23 在每粒子属性中控制 Rgb VPP，为其添加表达式，如图 2-105 所示。

图 2-105　添加表达式

24 在 Creation（创建表达式）中输入 "rgbVPP=rand(1);"，让 rgbVPP 随机取值，如图 2-106 所示。

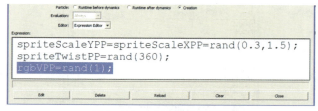

图 2-106　rgbVPP 随机取值

现在播放动画，粒子精灵有了五颜六色的效果，如图 2-107 所示。

25 现在发现粒子的颜色有些灰暗，效果不是很理想，可以加大粒子颜色的色彩纯度值，从而实现颜色艳丽的效果，调整的 Ramp 贴图阵列 Edit Arry Mapper，如图 2-108 所示。

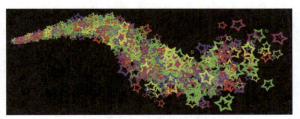

图 2-107　五颜六色的效果

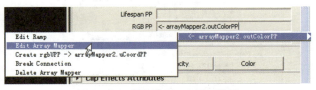

图 2-108　调整的 Ramp 贴图阵列

26 将 Max Value 调整为 3，如图 2-109 所示。

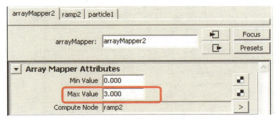

图 2-109　Max Value 调整为 3

播放动画观看效果，如图 2-110 所示。

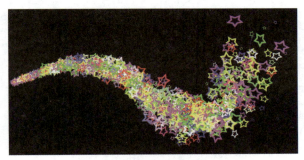

图 2-110　播放效果

27 魔法星星的动态和颜色已经制作完成，现在来控制它的每粒子透明属性 OpacityPP。选择粒子，切换到每粒子属性窗口中，添加每粒子透明属性 OpacityPP，如图 2-111 所示。

图 2-111　添加透明属性

28 如果希望粒子在死亡的过程中有闪烁效果的话，还需要添加每粒子自定义属性，在每粒子属性窗口中单击【General】按钮，添加每粒子属性，如图 2-112所示。
我们将所要添加的每粒子自定义属性命名为 custem_opacity_ramp，并选择每粒子属性类型为 Per particle（array），如图 2-113 所示。

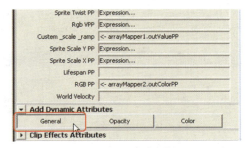

图 2-112　添加每粒子属性

图 2-113　自定义属性设置

29 现在为每粒子属性 custem_opacity_ramp 添加 Ramp 贴图，Ramp 贴图的 Input V 依据 Particle's Age，如图 2-114 所示。

图 2-114　添加 Ramp

30 将 Ramp 贴图由上到下的颜色过渡调整为由黑到白，并将颜色的过渡类型调整为 Exponential Up，如图 2-115 所示。

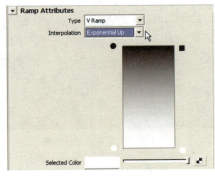

图 2-115　调整 Ramp

31 打开每粒子表达式，在运行表达式中输入：

```
opacityPP=rand(1)*custem_opacity_ramp;,
```

如图 2-116 所示。

图 2-116　闪烁的效果表达式

在这里我们需要要注意将表达式写在 Runtime before dynamics 中，因为在 Runtime after dynamics 表达式中有 seed(id)，如果写在 Runtime after dynamics 中将会固定粒子随机，从而粒子将不会出现闪烁的效果。

播放动画观看最终效果，如图 2-117 所示。

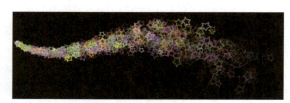

图 2-117　最终效果

2.3.3　一展身手——汽车扬尘

汽车扬尘的效果主要给精灵粒子贴图添加了动态的序列图，而上个例子中的魔法小星星只是一单帧小星星的图片，这个例子之所以用序列是为了更加真实，让精灵粒子的每一张烟尘的图片都有所不同，并且可以让图片自身有变化，实现尘土翻滚的效果。接下来同样用表达式来控制粒子的序号、旋转、大小、颜色、透明等，通过调节这些来实现汽车尘土的效果，运用这个实例中的方法，还可以制作烟囱冒烟、塌方扬尘等效果。汽车扬尘最终效果如图 2-118 所示。

图 2-118　汽车扬尘最终效果

1）创建尘土发射器

打开光盘 \Project\2.3.3 Madust \scenes\2.3.3 Madust_base.ma。

1 播放动画，可以看到场景中的汽车开始行驶，现在需要在汽车的行驶过程中添加烟尘效果，在这里只制作汽车后面两个轮胎所产生的烟尘效果。

2 创建粒子发射器，发射器的名称命名为 fx_left_emitter1，粒子发射器的 Emitter type 调整为 Volume，并将体积类型调整为 Cube，粒子发射的 Away from center 调整为 1，发射器的 Speed random 调整为 1，如图 2-119 所示。

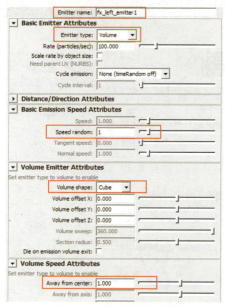

图 2-119　创建粒子发射器

3 在 Outliner 中将发射器发射器的粒子命名为 fx_dust_particle1，选择粒子发射器（fx_dust_emitter1）按【Ctrl+D】键复制粒子发射器，到动力学关联编辑器中让粒子 fx_dust_particle1 跟 fx_dust_emitter1，fx_dust_emitter2 两个发射器关联，如图 2-120 所示。

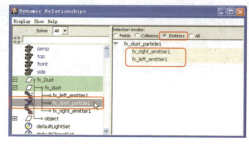

图 2-120　动力学关联编辑器

4 现在分别调整两个发射器的大小，并将两个发射器的位置跟汽车后面的两个轮胎位置对好，如图 2-121 所示。

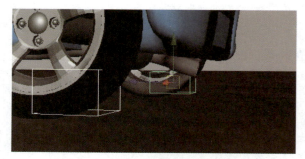

图 2-121　调整两个发射器的大小位置

Maya动力学

5 分别选择粒子发射器跟其相对应的汽车轮胎做 Parent（父子）约束，如图 2-122 所示。

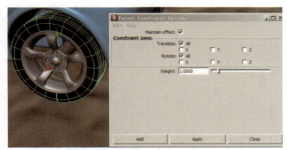

图 2-122　父子约束属性设置

6 制作完成后在发射器的每秒发射率中写入表达式：

```
fx_dust_emitter1.rate=rand(400,500);
fx_dust_emitter2.rate=rand(400,500);
```

如图 2-123 所示。

图 2-123　写入表达式

7 由于汽车的运动会产生风速，从而带动粒子运动。现在选择粒子，将粒子的 Inherit Factor 调整为 0.3，如图 2-124 所示。

图 2-124　将粒子的 Inherit Factor 调整为 0.3

8 将粒子的生命模式 Lifespan Mode 调整为 Random range。固定生命数值 Lifespan 调整为 4，Lifespan Random 调整为 2，如图 2-125 所示。

图 2-125　调整生命模式

9 现在调整粒子发射器的发射随机状态，目的是想让两个粒子发射器发射的粒子位置不同，选择粒子，在 fx_dust_particleShape1 属性窗口中打开 Emmision Random Stream Seeds，将两个粒子发射器的数值分别调整为 50 和 24，如图 2-126 所示。

图 2-126　调整发射随机状态

2）为粒子赋予尘土贴图

1 现在将粒子的渲染类型调整为 Sprite，精灵渲染类型，如图 2-127 所示。

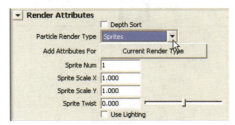

图 2-127　精灵渲染类型

2 选择粒子精灵，为其赋予 Lambert 材质球，并将材质球命名为 dust_lambert2 材质，然后为材质球的 Color 通道中添加尘土贴图（贴图路径在工程文件的 sourceimages>smokeSprite 文件夹，可以看到 smokeSprite 的序列图片。如图 2-128 所示。

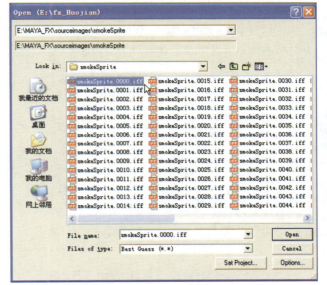

图 2-128　添加序列图

3 现在将图片序列赋予粒子精灵，播放动画，如图 2-129 所示。

图 2-129　动画效果

3）调整序列贴图的随机性

1 在材质球的 Color 通道中，打开贴图文件的属性窗口，勾选 Use Image Sequence（使用图片序列）选项，然后发现 Image Number 属性编辑窗口被激活，如图 2-130 所示。

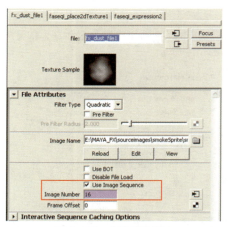

图 2-130　勾选使用序列

> **提示**
>
> Image Number 表示贴图序列图片的序列号，例如，Image Number 数值为 0，则表示图片序列中的 smokeSprite.0000.iff 图片；Image Number 数值为 16，则表示图片序列中的 smokeSprite.0016.iff 图片。

2　可以在 Image Number 的属性窗口中单击右键，Edit Expression... 编辑表达式，如图 2-131 所示。

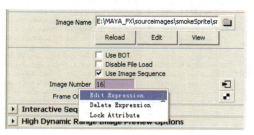

图 2-131　编辑表达式

待弹出表达式编辑器后，可以看到表达式中的内容为

`fx_dust_file1.frameExtension=frame;`

这句表达式的意思是贴图的序列号随着每帧的变化而改变，如图 2-132 所示。

图 2-132　写入表达式

现在播放动画，发现动画到 100 帧时，提示窗口中会报错，如图 2-133 所示。

图 2-133　提示窗口中会报错

> **提示**
>
> 报错的原因是由于当前的序列图片只有 100 张，序列号为 0 ～ 99，而当 frame 为 100 时，Maya 找不到 smokeSprite.0100.iff 这个图片，所以会报错。

3　重新编辑表达式：

`fx_dust_file1.frameExtension= frame%100;`

如图 2-134 所示。

图 2-134　重新编辑表达式

4　播放动画，发现粒子精灵的贴图变化都一样，如果想让每个粒子精灵的贴图都不相同的话，可以单击 Interactive Sequence Caching Options 选项打开下拉菜单，勾选 Use Interactive Sequence Caching（使用交互式序列缓存）选项，调整 Sequence Start 为 0，调整 Sequence End 为 99，如图 2-135 所示。

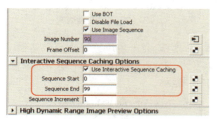

图 2-135　使用交互式序列缓存

> **提示**
>
> 当勾选 Use Interactive Sequence Caching Options 后，就可以在粒子的自身属性 Sprite Num 中输入数值来控制贴图序列的变化，例如，在这里输入 50，这时粒子精灵的纹理发生了变化，粒子精灵现在被赋予的是序列图片中的第 50 个图片，也就是 smokeSprite.0049.iff，如图 2-136 所示。

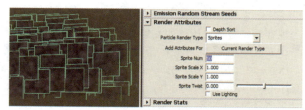

图 2-136　控制贴图序列的变化

5　Sprite Num 控制的是精灵贴图的整体变化，如果想让每个粒子当前的贴图序列都不一样，就需要添加每粒

子属性 SpriteNumPP，SpriteNumPP 用于对 Sprite 渲染类型的粒子进行图片序列的设置，如图 2-137 所示。

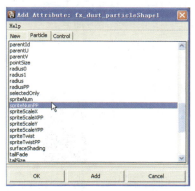

图 2-137　添加 SpriteNumPP 属性

6　添加完成后为其赋予表达式，在创建表达式中输入：

```
spriteNumPP=rand(100);
```

如图 2-138 所示。

图 2-138　添加表达式

7　在运行表达式（Runtime after dynamics）中输入：

```
spriteNumPP++;spriteNumPP%=100;
```

如图 2-139 所示。

图 2-139　添加运行表达式

> 📒 **提 示**
>
> 　　这在创建表达式和运行表达式中分别对粒子的 spriteNumPP 做了控制，创建表达式中的内容主要是控制（赋予粒子精灵的）贴图序列号的随机，也就是粒子出生时每个粒子精灵的贴图都会在 0～99 之间随机出现，从而得到不同的烟尘效果；运行表达式中的内容主要控制（赋予粒子精灵）贴图序列号的连续变化效果、贴图序列并且在 0～99 之间循环，从而得到尘土的贴图动画效果。

4）调整粒子旋转

1　为粒子添加每粒子自定义旋转属性 SpriteTwistPP，在每粒子属性中单击【General】按钮，待弹出属性窗口后选择 spriteTwistPP，最后单击【OK】按钮，添加完

成，如图 2-140 所示。

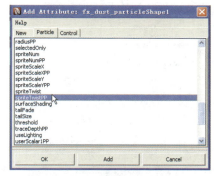

图 2-140　添加旋转属性 SpriteTwistPP

2　现在由表达式来控制粒子的旋转角度，首先在创建表达式中写入：

```
spriteTwistPP=rand(360);
```

如图 2-141 所示。

图 2-141　添加表达式

3　在运行表达式中写入：

```
fx_dust_particleShape1.spriteTwistPP+
=rand(-5,5);
```

还要在表达式的顶端写入：

```
seed(id);
```

seed() 为固定随机函数，在这里我们将粒子的 ID 数固定，如图 2-142 所示。

图 2-142　添加运行表达式

播放动画观看粒子的动态效果，如图 2-143 所示。

图 2-143　播放动画

5）控制粒子大小

1　选择粒子，打开每粒子属性窗口，单击【General】按钮，如图 2-144 所示。

图 2-144　添加属性

打开添加每粒子属性窗口后，为其添加 sprite-ScaleXPP 和 spriteScaleYPP，如图 2-145 所示。

图 2-145　添加缩放属性

2 现在可以在创建表达式中写入：

```
spriteScaleYPP= spriteScaleXPP=rand(0.5,2);
```

这句表达式的内容是用来控制粒子精灵的大小在 0.5 ～ 2 之间随机。播放动画，发现粒子精灵有大有小，如图 2-146 所示。

图 2-146　播放动画

3 此时需要控制粒子精灵的大小随年龄的增长而增大，来模拟尘土扩散效果。首先在粒子属性窗口中单击【General】按钮，然后添加每粒子自定义属性，将自定义属性的名称命名为 custem_scale_ramp，并勾选 Per particle（array）（每粒子属性）选项，如图 2-147 所示。

图 2-147　添加自定义属性

4 添加完成后为其添加 Ramp 贴图，将 Ramp 贴图的颜色调整为由上向下白色到黑色过渡，将 Ramp 贴图的过渡类型调整为 Exponential Up 类型，白色的值为 1，黑色的值为 0，如图 2-148 所示。

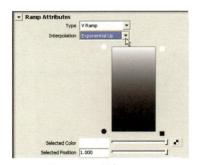
图 2-148　添加 Ramp

5 然后将 Ramp 贴图的阵列 Min value 调整为 1，Max Value 调整为 3，也就是说将 Ramp 图的最大值扩大 3 倍，最小值不变，如图 2-149 所示。

图 2-149　调整 Ramp 贴图的阵列

6 Custem_scale_ramp 是一个每粒子自定义属性，这里只有将其跟粒子中的每粒子大小进行关联才能对粒子的大小产生影响，此时需要在运行表达式中输入：

```
spriteScaleYPP=spriteScaleXPP=rand(0.5,2)* custem_scale_ramp;
```

这句表达式中的内容是用来控制粒子在大小随机的情况下逐渐增大。播放动画，观看烟尘效果，如图 2-150 所示。

图 2-150　观看烟尘效果

6）调整尘土颜色

1 选择粒子，在每粒子属性中单击【Color】按钮，在弹出属性窗口后选择 Add Per Particle Attribute 选项，为粒子添加每粒子颜色属性，如图 2-151 所示。

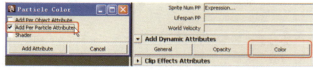
图 2-151　添加颜色属性

2 现在为每粒子颜色属性 rgbPP 添加 Ramp 贴图，Ramp 贴图的 Input V 依据 rgbVPP 创建一张新的 Ramp 贴图。如图 2-152 所示。

图 2-152 创建新的 Ramp

3 创建完成后将 Ramp 贴图的过渡类型调整为 Smooth，Ramp 贴图的颜色调整为多种颜色过渡，这样精灵之间的颜色将会过渡明显，模拟出来的尘土将会有深度感，如图 2-153 所示。

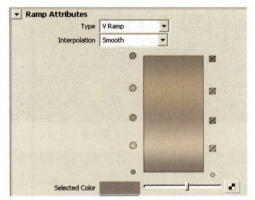

图 2-153 修改 Ramp

4 为每粒子属性 Rgb VPP 添加表达式，如图 2-154 所示。

图 2-154 添加表达式

在创建表达式中写入：

```
rgbVPP=rand(1);
```

这句表达式来控制 rampV（0～1）数值上的随机取值，最后将获取的不同颜色赋予每粒子 rgbPP 属性。播放动画，如图 2-155 所示。

图 2-155 观看烟尘效果

7）调整尘土透明度

1 选择粒子，打开每粒子属性窗口，单击【Opacity】（透明）按钮，待弹出属性窗口后勾选 Add Per Particle Attribute（添加每粒子透明属性）选项并单击【Add Attribute】按钮，如图 2-156 所示。

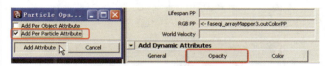

图 2-156 添加透明属性

2 为每粒子透明属性 opacityPP 添加 Ramp 贴图，Ramp 贴图的 Input V 依据 Particle's Age（粒子年龄）创建一张新的 Ramp 贴图，如 2-157 所示。

图 2-157 创建新的 Ramp

3 创建完成后将 Ramp 贴图的过渡类型调整为 Exponential Up，Ramp 贴图的颜色由上向下调整为黑到灰的过渡，其过渡数值为（0～0.06），将 Ramp 贴图顶部的颜色位置 Selected position 调整为 1，底部的颜色位置 Selected position 调整为 0.2，如图 2-158 所示。

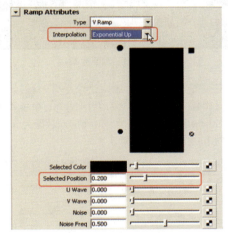

图 2-158 调整 Ramp 属性

播放动画，观看粒子尘土的效果，如图 2-159 所示。

图 2-159 观看效果

8）控制粒子最终动态效果

1 我们已经完成了尘土颜色和透明度的调整，现在通过场来控制粒子的动态效果，模拟尘土扩散的效果，选择粒子为其添加 Turbulence（扰动场），将扰动场的名称命名为 fx_dust_turbulenceField1，Magntiude（强度）调整为 8，Attenuation（衰减）调整为 0，Frequency（频率）调整为 3，如图 2–160 所示。

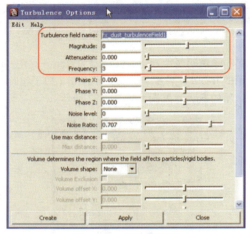

图 2–160　添加扰动场

播放动画，观看粒子效果，如图 2–161 所示。

图 2–161　观看效果

2 再为粒子精灵添加重力场，让尘土有一种轻微向上的效果，将重力场的名称命名为 fx_dust_gravityField1，Magntiude 调整为 0.1，Y direction 调整为 1（即 Y 轴正方向），如图 2–162 所示。

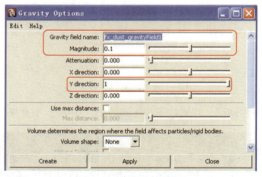

图 2–162　添加重力场

播放动画，观看效果，如图 2–163、图 2–164 所示。

3 选择粒子为其创建粒子磁盘缓存，执行 Solvers → Create Particle Disk Cache 命令，打开缓存属性窗口，选项保持默认，如图 2–165 所示。单击【Create】按

钮创建缓存。

图 2–163　播放动画

图 2–164　播放动画

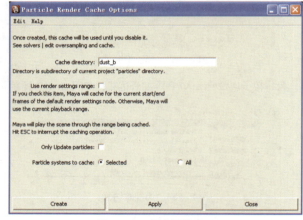

图 2–165　缓存属性窗口

2.4　粒子发射

在 Maya 中，粒子可以从发射器发射出来，也可以从三维模型的表面发射出来，还可以从已存在的一套粒子发射出来。Maya 将粒子也看做是物体，因此粒子还可以再产生粒子。当已存在的一套粒子产生新粒子时，默认状态下，第一套粒子中的每个粒子的发射比率都是一样的，即每个粒子在单位时间内产生的新粒子是一样多的。而有时，我们需要它随机一些，也就是说，需要每个粒子在单位时间内产生的新粒子是不一样多的。这时，就涉及到每粒子发射率。

2.4.1 Per-Point Emission Rates（每粒子发射率）

Per-Point Emission Rates 命令可以为发射的粒子对象创建一个名为"Emitter#RatePP"的属性，这个属性可以改变每粒子发射率。具体方法如下。

选择 baseParticle1，然后在主菜单下执行 Particles → Per-Point Emission Rates 命令，此时会在 baseParticle1 属性编辑器的 Per Particle（Array）Attributes 卷展栏下添加两个新的属性 fx_fireworks_emitter3RatePP 和 fx_fireworks_emitter2RatePP，如图 2-166 所示。

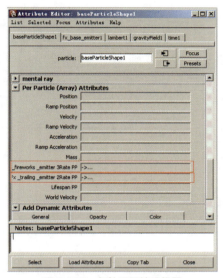

图 2-166　每粒子属性编辑器

2.4.2　一展身手——烟花

前面我们提到 Maya 中粒子也可以成为发射器，通过这个特性我们来制作烟花效果。本例用了三套粒子：第一套粒子作为发射出去的烟花，第二套粒子作为烟花的拖尾，第三套粒子作为爆开的烟花，然后我们根据烟花不同阶段的特性，来调节粒子的生命、形状、渲染类型等，用表达式和 Ramp 贴图控制粒子的颜色、透明度，通过修改这些属性来实现烟花的效果。具体操作如下。

1）制作烟花初期效果

1 创建一个体积发射器，设置 Emitter name（发射器的名称）为 fx_base_emitter1，Emitter type（发射器类型）为 Volume（体积），Rate（发射率）为 0.5，即每秒发射粒子个数为 0.5，Speed random（速度随机值）为 5，Volume shape（体积形状）为 Cube（立方体），如图 2-167 所示。

2 在属性编辑器中将粒子发射器 fx_base_emitter1 的 Scale（缩放值）设置成 ScaleX=10，ScaleY=1，ScaleZ=5，如图 2-168 所示。

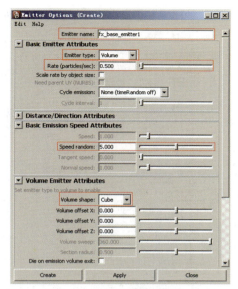

图 2-167　体积发射器属性窗口

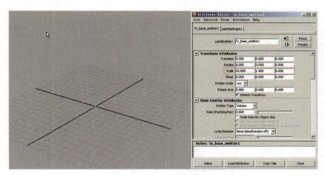

图 2-168　设置发射器

3 打开 Outliner（大纲），修改 particle1 的名称为 baseParticle1。

4 要知道地球上的万物都是受地球引力影响，那么我们就为粒子 baseParticle1 添加一个重力场。先选择 baseParticle1，然后在 Fields（场）菜单下单击【Gravity】（重力）命令，使用默认的重力参数即可。

5 选择 baseParticle1，修改其属性编辑器中 Lifespan Attributes（see also per-particle tab）卷展栏下的 Lifespan Mode（生命模式）为 Random range（随机范围），Lifespan（生命值）为 3，Lifespan Random（生命随机值）为 1。

6 对粒子 baseParticle1 的生命调整完后，再调整 Render Attributes（渲染属性）卷展栏中的 Particle Render Type（粒子渲染类型）为 Spheres（球体），Radius（半径）为 0.5，如图 2-169 所示。在这里，之所以将 Particle Render Type（粒子渲染类型）调整为 Spheres 是为了便于观察粒子的运动状态。

7 播放并观察粒子的运动状态，就会发现被发射出来的粒子的速度并不是我们想要的烟花刚开始发射出来的速度效果，那么现在就来设置一些参数使粒子被发射出来的速度看起来像烟花刚开始发射的速度。选择 fx_fireworks_emitter1 打开它的属性编辑器，调整 Away From Center（粒子离开发射器中心点时的速度）为

50，Along Axis（粒子沿轴移动的速度）为 350，如图 2-170 所示。

图 2-169　调整粒子生命和渲染类型

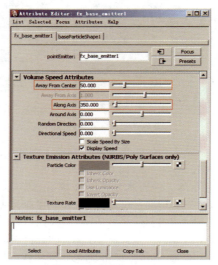

图 2-170　调整粒子发射器

　　大家可以根据自己场景的需要和对烟花的观察来适当提高或降低 Away From Center 和 Along Axis 的数值。

8 现在再来讲解一下如何让粒子本身发射粒子，这里我们要使 baseParticle1 发射出粒子，那么首先要选择 baseParticle1，在 Particles（粒子）菜单下单击 Emitter from Object（从物体上发射）命令后的属性按钮，设置 Emitter name（发射器名称）为 fx_trailing_emitter2，Rate（particles/sec）（发射速率）为 60，speed（速度）为 15，如图 2-171 所示。

9 在 Outliner 中选择 Particle2 更名为 trailingParticle2，调整 trailingParticle2 的属性，将 trailingParticle2 的 Lifespan Mode（生命模式）调整为 Random range（随机范围）、Lifespan（生命值）调整为 2，Lifespan

random（生命随机值）调整为 0.5，如图 2-172 所示。现在播放动画，发现已经制作出烟花的拖尾效果。

图 2-171　粒子发射器菜单

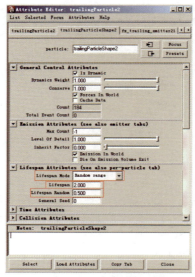

图 2-172　修改粒子生命

2）制作粒子爆破效果

1 我们已经实现了烟花的拖尾效果，接下来继续实现烟花的爆破效果。那么如何来实现呢？在这里给大家一种方案，也就是当 baseParticle1 生命结束时，让它再次发射出粒子。选择 baseParticle1，在 Particles 菜单下单击 Emit form Object 后的属性按钮，设置 Emitter name 为 fx_fireworks_emitter3，Emitter type 为 Omni，因为烟花爆破需要很多的粒子所以先将 Rate（particles/sec）暂时设置得大一些，设置为 230，如图 2-173 所示。

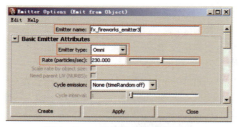

图 2-173　创建发射器属性设置

2 在大纲中修改 particle1 的名称为 fireworksParticle3，并为其创建一个 Magnitude（强度）为 15 的 Gravity（重力场）。

　　播放动画观察一下会发现，fireworksParticle3 并没有在 baseParticle1 生命结束时突然爆发出来，那么这个问题该如何解决呢？这就涉及到一个新的命令 Per-Point Emission Rates（每粒子发射率）。

　　Per-Point Emission Rates 命令可以为发射的粒子对象创建一个名为 Emitter#RatePP 的属性，这个属性可以在每粒子的基础上改变发射速率。

3　选择 baseParticle1，然后执行 Particles → Per-Point Emission Rates 命令，此时会在 baseParticle1 属性编辑器的 Per Particle（Array）Attributes 卷展栏下添加两个新的属性 fx_fireworks_emitter3RatePP，fx_fireworks_emitter2RatePP，如图 2-174 所示。

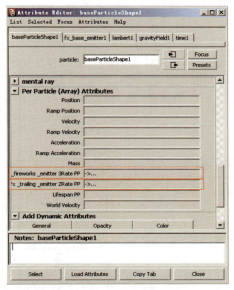

图 2-174　添加每粒子发射率属性

　　通过这两个新的属性我们就可以对 fx_fireworks_emitter3、fx_trailing_emitter2 两个发射器的发射速率分别调整。

　　当添加了 fx_fireworks_emitter3RatePP、fx_fireworks_emitter2RatePP 两个属性后，fx_fireworks_emitter3 和 fx_trailing_emitter2 的发射速率会被 fx_fireworks_emitter3RatePP、fx_fireworks_emitter2RatePP 所接管，那么之前设置的发射器 fx_fireworks_emitter3 和 fx_trailing_emitter2 的发射速率就会失效，所以现在只可以通过 fx_fireworks_emitter3RatePP、fx_fireworks_emitter2RatePP 这两个属性来调整发射速率。

4　既然之前的发射速率已经失效，那么还是要通过这两个新属性来恢复已经失效的发射速率。选择 fx_trailing_

emitter2 查看一下它的发射速率 Rate（Particles/Sec）：60，接下来在 fx_trailing_emitter2RatePP 属性上按住鼠标右键选择 Creation Expression……创建表达式为 baseParticleShape1.fx_trailing_emitter2RatePP = 60；将发射速率重新给到新的属性上，这样就会恢复到之前的拖尾效果，如图 2-175 所示。

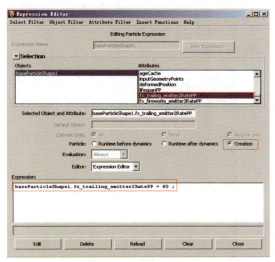

图 2-175　添加表达式

5　播放动画，拖尾已经恢复之前的运动状态，但是仍然还没有爆放的烟花效果，这个就要通过新添加的 fx_fireworks_emitter3RatePP 属性来调整烟花的爆放时间。在 fx_fireworks_emitter3RatePP 属性上按住鼠标右键选择 Create Ramp 后的属性编辑按钮，Input 设置为 Particle's Age，用粒子的生命定义粒子何时发射，发射多少，如图 2-176 所示。

图 2-176　创建新的 Ramp

6　调整 Ramp 贴图，白色代表数值 1 也就是每秒发射 1 个粒子，黑色代表数值 0，也就是不发射粒子，很显然发射 1 个粒子是不够的，那么可以通过再次在 fx_fireworks_emitter3RatePP 属性上按住鼠标右键选择 arrayMapper1.outValuePP 下的【Edit Array Mapper】选项，如图 2-177 所示。

7　修改 Max Value 为 350，也就是说将粒子发射速率从每秒发射 1 个粒子调整为每秒发射 350 个粒子，如图 2-178 所示。

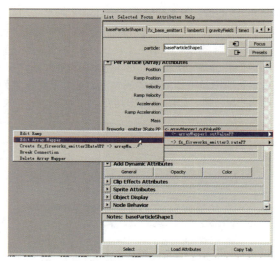

图 2-177 调整 Ramp 贴图

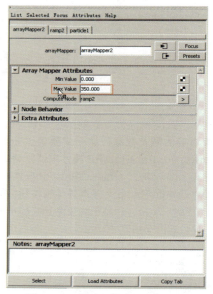

图 2-178 修改 Max Value 为 350

　　Array Mapper 是缩放节点，这个节点可以用来缩放 Ramp 贴图中的数值。Min Value（最小值）是用来缩放 Ramp 贴图中的最小值（Ramp 贴图中颜色越接近黑色数值越小），将 Min Value 值与 Ramp 贴图中的最小值相乘，得到的数值再返回给 Ramp 贴图。Max Value（最大值）是用来缩放 Ramp 贴图中的最大值（Ramp 贴图中颜色越接近白色数值越大），将 Max Value 值与 Ramp 贴图中的最大值相乘，得到的数值再返回给 Ramp 贴图。

　　这里将 Max Value 调整为 350 就是将 Ramp 贴图中白色区域的值（值为 1）扩大 350 倍，也就是将粒子发射速率从每秒发射 1 个粒子调整为每秒发射 350 个粒子。

8 用 Ramp 贴图控制烟花爆发的时间，也就是 fireworksParticle3 的爆发时间，调整白色区域离黑色区域近一些，这样会在 baseParticle1 生命结束一瞬间 fireworksParticle3 便会马上产生，如图 2-179 所示。

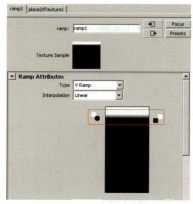

图 2-179 调整 Ramp

9 播放动画，可以看到 fireworksParticle3 确实在 baseParticle1 生命结束时产生了，但是没有爆开，这个与 fx_fireworks_emitter3 的 Speed 有关，将 Speed 设置为 80。再设置一下 fireworksParticle3 的粒子属性，Lifespan Mode 为 Random range，Lifespan 为 2，Lifespan Random 为 1，如图 2-180 所示。

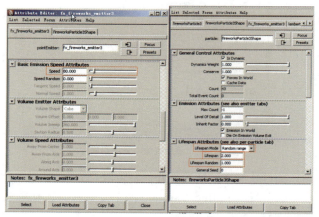

图 2-180 爆开的属性设置

修改完参数后播放动画可以观察效果，如图 2-181 所示。

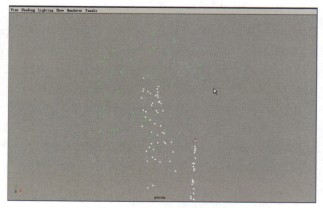

图 2-181 播放动画效果

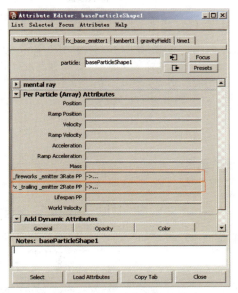

emitter2 查看一下它的发射速率 Rate（Particles/Sec）：60，接下来在 fx_ trailing _emitter2RatePP 属性上按住鼠标右键选择 Creation Expression……创建表达式为 baseParticleShape1.fx_trailing_emitter2RatePP = 60；将发射速率重新给到新的属性上，这样就会恢复到之前的拖尾效果，如图 2-175 所示。

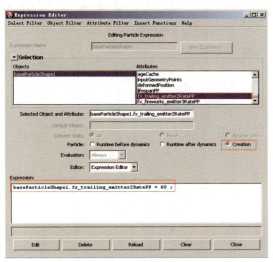

图 2-175　添加表达式

5　播放动画，拖尾已经恢复之前的运动状态，但是仍然还没有爆放的烟花效果，这个就要通过新添加的 fx_fireworks_emitter3RatePP 属性来调整烟花的爆放时间。在 fx_fireworks _emitter3RatePP 属性上按住鼠标右键选择 Create Ramp 后的属性编辑按钮，Input 设置为 Particle's Age，用粒子的生命定义粒子何时发射，发射多少，如图 2-176 所示。

图 2-176　创建新的 Ramp

6　调整 Ramp 贴图，白色代表数值 1 也就是每秒发射 1个粒子，黑色代表数值 0，也就是不发射粒子，很显然发射 1 个粒子是不够的，那么可以通过再次在 fx_fireworks _emitter3RatePP 属性上按住鼠标右键选择 arrayMapper1.outValuePP 下的【Edit Array Mapper】选项，如图 2-177 所示。

7　修改 Max Value 为 350，也就是说将粒子发射速率从每秒发射 1 个粒子调整为每秒发射 350 个粒子，如图 2-178 所示。

　　播放动画观察一下会发现，fireworksParticle3 并没有在 baseParticle1 生命结束时突然爆发出来，那么这个问题该如何解决呢？这就涉及到一个新的命令 Per-Point Emission Rates（每粒子发射率）。

　　Per-Point Emission Rates 命令可以为发射的粒子对象创建一个名为 Emitter#RatePP 的属性，这个属性可以在每粒子的基础上改变发射速率。

3　选择 baseParticle1，然后执行 Particles → Per-Point Emission Rates 命令，此时会在 baseParticle1 属性编辑器的 Per Particle（Array）Attributes 卷展栏下添加两个新的属性 fx_fireworks_emitter3RatePP，fx_fireworks_emitter2RatePP，如图 2-174 所示。

图 2-174　添加每粒子发射率属性

　　通过这两个新的属性我们就可以对 fx_fireworks_emitter3、fx_trailing_emitter2 两个发射器的发射速率分别调整。

　　当添加了 fx_fireworks_emitter3RatePP、fx_fireworks_emitter2RatePP 两个属性后，fx_fireworks_emitter3 和 fx_trailing_emitter2 的发射速率会被 fx_fireworks_emitter3RatePP、fx_fireworks_emitter2RatePP 所接管，那么之前设置的发射器 fx_fireworks_emitter3 和 fx_trailing_emitter2 的发射速率就会失效，所以现在只可以通过 fx_fireworks_emitter3RatePP、fx_fireworks_emitter2RatePP 这两个属性来调整发射速率。

4　既然之前的发射速率已经失效，那么还是要通过这两个新属性来恢复已经失效的发射速率。选择 fx_trailing_

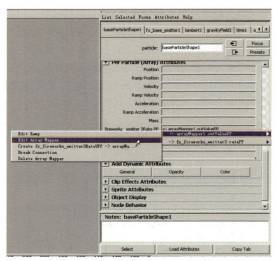

图 2-177 调整 Ramp 贴图

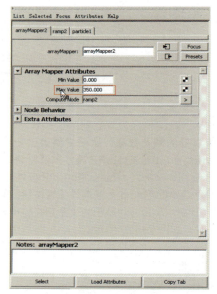

图 2-178 修改 Max Value 为 350

Array Mapper 是缩放节点，这个节点可以用来缩放 Ramp 贴图中的数值。Min Value（最小值）是用来缩放 Ramp 贴图中的最小值（Ramp 贴图中颜色越接近黑色数值越小），将 Min Value 值与 Ramp 贴图中的最小值相乘，得到的数值再返回给 Ramp 贴图。Max Value（最大值）是用来缩放 Ramp 贴图中的最大值（Ramp 贴图中颜色越接近白色数值越大），将 Max Value 值与 Ramp 贴图中的最大值相乘，得到的数值再返回给 Ramp 贴图。

这里将 Max Value 调整为 350 就是将 Ramp 贴图中白色区域的值（值为 1）扩大 350 倍，也就是将粒子发射速率从每秒发射 1 个粒子调整为每秒发射 350 个粒子。

8 用 Ramp 贴图控制烟花爆发的时间，也就是 fireworksParticle3 的爆发时间，调整白色区域离黑色区域近一些，这样会在 baseParticle1 生命结束一瞬间 fireworksParticle3 便会马上产生，如图 2-179 所示。

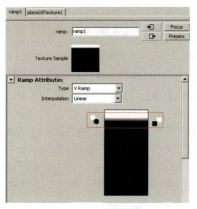

图 2-179 调整 Ramp

9 播放动画，可以看到 fireworksParticle3 确实在 baseParticle1 生命结束时产生了，但是没有爆开，这个与 fx_fireworks_emitter3 的 Speed 有关，将 Speed 设置为 80。再设置一下 fireworksParticle3 的粒子属性，Lifespan Mode 为 Random range，Lifespan 为 2，Lifespan Random 为 1，如图 2-180 所示。

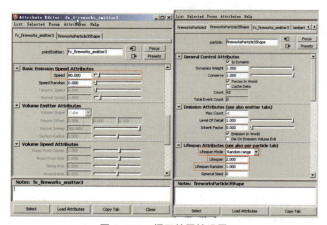

图 2-180 爆开的属性设置

修改完参数后播放动画可以观察效果，如图 2-181 所示。

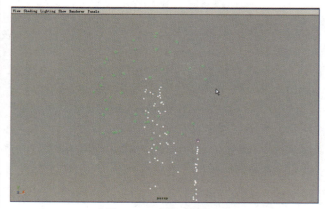

图 2-181 播放动画效果

3）为烟花添加颜色

全局变量：就是能够在整个程序执行的过程中都需要使用到的变量，定义一次便可以在程序任何地方使用，用 global 来定义全局变量。格式为：global 变量类型变量名称；

⚠ 注　意

全局变量在每次使用时，都需要声明，再次声明时要与之前初次声明时的名称和类型完全相同。

数组：数组名代表的并不是一个变量，而是一批变量，因而，不能直接将整个数组读入，而是要逐个将数组内的元素读入，在单个数组中所存储的值必须是同一个类型的，用〔〕表明声明的是一个数组而不是单个的变量。〔〕存放的是数组的下标，通过下标来存取元素。

1 选择 baseParticle1，在 Add Dynamic Attributes（添加动力学属性）卷展栏中单击【General】按钮，在弹出的对话框中设置 Long Name（名称）为 custom_rand，Data Type（数据类型）为 Float（浮点型），Attribute Type（属性类型）为 Per Particle（Array），单击【OK】按钮，此时会在 Per Particle（Array）Attributes 卷展栏中添加了一个自定义的 custom_rand 属性，如图 2-182 所示。

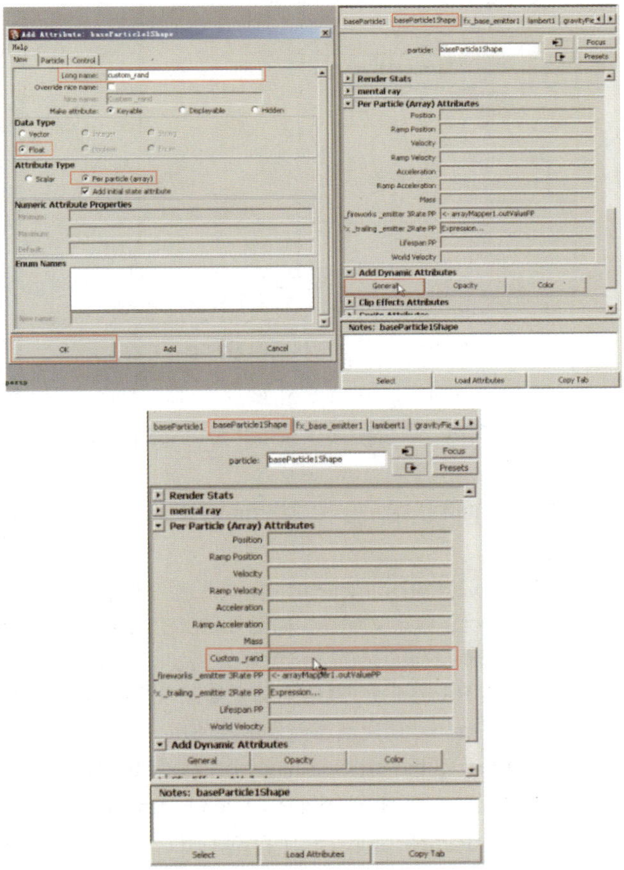

图 2-182　添加并设置动力学属性

2 为 custom_rand 属性添加表达式，按住鼠标右键在弹出的 custom_rand 属性菜单中选择 Creation Expression（创建表达式），输入 global float $particleRand〔〕；这里我们自定义的 $particleRand〔〕就是要在整个制作过程中都会使用到的变量。float $particleRand〔〕数组中存放的数据类型为浮点型。global float $particleRand〔〕；意思就是定义一个全局浮点型的数组变量。

baseParticle1Shape.cutom_rand = rand(1); 给我们自定义的 baseParticle1Shape.cutom_rand 属性一个从 0～1 的随机值。$particleRand〔size($particleRand)〕=baseParticle1Shape.custom_rand; 意思是用 size（）函数取得 $particleRand 数组的长度作为 $particleRand〔〕数组的下标（即用数组自身的长度作为数组自身的下标），然后将 custom_rand 中 0～1 的随机值赋给 $particleRand〔〕数组中的元素，如图 2-183 所示。

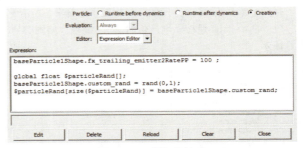

图 2-183　添加表达式

这里为什么要从 0～1 取随机值呢？因为这里的粒子颜色要用的 Ramp 贴图来控制，而 Ramp 贴图就是从 0～1 排开的。

3 选择 baseParticle1，在 Add Dynamic Attributes 卷展栏中单击【Color】按钮，在弹出的对话框中勾选 Add Per Particle Attribute（添加每粒子属性）选项，单击【Add Attribute】按钮确定，此时会在 Per Particle（Array）Attributes 卷展栏中添加了一个 RGB PP 属性，如图 2-184 所示。

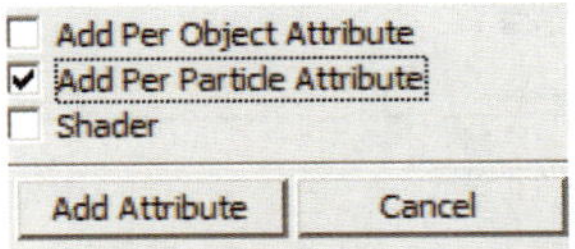

（a）勾选 Add Per Particle Attribute

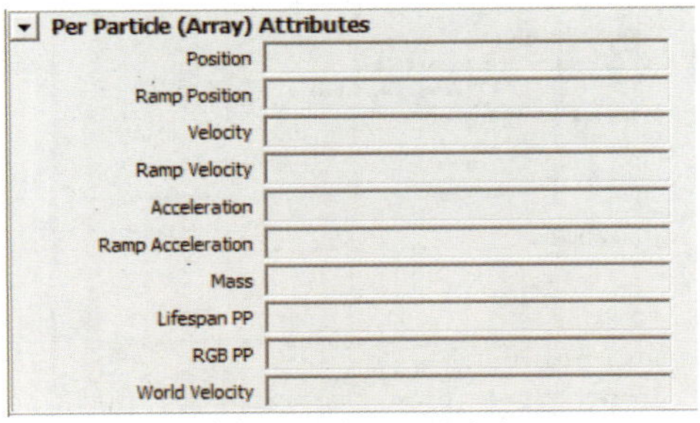

（b）添加的 RGB PP 属性

图 2-184　添加 RGB PP 属性

4 鼠标右击 RGB PP 属性，在弹出的菜单中选择 Create Ramp 选项，设置 Ramp 贴图 0～1 的颜色，如图 2-185 所示。

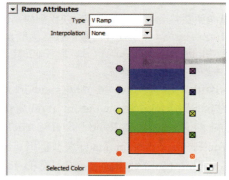

图 2-185 修改 Ramp

5 选择 fireworksParticle3，在 Add Dynamic Attributes 卷展栏中单击【General】按钮，在弹出的对话框中选择 Particle 标签，在 Particle 标签下选择 ParentId 属性。ParentId 是粒子刚产生时的 ID 编号，如图 2-186 所示。

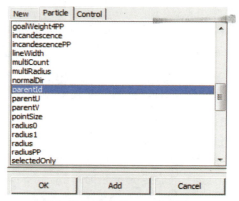

图 2-186 添加 Parent ID 属性

6 再为 fireworksParticle3 添加一个名为 fireworksColor 的自定义属性 (方法同 baseParticle1)，如图 2-187 所示。

图 2-187 添加自定义属性

7 为新添加的 fireworksColor 属性添加表达式，global float $particleRand〔 〕；声明全局变量，每次用在不同的表达式的时候都要再次声明一下。注意，使用同一个全局变量时要与之前声明的完全相同。

fireworksParticleShape3.fireworksColor = $particleRand〔int(fireworksParticleShape3.parentId)〕；意思是将 fireworksParticle3 粒子刚产生时的 id 号取整做为 $particleRand 的数组下标，数组通过下标号找到元素值，再将值赋给 fireworksParticleShape3.fireworksColor。由于我们之前的 $particleRand〔〕数组元素的值是随机的，所以 fireworksParticleShape3.fireworksColor 的值也是随机的，如图 2-188 所示。

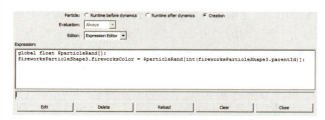

图 2-188 添加表达式

8 再为 fireworksParticle3 添加 RGB PP 属性，在 RGB PP 属性按右键选择 Create Ramp 后的选项盒按钮，设置 InputV 为 fireworksColor，Map To 为 ramp2，如图 2-189 所示。

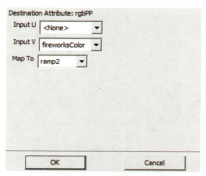

图 2-189 创建新的 Ramp

意思是用 fireworks Color 这个随机值来选取 ramp2 上的颜色，此时 fireworksP article3 的颜色是随机的。

使用同样的方法，还可以将 fireworkstrailingParticle4 的颜色改变。

9 选择 fireworkstrailingParticle4 添加一个 fireworkstrailingColor 自定义属性，如图 2-190 所示。

10 为 fireworkstrailingColor 添加表达式，global float $particleRand〔 〕；声明全局变量，从全局中将变量 $particleRand〔调用到当前表达式使用。

fireworkstrailingParticleShape4.fireworkstrailingColor = $particleRand〔int(fireworksParticle3.parentId)〕；意思是将 fireworksParticle3 刚产生时的粒子 ID 编号取整做为 $particleRand 数组的下标，这里之所以使用 fireworks -

Maya动力学

Particle3 的 ID 是为了使用 fireworkstrailingParticle4 与 fireworksParticle3 粒子颜色统一，如图 2-191 所示。

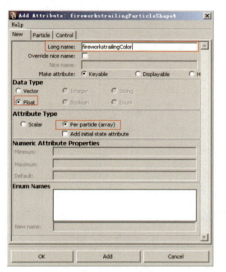

图 2-190　添加自定义属性

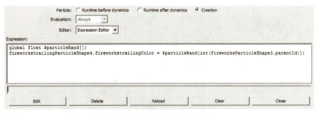

图 2-191　添加表达式

11 再为 fireworkstrailingParticle4 添加 RGB PP，在 RGB PP 属性上按右键选择 Create Ramp 后的选项盒按钮，设置 InputV 为 fireworkstrailingColor，Map To 为 ramp2，如图 2-192 所示。

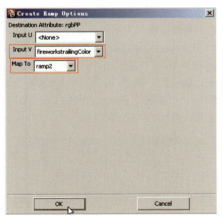

图 2-192　创建新的 ramp

4）调整烟花透明度

1 为烟花爆开后的粒子的拖尾制作透明效果，选择 fireworkstrailingParticle4，在 Add Dynamic Attributes 卷展栏中单击【Opacity】（透明）按钮，在弹出的对话框中勾选 Add Per Particle Attribute（添加每粒子属性）选项，单击【Add Attribute】按钮确定，此时会

在 Per Particle（Array）Attributes 卷展栏中添加一个 Opacity PP 属性，如图 2-193 所示。

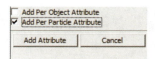

（a）勾选 Add Per Praticle Attribute

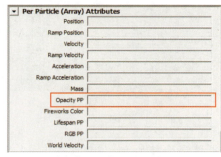

（b）新添加的 Opacity PP 属性

图 2-193　添加透明属性

2 在 Opacity PP 属性上按鼠标右键，在弹出的菜单中选择 Create Ramp 后的选项盒按钮，设置 InputV 为 Particle'a Age（粒子寿命），Map To 为 New Ramp，用粒子寿命来控制粒子的透明度，如图 2-194 所示。

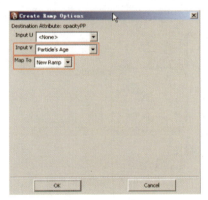

图 2-194　创建新的 Ramp

3 在 Opacity PP 属性上单击鼠标右键选择 Edit Ramp，Ramp 的最底部代表粒子生命开始时的透明度，这里调整为白色使其不透明，Ramp 的最顶部代表粒子生命结束时的透明度，我们调整为黑色使其透明，如图 2-195 所示。

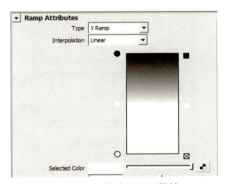

图 2-195　修改 Ramp 属性

播放观察，烟花在爆开后粒子会随着粒子生命的减少逐渐变淡直至消失，如图 2-196 所示。

图 2-196　观看效果

5）调整粒子渲染类型

1 开始调整烟花刚刚开始发射时的粒子拖尾，选择 trailingParticle2，设置它的 Particle Render Type（渲染类型）为 Sprites（粒子精灵），如图 2-197 所示。

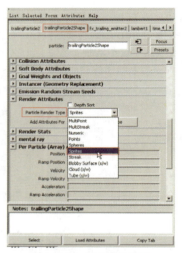

图 2-197　修改渲染类型

2 控制 Sprites 大小，为粒子添加 spriteScaleXPP 和 spriteScaleYPP 两个属性，在 Add dynamic Attributes 卷展栏中单击【General】按钮，在弹出的对话框中选择 Particle 标签，选择 spriteScaleX、spriteScaleY 选项，单击【OK】按钮确定，如图 2-198 所示。

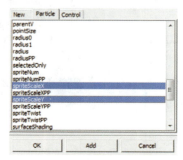

图 2-198　添加自定义属性

此时会看见在 Per Particle（Array）Attributes 卷展栏下新添加的两个属性，如图 2-199 所示。

图 2-199　添加的两个属性

3 用这两个属性来控制 Sprites 的 X 和 Y 值，也就是 Sprites 的长和宽。右键单击 spriteScaleXPP 选项，为 Sprites 创建表达式：

spriteScaleXPP= spriteScale YPP= rand(0.5,1)，

控制 Sprites 的大小在 0.5 ～ 1 之间，如图 2-200 所示。

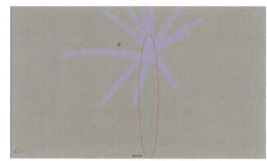

图 2-200　添加表达式

播放发现 Sprites 有大有小而且整体很小，现在来解决这个问题。这里需要控制 Sprites 的大小随年龄的增长而增大，来模拟烟花发射时拖尾的扩散效果。

4 在 Add dynamic Attributes 卷展栏中单击【General】按钮，在弹出的对话框中选择 New 标签，将 Long Name（自定义属性的名称）命名为 custom_scaleRamp，并勾选 Per particle（array）（每粒子属性）选项，如图 2-201 所示。

图 2-201　添加自定义属性

5 添加完成后为其添加 Ramp 贴图，将 Ramp 贴图的颜色调整为由上向下白色到黑色过渡，将 Ramp 贴图的过渡类型调整为 Exponential Up 类型，如图 2-202 所示。

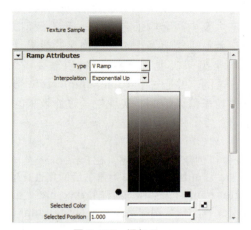

图 2-202　添加 Ramp

6 Custom_scaleRamp 是一个每粒子自定义属性，将其跟粒子中的每粒子大小进行关联来控制粒子的大小，此时需要在运行表达式中输入：

spriteScaleXPP= spriteScaleYPP=rand (0.5,1)* custom_scaleRamp;

这句表达式中的内容是用来控制粒子在大小随机的情况下逐渐增大。播放动画，观察拖尾效果，如图 2-203 所示。

图 2-203　添加表达式

7 如果 Sprites 还是很小的话，还可以通过 custom_scaleRamp 属性的 Array Mapper 来调整，Min Value 调整为 10，Max Value 调整为 30，如图 2-204 所示。

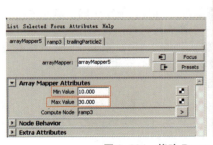

图 2-204　修改 Ramp

8 现在来为 Sprites 赋予烟雾序列贴图，由于烟雾是不反光并且没有高光。所以，给 Sprites 赋予 Lambert 材质，并给它一个文件纹理（File），文件纹理的图片使用烟雾序列图片。单击 Image Number 后的 📁 按钮，找到烟雾序列图片所在的路径，勾选 Use

Image Sequence（使用序列图片）和 Use Interactive Sequence Caching（使用交互序列缓存），设置 Sequence Start（序列开始帧）0，Sequence End（序列结束帧）99，因为我们有 0～99 张序列图片，所以这里设置 0～99，如图 2-205 所示。

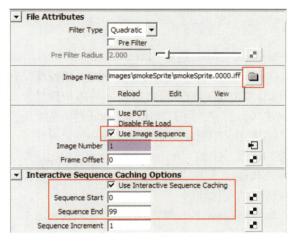

图 2-205　添加序列帧

播放观看效果，可以随时对之前所用到的属性加以修改直至达到想要的效果。渲染合成后如图 2-206 所示。

图 2-206　最终效果

2.5　粒子材质

在 Maya 中，粒子分为硬件粒子和软件粒子两类。我们常见的点状粒子、球状粒子、线状粒子等都是硬件粒子，这些类型的粒子是用硬件渲染器渲染出来的，而用软件渲染器无法渲染。软件粒子有表面融合粒子、云雾状粒子和圆管状粒子三种，它们都可以通过软件渲染器被渲染出来。

渲染总是与灯光材质密不可分，模型有材质，粒子也有材质。在默认情况下，Maya 中的粒子是 Lambert 材质，因此我们用硬件渲染器渲染出来的点状粒子、球状粒子或线状粒子总是灰白色。如果云雾状粒子也采用 Lambert 材质的话，那么渲染出来的图像也不会像云雾。因为云雾是有体积感的物质，而 Lambert 材质是表面材质。为了能用粒子做出像云雾这样有体积感的效果，在 Maya 中，专门开发出了一种体积材质——Particle Cloud（粒子云）。

2.5.1 粒子云简介

Particle Cloud 是 Cloud(s/w)，Blobby Surface(s/w)，Tube(s/w) 三种软件渲染类型的专用材质。利用 Particle Cloud 材质，可以制作一些体积效果，如烟气、雾气、云等。由于 Particle Cloud 材质是专门针对粒子系统定义的材质类型，因此有一些只对粒子系统有效的属性，比如 Life Incandescence（根据生命值定义颜色属性），Life Transparency（根据生命值定义透明属性）的变化等。

Particle Cloud 的位置：Window → Rendering Editors → Hypershade → Volumetric → Particle Cloud。

particleSamplerInfo（粒子信息采样）节点在粒子属性与软件渲染的材质属性之间建立一种关联关系，以实现软件粒子系统材质的单粒子控制。可以将其一个或多个输出属性关联到一个粒子材质或纹理定位节点的属性上，这样粒子材质就可以从 particleSamplerInfo 节点获得其单粒子属性，它也告诉 particleSamplerInfo 节点从粒子的形状节点上获得什么参数。

打开 Hypershade，在 Particle Utilites（粒子应用）卷展栏下单击 Particle Sampler，便可在 Hypershade 的工作区创建一个 particleSamplerInfo 节点，如图 2-207 所示。

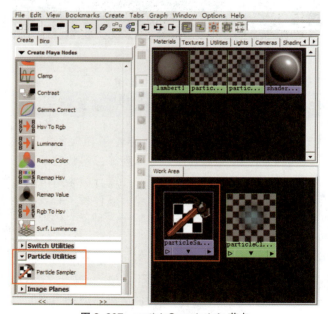

图 2-207 particleSamplerInfo 节点

2.5.2 一展身手——粒子爆炸

本节我们用 Cloud(s/w) 粒子云的渲染类型来制作爆炸的效果。关键点有两个：一个是爆炸的动态，另一个是爆炸时发出的光（也就是粒子云的材质）。爆炸的动态主要由两套粒子完成，一套粒子模拟粒子爆炸，第二套粒子模拟爆炸时物体拖尾的效果（用粒子云的渲染类型来表现）；粒子云材质需要调节颜色、自发光、透明，并通过 particleSamplerInfo 节点帮助完成软件粒子渲染控制。实现粒子爆炸效果的具体操作如下。

1）制作粒子爆炸的初期效果

1 在场景中创建一个发射器，在 Particles 菜单下单击 Create Emitter（创建发射器）后的属性选项，设置 Emitter name（发射器的名称）为 fx_base_emitter1、Emitter type（发射器类型）为 Directional（方向）。DirectionalX：0，DirectionalY：1，DirectionalZ：0 使发射器的发射方向为 Y 轴正方向、Spread（扩展角）为 0.9，Speed（速度）为 15，Speed random（速度随机）为 10，如图 2-208 所示。

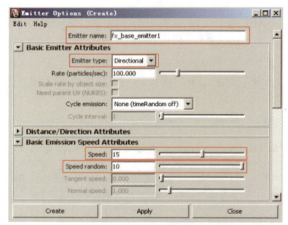

图 2-208 创建发射器属性设置

2 将 Spread、Speed、Speed random 三个属性配合使用可以调整粒子爆破时的扩散范围和速度。Spread（扩展角）设置的是发射器发射粒子的扩展角度，这个角度定义了一个圆锥形区域，粒子在这个区域被随机发射，可以输入数值 0 ~ 1，输入 0.5 表示角度为 90°，输入 1 表示角度为 180°，如图 2-209 所示。

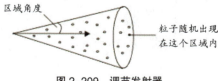

图 2-209 调节发射器

3 在属性编辑器中将粒子发射器 fx_base_emitter1 的 Rate（发射速率）在第 1 帧处设置成 500，并创建关键帧，在第 10 帧处 Rate 设置成 0，并创建关键帧，如图 2-210 所示。

(a) 第1帧

(b) 第10帧

图 2-210　调整发射速率

这样为发射器发射速率设置关键帧的目的是让发射器一次性发射出一些粒子后不再发射。

4 打开 Outliner（大纲），修改 particle1 的名称为 baseParticle1，为方便观察先将 baseParticle1 的 Particle Render Type（粒子渲染类型）设置成 Spheres（球形）并适当调整 Radius（半径），再将 baseParticle1 的 Lifespan Mode（生命模式）设置成 Constant（常量值），Lifespan 设置成 10，为粒子 baseParticle1 添加一个 Gravity（重力场），重力场使用默认的重力参数即可。

5 创建一个 Polygon 的 Plane 作为地面并重命名为 ground，将 ground 的 Y 轴向下移动 −2 个单位（即在通道栏把 TranslateY 调整为 −2），大小扩大 100 倍（即在通道栏把 ScaleX，ScaleY，ScaleZ 都调整为 100），以便于让 baseParticle1 与 ground 进行碰撞。选择 baseParticle1 再按【Shift】键加选 ground，执行 Particles → Make Collide（创建碰撞）命令，此时 baseParticle1 就会与 ground 产生碰撞。

Make Collide（创建碰撞）命令的用处就是使粒子与几何体进行碰撞，从而改变粒子的运动方向和状态。打开它的属性，看看里面的设置，Resilience（弹力）用于设置碰撞反弹的力度，0 值表示粒子碰撞没有反弹，1 值表示粒子碰撞充分反弹，如果 Resilience 值大于 1 那么就会增加粒子反弹后的速度，Friction（摩擦力）用于设置粒子与几何体碰撞时的摩擦力，直接影响粒子反弹后与几何体表面平行方向上的运动速度，数值为 0 表示粒子不受摩擦力影响，数值为 1 表示粒子沿表面法线立刻反射，只有数值在 0～1 之间才会产生自然摩擦，在此范围外便会夸大反应。

图 2-211 举例指出几种 Resilience（弹力）与 Friction（摩擦力）的配合使用效果。

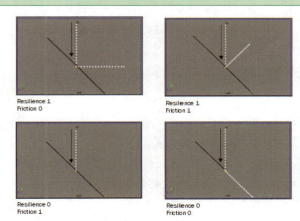

图 2-211　弹力摩擦力数值对比

碰撞后会产生一个 geoConnector 节点，在这个节点中可以调整 Resilience 与 Friction。

6 现在为 baseParticle1 创建物体发射器使 baseParticle1 发射粒子。选择 baseParticle1，执行 Particles → Emit from Object（从物体发射）命令，将新创建的粒子命名为 fx_trailing_emitter2，发射速率 Rate（particles/sec）设置为 50，Speed（速度）设置为 0.5，如图 2-212 所示。

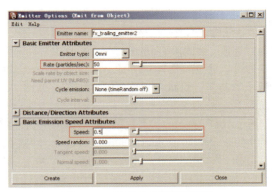

图 2-212　从物体发射属性设置

7 选择 baseParticle1，在它的属性编辑器中调整它的 Lifespan Mode（生命模式）为 Random range（随机范围），Lifespan（生命值）为 2，Lifespan Random（生命随机）为 1，Particle Render Type（粒子渲染类型）为 Cloud(s/w)，如图 2-213 所示。

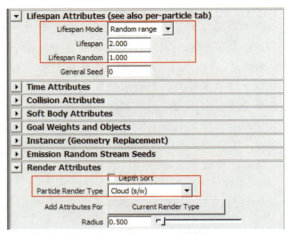

图 2-213　生命模式和粒子渲染类型

> **提示**
>
> 　　Cloud(s/w) 云粒子渲染类型一般用于制作烟、雾、云等。在这里可以使用 Cloud(s/w) 云粒子渲染类型来制作爆炸的烟尘效果。
>
> 　　用软件渲染的粒子渲染类型还包括 Blobby surface(s/w) 水滴表面渲染类型和 Tube(s/w) 管状渲染类型两种。Blobby surface(s/w) 渲染类型常用于液体的制作，如水、石油等。

2）控制爆破动态效果

1 选择 baseParticle1，执行 Particles → Per-Point Emission Rates 命令，为 baseParticle1 添加一个 Emitter#RatePP 属性，用这个属性来控制 trailingParticle2 的 Rate（发射率），在此属性上右键选择 Create Ramp 后的【属性设置】按钮，InputV 设置为 Particle's Age，Map To 设置为 New Ramp，意思是根据 baseParticle1 粒子年龄来判断 trailingParticle2 的发射速率并创建一张新的 Ramp 贴图，调整这张 Ramp 贴图，如图 2-214 所示。

2 通过播放，发现 trailingParticle2 的粒子数量太少，这时可以通过调整 Ramp 的 Array Mapper 来增加粒子发射率，设置 Max Value 为 30，如图 2-215 所示。

3 选择 baseParticle1，为它添加一个 Turbulence（扰动）场，设置 Turbulence 的 Turbulence field name 为 baseTurbulence，Magnitude（强度）为 25，Frequency（频率）为 0.5，Volume Shape（体积形状）为 Cube（立方），如图 2-216 所示。

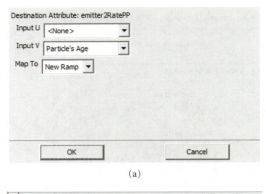

(a)

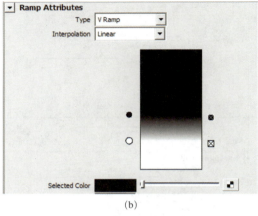

(b)

图 2-214　添加 Ramp

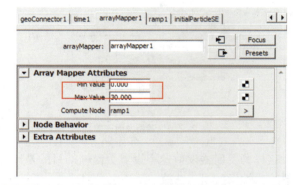

图 2-215　设置 Max Value 为 30 观看效果

4 选择 baseTurbulence 在属性编辑器中将其扩大，ScaleX：28，ScaleY：14，ScaleZ：28，并沿 Y 轴向上移动 14 个单位，使爆炸更不规则一些，如图 2-217 所示。

Maya动力学

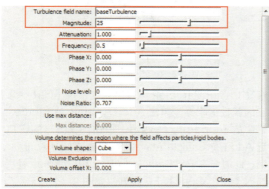

图 2-216　添加扰动场

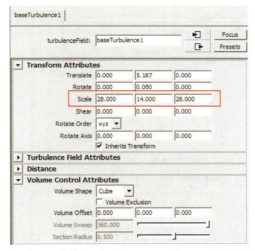

图 2-217　修改扰动场

3）调整粒子云的大小

1 选择 trailingParticle2，按【Ctrl+A】键打开它的属性编辑器，单击 Add Dynamic Attributes（添加动力学属性）卷展栏中的【General】按钮，在弹出的窗口中

选择 Particle 标签，选择 radiusPP 属性，单击【OK】按钮确定，此时会在 Per Particle（Array）Attributes（每粒子属性）卷展栏中加入了一个 radiusPP 属性，如图 2-218 所示。

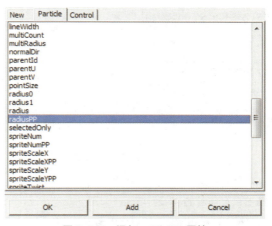

图 2-218　添加 radinsPP 属性

2 鼠标右击 radiusPP 属性，在弹出的菜单中选择 Create Ramp，使用 Create Ramp 的默认设置，即用粒子年龄来判断粒子的半径大小，编辑 Ramp 贴图，让粒子刚产生时的半径较小，粒子结束时的半径较大，如图 2-219 所示。

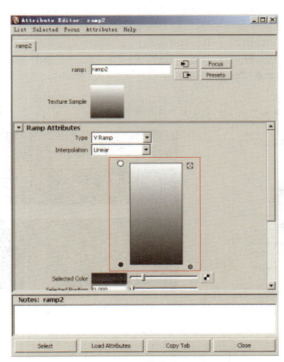

图 2-219　编辑 Ramp

3 如果 trailingParticle2 的半径不是想要的大小，就可以通过 radiusPP 的 Array Mapper 节点来缩放 Ramp，这里右键 Radius PP 选择 Edit Array Mapper，将 Max Value 调整为 3，如图 2-220 所示。

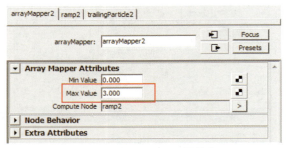

图 2-220　将 Max Value 调整为 3

此时播放动画，通过观察发现，trailingParticle2 半径会随着自己年龄的增长而增大，如图 2-221 所示。

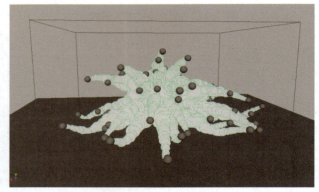

图 2-221　播放效果

4）创建粒子云材质

1 Cloud(s/w) 云渲染类型有它专门的材质 Particle Cloud（粒子云），创建它的方法是执行 Window → Rendering Editors → Hypershade，在弹出的窗口中找到 Volumetric 卷展栏下的 Particle Cloud，单击创建它，并重新命名为 trailingParticleCloud，如图 2-222 所示。

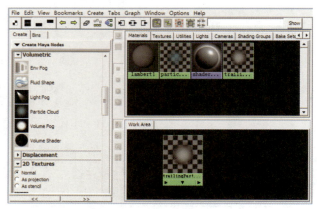

图 2-222　创建粒子云材质

2 将 trailingParticleCloud 赋予 trailingParticle2，并调整 trailingParticleCloud 的 Color 为灰色，如图 2-223 所示。

图 2-223　调节颜色

5）调整粒子云的透明度

1 选择 trailingParticle2 调整透明度，按【Ctrl+A】打开它的属性编辑器，单击 Add Dynamic Attributes 卷展栏中的【Opacity】（透明）按钮，在弹出的窗口中勾选 Add Per Particle Attribute，单击【Add Attribute】按钮，此时会在 Per Particle（Array）Attributes 卷展栏中加入了一个 Opacity PP 属性，如图 2-224 所示。

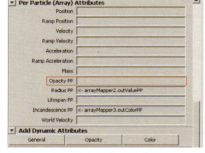

图 2-224　添加透明属性

2 为 Opacity PP 属性创建 Ramp 贴图，仍然是根据 trailingParticle2 自身的年龄大小来判断它的透明度。编辑 Ramp，如图 2-225 所示。

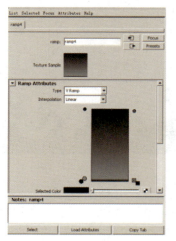

图 2-225　修改 Ramp

Maya动力学

6）调整粒子的自发光颜色

1 选择 trailingParticle2，按【Ctrl+A】键打开它的属性编辑器，单击 Add Dynamic Attributes 卷展栏中的【General】按钮，在弹出的窗口中选择 Particle 标签，选择 incandescencePP（每粒子自发光）属性，单击【OK】按钮，此时会在 Per Particle（Array）Attributes 卷展栏中加入了一个 incandescencePP 属性如图 2-226 所示。

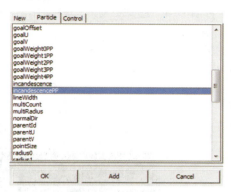

图 2-226　添加属性

incandescencePP 属性用于给 Cloud（s/w）和 Tube（s/w）两种渲染类型设置 glow color（辉光颜色）。

2 右键单击 incandescencePP 属性，在弹出的菜单中选择 Create Ramp，使用 Create Ramp 的默认设置，即用粒子年龄大小来判断粒子 incandescence（自发光）颜色，编辑 Ramp 贴图，让粒子刚产生时的颜色偏橘黄，紧接着的颜色为橘红，粒子结束时的颜色为黑，要模仿爆炸时火团的颜色，如图 2-227 所示。

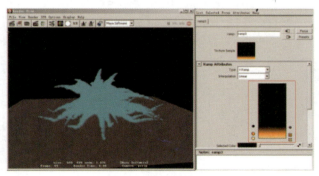

图 2-227　修改 Ramp

提　示

通过渲染发现 trailingParticle2 并没有颜色，这是为什么呢？在这里还需要使用一个 particleSamplerInfo（粒子信息采样）节点，这个节点是一个很实用的节点，它的作用是帮助软件粒子渲染控制，就是在粒子属性与软件渲染的材质属性之间建立一种关联关系，以实现软件粒子系统材质的单粒子控制。

在使用之前需要先将该属性加到粒子形状节点上。

注　意

particleSamplerInfo 节点只能读取已有属性的值。

3 现在就来用 particleSamplerInfo 节点来获得我们刚刚在 Per Particle（Array）Atrributes 卷展栏下定义的 incandescence PP 属性，打开 Hypershade，在 Particle Utilites（粒子应用）卷展栏下单击【Particle Sampler】选项，便可在 Hypershade 的工作区创建一个 particleSamplerInfo 节点，如图 2-228 所示。

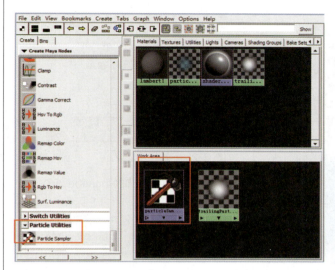

图 2-228　particleSamplerInfo 节点

4 按住鼠标中键将 particleSamplerInfo 节点拖动到 trailingParticleCloud 上，在弹出的菜单上选择 other...，如图 2-229 所示。

图 2-229　链接节点

5 由于 particleSamplerInfo 节点与 trailingParticle2 粒子所使用的材质球进行了连接，所以 particleSamplerInfo 节点就会自动获取该材质球对应的粒子（即 trailingParticle2）信息，这时会弹出一个 Connection Editor（连接编辑器）窗口，将 particleSamplerInfo 的 incandescencePP 与 trailingParticleCloud 的 trailingParticleCloud 相关联，如图 2-230 所示。

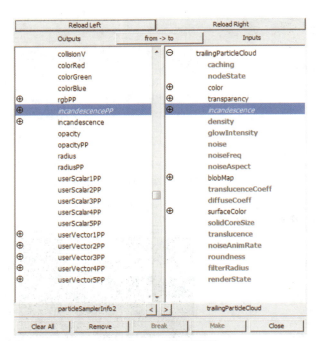

图 2-230　连接编辑器

也就是说为 trailingParticle2 新添加的 incandescencePP 属性的信息通过 particleSamplerInfo 节点传送到了 trailingParticleCloud 的 incandescence 属性上。

渲染一张静帧观察，现在 trailingParticle2 已经有了自发光颜色了，如图 2-231 所示。

图 2-231　渲染效果

7）调整粒子云材质的透明度

之前设置过粒子的透明度并没有关联到粒子的材质上，这里仍使用 particleSamplerInfo 节点来获取 trailingParticle2 的 OpacityPP 属性信息。要注意的是在粒子 OpacityPP 属性的 Ramp 贴图中黑色代表完全透明白色代表完全不透明，而在 Particle Cloud（粒子云）材质的 Transparency（透明度）中黑色代表完全不透明白色代表完透明，正好是相反的，此时就需要使用一个 Reverse（反转）节点将 OpacityPP 属性的 Ramp 贴图中的颜色反转，反转后的颜色便会符合 Particle Cloud 材质的 Transparency 的透明规则。

Reverse 节点是专门用于制作颜色反转效果的。对于计算机而言，色彩的处理也是一种数学关系。Reverse 节点的数学计算公式为：

$$Output = 1 - input:$$
$$Output\ R = 1 - input\ R、Output\ G = 1 - input\ G、Output\ B = 1 - input\ G$$

从公式可以看出当使用 Reverse 节点处理图片时，输入图片与输出图片的颜色对应关系为补色，也就是黑转白、白转黑等。

1 开始创建 Reverse 节点，打开 Hypershade 窗口，在 General Utilities 卷展栏下单击【Reverse】按钮，便在 Hypershade 工作区中创建出一个 Reverse 节点，如图 2-232 所示。

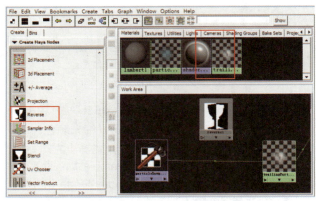

图 2-232　Reverse 节点

2 用鼠标中键将 particleSamplerInfo 节点拖动到 Reverse 节点上选择 other... 选项，在弹出的 Connection Editor 窗口上连接 OpacityPP 与 input 中的 inputX，如图 2-233 所示。

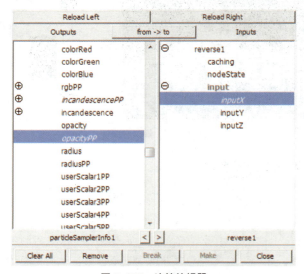

图 2-233　连接编辑器

Input（输入）：输入的是要进行反转处理的颜色值，可以输入图片，也可以输入颜色代码。这里将 Ramp 贴图输入到 inputX 中即可。

3 再在 Hypershade 工作区中按住鼠标中键将 reverse 节点拖动到 trailingParticleCloud 材质上，选择 other... 选项，在弹出的 Connection Editor 窗口上连接 input 中的 inputX 与 transparencyR、transparencyG、transparencyB，如图 2-234 所示。

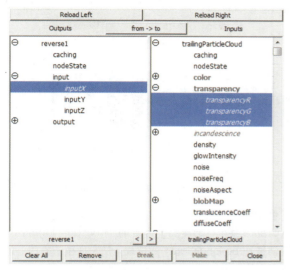

图 2-234　连接编辑器

此时已经将 trailingParticle2 的 OpacityPP 属性信息经过 particleSamplerInfo 节点的获取和 Reverse 节点的反转传送给了 trailingParticleCloud 的材质上，渲染一张静帧，发现 trailingParticleCloud 已经有了透明，如图 2-235 所示。

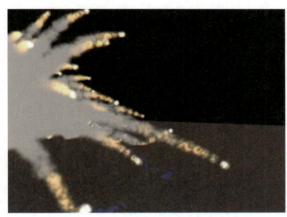

图 2-235　渲染效果

8）为爆炸场景添加灯光

爆炸时由于高热量的聚集会产生很强的闪光，下面来用灯光模拟这种高亮度的闪光。

1 在场景中创建一个 Point Light（点光源），并将 Point Light 放置到离 fx_base_emitter1 发射器稍近一点的地方，让它模拟刚刚爆开一瞬间的亮度，这里将 pointLight1 沿 Y 轴向上移动 3 个单位，如图 2-236 所示。

2 打开 pointLight1 属性编辑器，调整 pointLight1 的 Color（颜色）为浅橙色，如图 2-237 所示。

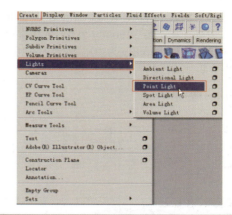

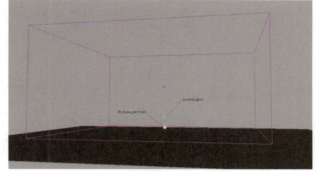

图 2-236　添加灯光

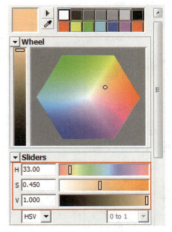

图 2-237　调整 pointLight1 的 Color

> 📝 **提　示**
>
> 　　这里要为 pointLight1 的 Intensity 设置关键帧来表现闪光的过程，在设置 Intensity（强度）设置关键帧之前，要为 trailingParticle2 创建粒子磁盘缓存，方便用拖动时间滑块的方法来观察爆炸的运动状态。

3 选择 trailingParticle2，在 Solvers（解算器）菜单下选择 Create Particle Disk Cache（创建粒子磁盘缓存），注意，计算完缓存后要保存场景文件，否则缓存文件将会在下一次启动场景文件时丢失。拖动时间滑块，此时可以一帧一帧地去观察爆炸的运动状态了。

4 现在可以根据爆炸的状态来为 pointLight1 的 Intensity 设置关键帧。第 1 帧 Intensity 为 0，第 8 帧 Intensity 为 0，第 10 帧 Intensity 为 10，第 30 帧 Intensity 为 0，如图 2-238 所示。

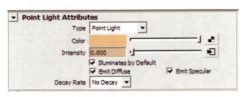

（a）第1帧

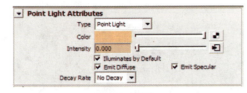

（b）第8帧

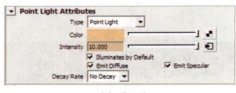

（c）第10帧

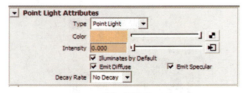

（d）第30帧

图 2-238　灯光强度 K 帧

5 单击视图菜单 Lighting 下 Use All Light（使用所有灯光）或按【7】键，让视图以灯光模式显示，播放动画观察灯光的关键帧设置得是否合理，如图 2-239 所示。

图 2-239　播放效果

6 复制 pointLight1，复制时使用 Duplicate input graph。

7 让复制的灯光（即 pointLight2）只对周围环境进行照射，而不对粒子进行照射，在 Rendering（渲染）模块下找到 Linghting/shading 菜单，选择 Light Linking Editor（灯光链接编辑器）下的 Light-Centric（灯光链接物体）选项。

弹出 Relationship Editor（关系编辑器）窗口，左侧为 Light Sources（光源）选择区域，选择 pointLight2，右侧为 Illuminated Objects（可被照明的物体），按住【Ctrl】键去掉对粒子的照明，如图 2-240 所示。

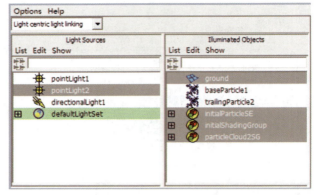

图 2-240　去掉对粒子的照明

8 创建一个 Directional Light（平行光或方向光），在 Create 菜单下选择 Lights 下的 Directional Light。

9 调整 directionalLight1 的位置，使它从粒子的右上角向左下角照射。

10 打开 directionalLight1 的属性编辑器，展开 Shadows（阴影）卷展栏，找到 Raytrace Shadow Attributes（光线跟踪属性）卷展栏，勾选 Use Ray Trace Shadows（使用光线跟踪阴影）选项，如图 2-241 所示。

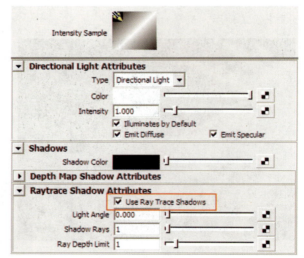

图 2-241　使用光线跟踪阴影

 注　意

在灯光属性中使用光线跟踪阴影（Use Ray Trace Shadows），除了在灯光属性勾选它外，还要在 Render Setting（渲染设置）中勾选 Raytracing Quality（光线跟踪质量）卷展栏下的 Raytracing（光线跟踪）选项，这样才可以正常渲染出阴影，如图 2-242 所示。

Maya动力学

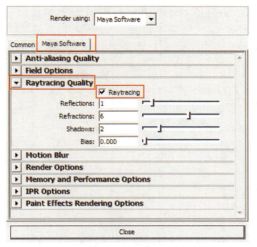

图 2-242　光线跟踪选项

点光源 pointLight1 也需要打开 Use Ray Trace Shadows 为场景物体创建光线跟踪阴影。经过再次的调整和修改，最终合成效果如图 2-243 所示。

图 2-243　最终合成效果

2.6　粒子目标追踪

我们经常可以看到这样的情形：大量粒子聚集形成某一物体的空间造型，或让大量粒子聚集在某一物体的指定区域。通常情况下，上述效果用 Fields（场）很难做到；用纯粹的表达式也很难做到。但是有一种方法却很容易做到，那就是粒子目标追踪。粒子目标追踪是粒子追踪指定的物体，即指定的物体吸引指定的粒子，就如同磁石对铁砂的吸引，吸引过来的铁砂形成磁石的形状。

2.6.1　Goal（目标）命令

1）Goal 命令

使用 Goal 命令可以使粒子跟随或移向一个物体，这个物体称为目标物体，除在表面上的曲线外，任何物体都可以作为目标物体。运动或尾随物体的运动状态，要依靠目标物体的类型和目标物体的数目。

下面我们来看一下如何使用 Goal 命令。

首先创建一个 NURBS 的 Plane（平面）作为目标物体，再创建一个默认的粒子发射器发射粒子，为了方便观察，设置粒子的渲染类型为 Spheres（球形）并适当调整半径。先选择粒子 particle1，再选择目标物体 nurbsPlane1，在 Particles 菜单下单击 Goal 命令后的 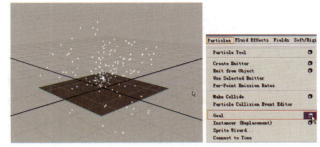 按钮，如图 2-244 所示。

图 2-244　粒子 Goal（目标）命令

此时弹出 Goal 命令的属性对话框，如图 2-245 所示。

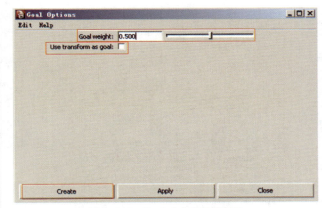

图 2-245　Goal 命令的属性窗口

【参数说明】

● Goal weight（目标权重）：取值在 0 ～ 1 之间，0 表示目标物体不影响尾随的粒子，1 表示尾随的粒子立即移动到目标物体位置，数值越接近于 1，粒子会越快速地移动到目标物体位置。目标物体位置指的是 CVs，Vertex 或 Lattice Point（晶格点）。

● Use transform as goal（将 transform 作为目标）：表示是否让粒子跟随目标物体的 transform，如勾选，则粒子运动仅以物体位移为目标。

这里使用 Goal 命令的默认设置即可，单击 Create（创建）按钮，播放动画，看见粒子 particle1 在平面 nurbsPlane1 的 CVs 周围晃动，如图 2-246 所示，这是由于默认的 Goal weight（目标权重）值为 0.5。

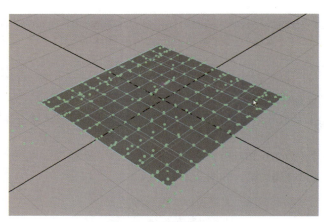

图 2-246　权重值为 0.5

在 nurbsPlaneShape1 权重值的上面有一个 Goal Smoothness（权重平滑度）属性，如图 2-247 所示。这个属性是用于控制权重值曲线平滑度的，即控制粒子捕捉目标运动过程的平滑度，值越小越接近直线，值越大曲线越平滑，Goal Smoothness 值分别为 1、3、10 的权重曲线如图 2-248 所示。

（a）权重平滑度为 1　（b）权重平滑度为 3　（c）权重平滑度为 10

图 2-248　权重平滑度取不同值的权重曲线

可以通过随时改变这两个值来观察一下不同的值有什么不同的效果。

2）goalU 和 goalV 属性

使用粒子的 goalU 和 goalV 两个属性，可以将粒子吸引到表面上由 U 和 V 值所指定的位置。

（1）添加 goalU、goalV 属性。选择 particle1，打开它的属性编辑器，在 Add Dynamic Attributes（添加动力学属性）卷展栏下单击【General】按钮，在弹出的窗口中选择 Particles 标签，添加 goalU 和 goalV 两个属性，此时会在 Per Particle（Array）Attributes 卷展栏下添加了 goalU、goalV，由于对粒子施加了 Goal 命令，所以在该卷展栏下还可以看见 goalPP 属性，如图 2-249 所示。

102

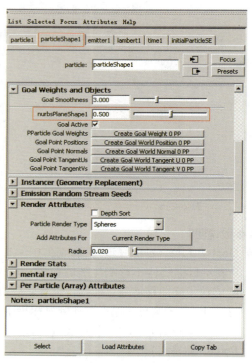

图 2-247　目标权重

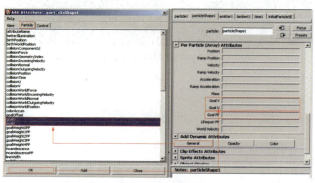

图 2-249　添加属性

（2）通过表达式控制粒子产生时的位置。如果希望粒子产生时，位于表面 UV 为 0 处，操作如下。

1 通过表达式将粒子设置在表面的 U 值为 0 和 V 值为 0 的位置：particleShape1.goalV=0; particleShape1.goalU=0; 如图 2-250 所示。

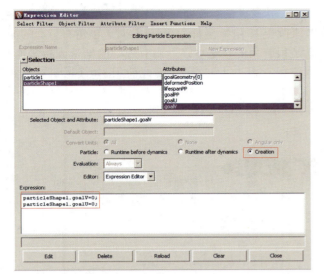

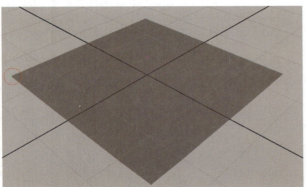

图 2-250 设置粒子位置

2 将表达式设为 Creation（创建）类型，即仅在粒子产生时执行。

> **提 示**
>
> Creation 类型的表达式在 runtime 表达式之前起作用，常用于初始化起始帧的属性值。当动画的时间或粒子的当前时间改变时，Maya 就会执行 Runtime before dynamics（运行动力学前）和 Runtime after dynamics（运行动力学后）中的表达式，runtime 下的表达式会在每一帧中执行（动力所指的就是对表达式在每一帧处的计算）。

（3）节点数据更新。Maya 中每个节点都有一套对自身数据进行更新的方法，包括 Maya 内部自身的计算方法和手动写入表达式的外部计算方法。

粒子节点中的数据（position，velocity 等属性）更新方法统称为动力学计算。Runtime before dynamics 是 Maya 先执行表达式（即外部动力计算）再进行内部自身的动力学计算；Runtime after dynamics 是先进行 Maya 内部自身的动力学计算，再执行表达式（外部动力计算）。

> **提 示**
>
> 通常情况下将表达式写入任何一者中都可以。例如，创建一个粒子发射器发射粒子，在发射器默认状态下设置 Rate（速率）为 1。

在 Runtime before dynamics 中写入表达式：

print"runtime before\n"; print (position); print "\n";

在 Runtime after dynamics 中写入表达式：

print"runtime after\n";print (position); print"\n";

如图 2-251 所示。

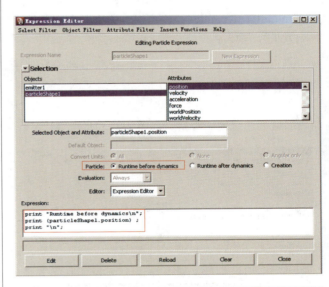

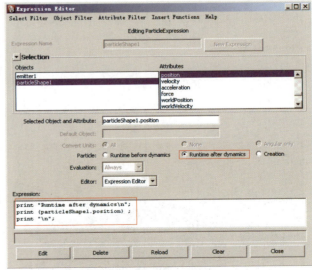

图 2-251 创建表达式

单击单帧播放按钮，如图 2-252 所示，直到脚本编辑器中出现打印的结果：

```
Runtime before dynamics
-0.002568 0.002129 -0.002483
Runtime after dynamics
-0.028302 0.023461 -0.02736
```

图 2-252　播放

从打印结果可以看出：Maya 先执行的是 Runtime before dynamics 下的表达式，而且在两种模式下执行的表达式结果是不同的。

（4）通过表达式控制粒子产生后的位置改变。如果通过表达式控制粒子产生后所做的运动，应选择在 runtime 下写入表达式。这里将表达式写入了 Runtime before dynamics（写入 Runtime before dynamics 或 Runtime after dynamics 下都可以，差别不大，几乎不影响效果），输入：

```
particleShape1.goalV=age;particleShape-
1.goalU=age;
```

让 U 和 V 的值随着粒子年龄而变化，我们可以将表面做凸凹以便于观察，如图 2-253 所示。

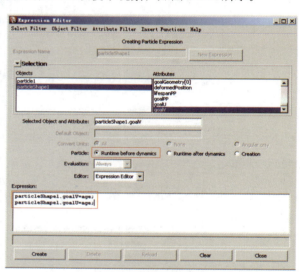

（a）添加表达式

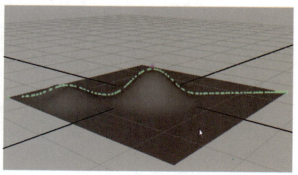

（b）播放效果

图 2-253

（5）通过函数改变粒子位置。还可以通过数学函数来改变 U 和 V 坐标。sin 函数对于创建有节奏的振动是很有用的，它可以返回有规则的增量或减量值，取值在 −1.0 ～ 1.0 之间，因此使用 sin（正弦）函数可以使 U 坐标以波的样式在表面上移动。同样，也可使用 cos（余弦）函数将 V 坐标以波的样式在表面上移动。

> **提　示**
>
> 　　为了不出现负数，可以引用 abs（取绝对值）函数将数值控制在 0.0 ～ 1.0 之间。

修改粒子表达式：

```
particleShape1.goalV=age;
particleShape1.goalU=abs(sin(age*8));
```

这里的 8 表示波的频率，修改表达式后的效果如图 2-254 所示。

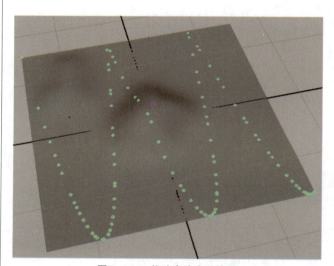

图 2-254　修改表达式后效果

2.6.2　采样节点

本节将要讲到的信息采样有两个，一个是得到模型上某个点的位置信息、法线信息等。一个就是得到粒子到模型最近点的 UV 位置。

1）pointOnSurfaceInfo（点信息采样）

pointOnSurfaceInfo 节点的作用就是根据输入的信息提供 NURBS 表面上一个点的有关信息，这个点是通过表面的输入信息 inputSurface 和参数值 parameterU、parameterV 指定的。为指定点提供的相关信息包括：该点的空间坐标值（Position）、法线向量（Normal）、切线向量 TangentUV。

实例

1 使用 createNode 命令可以创建出 pointOnSurfaceInfo 节点，在 Command line（命令行）输入 "createNode pointOnSurfaceInfo；" 按【Enter】键执行，注意区分大小写，如图 2-255 所示。

图 2-255　创建出 pointOnSurfaceInfo 节点

此时 pointOnSurfaceInfo 节点就被创建出来了，在节点属性中可以看见 Input Surface 和 ParameterU、ParameterV，它们都是输入属性，输入 NURBS 表面和一组 UV 参数可以指定表面上某个特定点的，还可以看见 Position、Normal、TangentU、TangentV，这些属性都是输出属性，是为指定的点提供相应信息的，这样就可以通过某种方法获取这些信息加以利用，如图 2-256 所示。

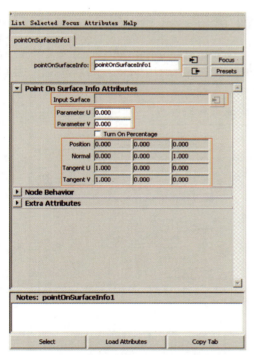

图 2-256　pointOnSurfaceInfo 节点属性窗口

提示

那么如何通过大纲 Outliner 来找到所创建的这个 pointOnSurfaceInfo 节点呢？打开 Outliner，在 Outliner 大纲的 Display 菜单取消 DAG Objects Only 命令的勾选，移动滚动条便可找到显示出来的 pointOnSurfaceInfo 节点，如图 2-257 所示。

图 2-257　在 Outliner 里找到 pointOnSurfaceInfo 节点

2 创建一个 NURBS 的球体和一个 pointOnSurfaceInfo 节点，接下来在物体 sphere 与 pointOnSurfaceInfo 节点之间建立连接，由于要将 sphere 的 shape 节点连接到 pointOnSurfaceInfo 节点的 inputSurface 属性上，所以要在大纲中先选择 sphere 物体的 nurbsSphereShape1 节点再加选 pointOnSurfaceInfo 节点，然后在 Window 菜单中，选择 General Editors 子菜单下的 Connection Editor，连接 nurbsSphereShape1 节点的 worldSpace 属性与 pointOnSurfaceInfo 节点的 inputSurface 属性，如图 2-258 所示。

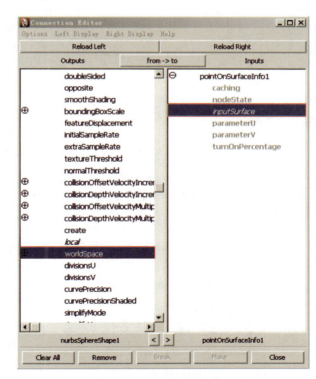

图 2-258　连接节点属性窗口

3 查看 pointOnSurfaceInfo 节点的属性值，发现 Position、Normal、TangentU、TangentV 属性值已经发生了变化，这就是在 ParameterUV 为 0 时所获得的信息，这些信息都可以加以利用，如图 2-259 所示。

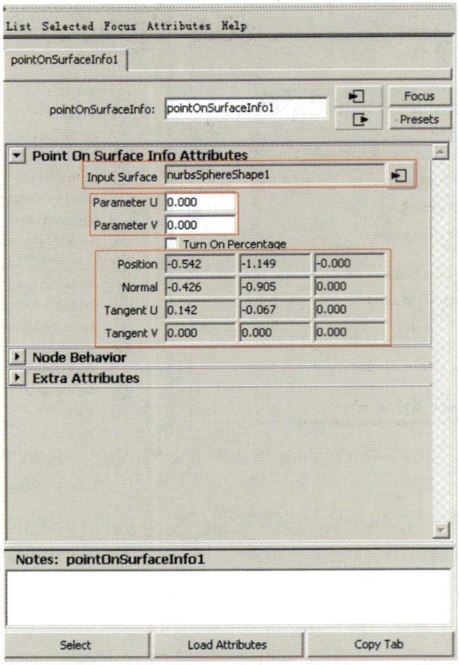

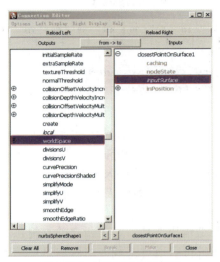

图 2-259　pointOnSurfaceInfo 节点属性窗口

> **提　示**
>
> 　　在创建后的 closestPointOnSurface 节点属性中，Input Surface 也是将物体的 shape 节点连接以确定要得到哪个物体上的 UV 坐标，In Position（输入点位置）所求得的点为 inputSurface（输入表面）上距离此点最近的点，这个属性输入的值应该是一个世界坐标值。

> **注　意**
>
> 　　如果在 In Position 属性中输入的是一个局部坐标系中的位置，那么 closestPointOnSurface 节点会被当做世界坐标位置进行计算，就会导致输入错误的结果。

　　通过 Input Surface 和 In Position 两个属性便可获得表面上距离给定点最近的点的信息，包括 Position（位置）、ParameterU、ParameterV，如图 2-260 所示。

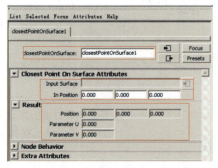

图 2-260　closestPointOnSurface 节点属性窗口

4 选择物体 sphere 的 shape 节点 nurbsSphereShape1，再按【Shift】键加选刚刚创建的 closestPoint OnSurface1 节点，在 Connection Editor 中将 nurbsSphereShape1 节点的 worldSpace 属性与 closestPointOnSurface1 节点的 inputSurface 属性连接起来，如图 2-261 所示。

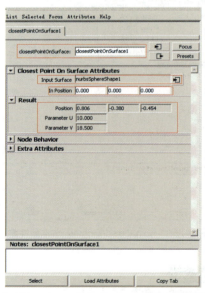

图 2-261　链接节点属性窗口

> **提　示**
>
> 　　查看 closestPointOnSurface1 节点属性，发现 Position、ParameterU、ParameterV 属性值已经发生了变化，这就是在给定点 In Position(x,y,z) 为 0 时所获得表面点的信息，如图 2-262 所示。

图 2-262　closestPointOnSurface 节点属性窗口

5 到目前为止，通过 pointOnSurfaceInfo 节点和 closest-PointOnSurface 节点可以得知本例中物体 sphere 上特定点的信息和表面上距离给定点最近的点的信息，这些信息都是一些在这个实例制作过程要利用到的信息，也是在编写表达式时经常要获取传递的。

2） closestPointOnSurfaceInfo（最近点信息采样）

closestPointOnSurface 节点要求提供一个点（inPosition）和一个面（inputSurface）。这个节点会提供这个面上距离给定点最近的点的相关信息：位置Position、ParameterU/V 值。

可以通过在 Command line（命令行）中输入"createNode closestPointOnSurface；"创建 closestPointOnSurface 节点，注意区别大小写，如图 2-263 所示。

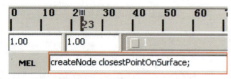

图 2-263 创建出 closestPointOnSurfaceInfo 节点

1 创建一个 NURBS 平面 nurbsPlane1，再建立两个 NURBS 小球 nurbsSphere1、nurbsSphere2，将 nurbsSphere1 沿 Y 轴向上移动 4 个单位，如图 2-264 所示。

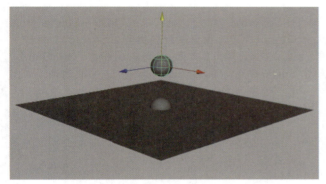

图 2-264 nurbs Planel 在场景中的位置

2 在 Command line 中输入 createNode closest Point-OnSurface，按【Enter】键创建 closestPointOnSurface 节点，如图 2-265 所示。

图 2-265 Mel 创建命令栏

3 在 Outliner 大纲中，先选择 nurbsPlane1 的 shape 节点 nurbsPlaneShape1，再加选 closestPointOnSurface 节点，在 Connection Editor 窗口中将 nurbsPlaneShape1 的 World Space 属性与 closestPointOnSurface 节点的 Input Surface 属性相连，如图 2-266 所示。

4 选择 nurbsSphere1 再加选 closestPointOnSurface 节点，在 Connection Editor 窗口中将 nurbsSphere1 的 translate 属性与 closestPointOnSurface 节点的 inPosition 属性相连，如图 2-267 所示。

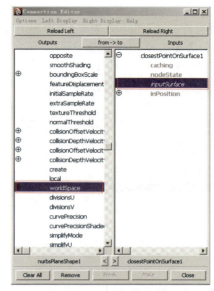

图 2-266 链接节点属性窗口

图 2-267 链接节点属性窗口

5 closestPointOnSurface 节点通过与平面属性和球体属性的连接得到了 Input Surface 和 In Position 信息，再由这两个属性的信息获得了 nurbsPlane1 表面上距离 nurbsSphere1 坐标点最近的点的信息，如图 2-268 所示。

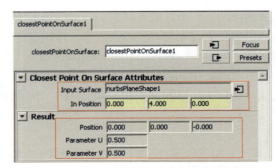

图 2-268 closestPointOnSurface 节点属性窗口

6 通过 Connection Editor 再将 closestPointOnSurface 节点获得的 nurbsPlane1 表面上距离 nurbsSphere1 轴心点最近的点的位置信息（Position）连接到 nurbsSphere2 的 translate 属性上，如图 2-269 所示。

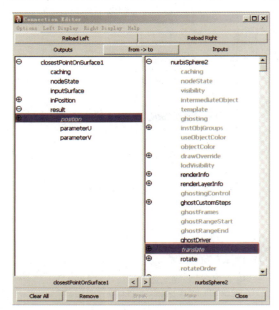

图 2-269 链接节点属性窗口

7 此时拖动 nurbsSphere1，nurbsSphere2 就会产生相应的移动，而轴心点在 closestPointOnSurface 节点的作用下仍在 nurbsPlane1 上，如图 2-270 所示。

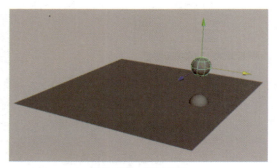

图 2-270 最终效果

2.6.3 一展身手——破壳的鸡蛋

这节我们来制作破壳的鸡蛋，该实例用粒子来模拟鸡蛋破碎流出蛋清的效果。首先用黑白贴图控制粒子从表面上的某一个区域发射出来，然后用表达式控制粒子沿着蛋壳表面流淌的动态效果，控制蛋壳下落运用了粒子的 Goal 命令、pointOnSurfaceInfo（点信息采样）、closestPointOnSurfaceInfo（最近点信息采样）、getAttr 命令、Blobby Surface（s/w）（粒子融合曲面渲染）。

1）创建粒子模拟蛋清

1 创建一个 NURBS 的 Sphere，将其调整成一个鸡蛋的形状，如图 2-271 所示。

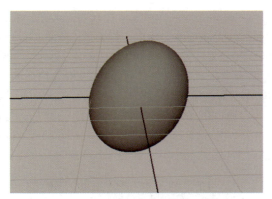

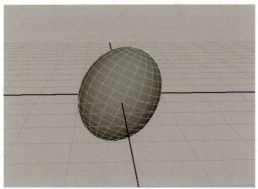

图 2-271 创建一个 NURBS 的 Sphere

2 让 Sphere 发射粒子，执行 Particles → Emitter from Object 命令，设置发射器类型为 Surface。将粒子渲染类型设置为 Blobby Surface(s/w)，调整 Blobby Surface(s/w) 的 Radius（半径），播放动画，如图 2-272 所示。

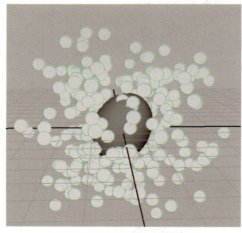

图 2-272 让 Sphere 发射粒子

那么如何让粒子从表面上的某一个区域上发射出来呢？这就需要利用贴图来控制粒子发射区域。

3 选择 Sphere 物体，重新给它一个 Lamber 材质，要在这个材质上画一个黑白贴图。进入 Rendering（渲染）模块，在 Textureing（纹理）菜单下单击 3D Paint Tool 后的选项盒按钮，此时用鼠标指针指向 Sphere 物体，可以看到，笔刷是被画了叉的，这是因为还没有为材质分配贴图，如图 2-273 所示。

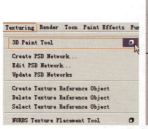

图 2-273　单击 3D Paint Tool

纹理）按钮，在弹出的窗口中将贴图的分辨率设置成 256×256，Image format（格式）设置成 Maya 的 IFF 格式，单击【Assign/Edit Textures】按钮确定，这个时候笔刷便可以使用了，如图 2-274 所示。

5 这样就可以画黑白贴图了，在 3D Paint Tool 工具设置的 Flood（填充）卷展栏下，将 Color（填充颜色）设置为黑色，然后单击【Flood Paint】（填充笔刷）按钮，如图 2-275 所示。

6 再来画贴图的白色区域，在 3D Paint Tool 工具设置的 Color（颜色）卷展栏下，将 Color（笔刷颜色）设置为白色，然后在物体上直接画出，那么这个白色的区域就是要发射粒子的区域，如图 2-276 所示。

4 在 3D Paint Tool 工具设置的 File Textures（文件纹理）卷展栏下单击【Assign/Edit Textures】（分配/编辑

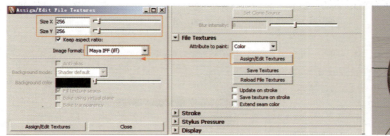

图 2-274　调节笔刷

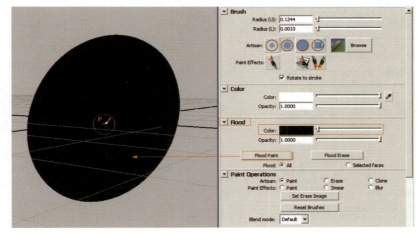

图 2-275　画黑白贴图

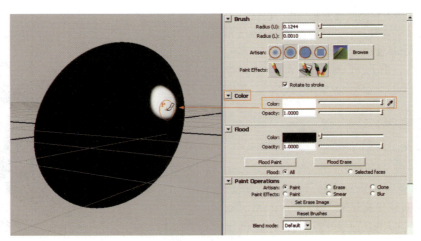

图 2-276　画贴图的白色区域

7 让发射器根据所画的这张贴图来判断发射粒子的区域，打开 Hypershade 将刚刚画的贴图用鼠标中键拖动到粒子发射器的 Texture Rate（纹理发射率）属性上，这样就在发射器与贴图之间建立了联系，黑色的区域不发射粒子，白色的区域发射粒子。播放，如果粒子少可以适当调整发射器的发射速率，如图 2-277 所示。

图 2-277 把贴图拖到纹理发射率

8 选择粒子 particle1 再加选 Sphere 物体，在 Particles 菜单下单击 Goal（目标）命令后的属性设置按钮，将 Goal weight（目标权重）值设置为 1，如图 2-278 所示。

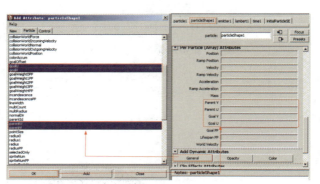

图 2-279 添加属性

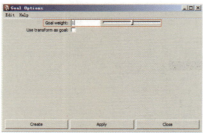

图 2-278 将 Goal weight 值设置为 1

9 选择 particle1 打开它的属性编辑器，在 Add Dynamic Attributes 卷展栏下单击【General】按钮，在弹出的窗口中选择 Particles 标签，添加 goalU、goalV 和 parentU、parentV 四个属性，此时会在 Per Particle（Array）Attributes 卷展栏下添加了 goalU, goalV, parentU, parentV，由于我们对粒子施加了 Goal 命令，所以在该卷展栏下还可以看见 goalPP 属性，如图 2-279 所示。

10 为粒子 particle1 创建表达式：

```
particleShape1.goalV=particleShape1.parentV;
```

particleShape1.goalU=particleShape1.parentV; 意思是将粒子刚产生时的 UV 坐标值赋给粒子的 goalU 和 goalV，此表达式是在 Creation 下写入的，是在创建时执行的，如图 2-280 所示。

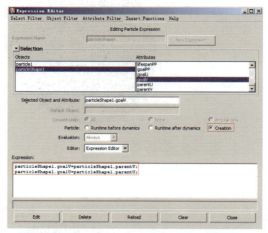

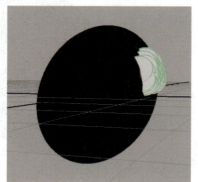

图 2-280 添加表达式

2）控制蛋清下落动态

1 需要给粒子 particle1 定义一个在表面上运动的方向，让它沿 Y 轴的负方向运动，在 Runtime before dynamics 方式下写入表达式：

```
vector $down = <<0,-1,0>>;
vector $pos = particleShape1.position +
$down;
```

如图 2-281 所示。

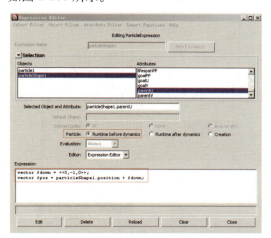

图 2-281　添加表达式

vector \$down = <<0,-1,0>>; \$down 是一个自定义的矢量，定义它是获得一个新向量。vector \$pos = particleShape1.position + \$down; 这个表达式是用来将每个粒子的位置向量在 \$down 方向（向下，即 y 轴负方向）上移动 1 个单位。

2 在 Command Liner（命令行）中输入：

```
createNode pointOnSurface;
```

和

```
crreateNode closestPointOnSurface;
```

创建 pointOnSurface 节点和 closestPointOnSurface 节点，为了在表达式中书写方便将 pointOnSurfaceInfo1 节点名称改为 posi，将 closestPointOnSurface1 节点名称改为 cpos，如图 2-282 所示。

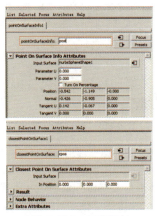

图 2-282　创建节点

3 先选择蛋壳物体的 shape 节点 nurbsSphereShape1 再加选节点 cpos，在 connection editor 中连接 nurbsSphereShape1 的 worldSpace 属性和 cpos 的 inputSurface 属性，如图 2-283 所示。

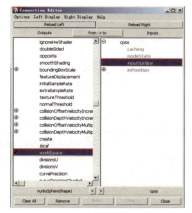

图 2-283　链接属性

4 继续写入：

```
setAttr cpos.inPositionX ($pos.x);
setAttr cpos.inPositionY ($pos.y);
setAttr cpos.inPositionZ ($pos.z);
```

指定距离蛋壳表面最近点的位置，也就是 cpos 节点的 In Position，如图 2-284 所示。

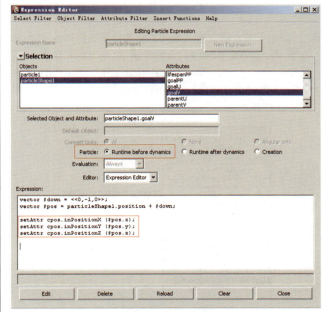

图 2-284　编写表达式

SetAttr 命令用于设置节点属性值，格式为：setAttr 节点名称．属性名称数值；这里是将新位置 \$pos 的 x、y、z 上的数值传递给 closestPointOnSurface（即 cpos）节点的 inPositionX，inPositionY，inPositionZ，这样 closestPointOnSurface（即 cpos）节点就可以通过 inPositionX，inPositionY，inPositionZ 值来获得物体表面上距离特定点最近点的 UV 坐标值。

5 用 getAttr 命令去获得表面上距离特定点最近点的 UV 坐标值，然后将 UV 值传递给粒子的 goalUV，这样就将粒子 goal 传递到了表面上，写入：

```
particleShape1.goalU='getAttr cpos.parameterU';
particleShape 1.goalV='getAttr cpos.parameterV';
```

如图 2-285 所示。

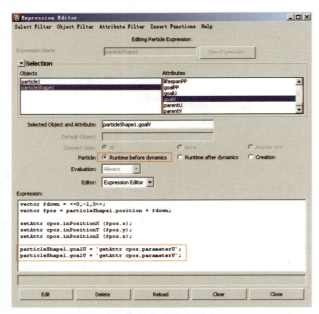

图 2-285　写入表达式

6 为 posi 节点指定输入表面，先选择蛋壳物体的 shape 节点 nurbsSphereShape1 再加选 posi 节点，在 Connection Editor 中连接 nurbsSphereShape1 的 worldSpace 属性和 posi 的 inputSurface 属性，如图 2-286 所示。

图 2-286　链接属性

7 将 cpos 节点的 parameterUV 与 posi 节点的 parameterUV 通过 Connection Editor（连接编辑器）连接起来，让 posi 节点的 parameterUV 值与 cpos 节点的 parameterUV 值相同，如图 2-287 所示。

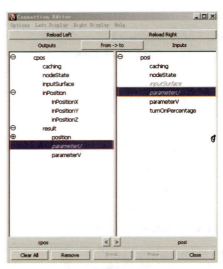

图 2-287　链接属性

连接起来的目的就是让 posi 节点得到 parameterUV 值后，再通过 parameterUV 值来获取表面法线 Normal 的数值，如图 2-288 所示。

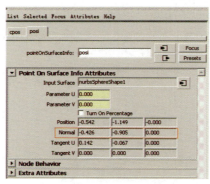

图 2-288　获取表面法线

8 在粒子 particle1 的属性编辑器中，单击【General】按钮添加一个变量 slope parameter，Data Type 设置成 Float（浮点型）、Attribute Type 设置成 Scalar（标量）、Minimum（最小值）−1、Maximum（最大值）1、Default（默认值）−0.8，这个值是可以根据自己的

Maya动力学

需要随着时调整的，主要是要于对粒子何时脱离表面下落而进行判断的一个中间值，如图 2-289 所示。

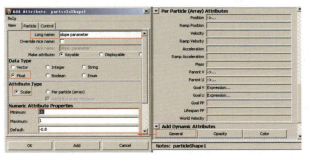

图 2-289 添加自定义属性

9 这个 slope parameter 作为表达式中的一个参考值，写入表达式：

```
float $slope = 'getAttr posi.normalY';
if ($slope < slopeparameter) goalPP = 0;
```

表达式的意思是将 pointOnSurfaceInfo（即 posi）节点的表面法线 Y 轴上的值赋给变量 slope，再让 slope 与 slopeparameter 数值进行比较，如果表面法线 Y 轴上的值小于指定数值 slopeparameter，那么 goalPP 为 0（即物体不再是粒子的目标物体），如图 2-290 所示。

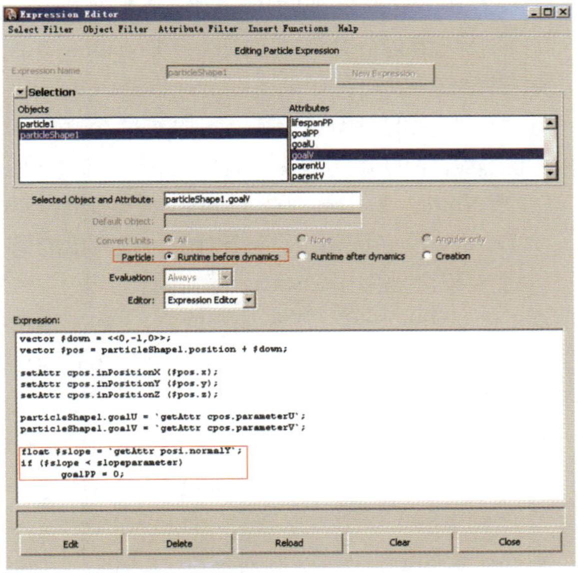

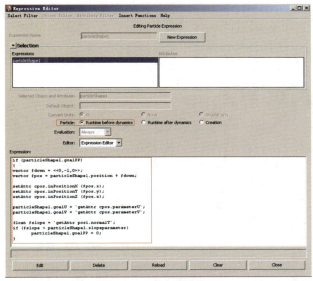

图 2-290 添加表达式

10 那么什么情况下执行这些表达式呢？判断如果 goalPP 不为 0 时，执行表达式，如果 goalPP 为 0，就不执行这些表达式。写入判断条件 if (particle1.goalPP){ 表达式内容 }，如图 2-291 所示。

11 播放观察，如果粒子流动的速度十分快的话，那么就可以调整一下表达式：

```
vector $pos = particleShape1.position + $down/30;
```

这里 $down 可以除以任何数值，数值越大粒子沿表面移动的速度就越慢，反之数值越小粒子沿表面移动的速度就越快，如图 2-292 所示。

图 2-291 添加表达式

```
if (particleShape1.goalPP)
{
vector $down = <<0,-1,0>>;
vector $pos = particleShape1.position + $down/30;

setAttr cpos.inPositionX ($pos.x);
setAttr cpos.inPositionY ($pos.y);
setAttr cpos.inPositionZ ($pos.z);

particleShape1.goalU = `getAttr cpos.parameterU`;
particleShape1.goalV = `getAttr cpos.parameterV`;

float $slope = `getAttr posi.normalY`;
if ($slope < particleShape1.slopeparameter)
      particleShape1.goalPP = 0;
}
```

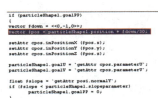

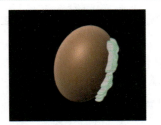

图 2-292 播放效果

2.7 粒子替代（静态）

想象一下，如果想通过一个模型在三维空间中形成一个矩阵，你会怎么做？方案有两种：第一，复制模型，形成矩阵；第二，让粒子形成矩阵，模型替换粒子。这两种方案都可以实现，但是多数情况下，人们通常会采用第二种方案。因为第二种方案比第一种方案效率更高，速度更快。而这里所说的第二种方案就是粒子替代。粒子替代是以实体模型来替换粒子，适合做大规模的群体动画，比如乱箭齐发、人群、鸟群、鱼群等。粒子替代的原始替代模型可以是静态的模型，也可以是动态的模型。如场景中需要制作大批量不动的石头，这时我们就可以用静态的模型，如场景中要制作鱼群，替代原物体就需要是动态的模型。

2.7.1 粒子替代简介

假设你想创建一组会飞的昆虫，这些昆虫只有

飞的方向和位置不同，这个时候就可以使用 Instancer (Replacement)（粒子替代）命令。在场景中先创建一个会飞的昆虫，为这个昆虫创建粒子替代，然后通过调整粒子的位置和方向来控制昆虫的位置和方向。

图 2-293　粒子替代效果

被粒子替代的物体（即原始物体）称为源物体，它可以是：①一个单一的物体（有动画或没有动画的都可以）；②不同位置和外形的一系列物体，例如一群几乎相同的鸟在不同的位置拍动翅膀。

单击 Particles → Instancer(Replacement) 命令后的属性设置按钮，可以对粒子替代的基本属性进行设置，属性如图 2-294 所示。

【参数说明】

● Particle instancer name（粒子实例名称）：默认名称为 instancer#。

● Rotation units（旋转单位）：如果使用 Rotation 设置，此项用来指定数值是以 Degrees（度）为单位还是以 Radians（弧度）为单位。

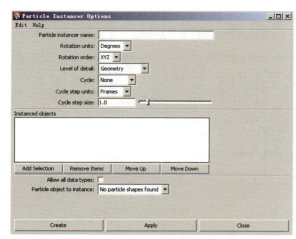

图 2-294　粒子替代属性窗口

● Rotation order（旋转顺序）：如果使用 Rotation 设置，此项是设置旋转的优先顺序。

● Level of detail（细节级别）：设置源物体是否在粒子位置上显示，或者是否以边界框显示代替源物体。边界框会加速场景的播放。选择 Bounding Box（边界框）后，可以将 Instance 的层次中的所有对象都以一个单独的边界框显示出来。如果想要在单独的框中看到 Instance 的层级中每个对象，可以选择 Bounding Box。

● Cycle（循环）：如果要在 Instanced Objects 列表中列出的对象中循环，可以选择 Sequential（有顺序的）。如果只替代单个对象，则选择 None。如果选择了 None，并且 Instanced Object 列表中列出了多个对象，仅列出的第一个对象会被用作 Instance 的对象。

● Cycle step units（循环步骤单位）：如果正在使用一个对象序列，可以选择 Cycle Step 的数值是使用帧还是使用秒。

● Cycle step size（循环步骤尺寸）：如果正在使用一个对象序列，可以输入粒子年龄的间隔，序列中的下一个对象将会以此间隔出现。

● Instanced objets（实例列表）：在场景中选择的物体都会在这个列表中列出。

🐟 **实 例** **粒子替代几何体**

（1）创建粒子并调整动态

1　创建一个体积发射器，在 Particles 菜单下单击 Create Emitter 后的【属性】按钮，设置 Emitter name（发射器名称）为 fx_base_emitter1，Emitter type（发射器类型）为 Volume，Volume shape（体积发射器形状）为 Cube，如图 2-295 所示。

2　将 particle1 更名为 baseParticle1，便于我们理解粒子的作用。

Maya动力学

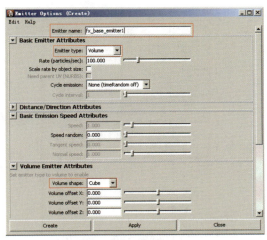

图 2-295　发射器属性窗口

3 调整 Cube 粒子发射器的形状和角度，再将发射器 fx_base_emitter1 的 Away from Center 调整为 5，Along Axis 调整为 100，使 baseParticle1 快速从体积发射器中向一个方向发射出去，如图 2-296 所示。

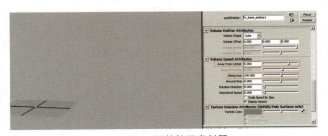

图 2-296　调整粒子发射器

4 创建一个 Polygon 的 Cone，调整其形状，尽量瘦长一些，让它作为源物体，之所以使用瘦长的 Cone 是因为可以辨别方向，统一方向尖头方向。注意，源物体要放置在网格中心处，如图 2-297 所示。

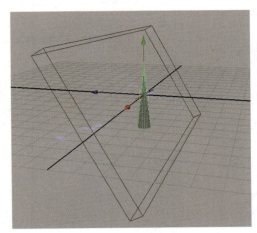

图 2-297　调整形状

5 进行粒子实例替代，选择要作为源物体的 Cone 再加选 baseParticle1，在 Particles 菜单下选择 Instancer(Replacement) 命令，使用默认值即可，如图 2-298 所示。按【Ctrl+H】键将源物体 Cone 隐藏，已经不需要修改。播放动画可以看到替代的效果。

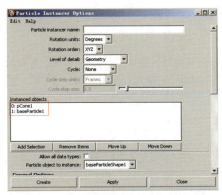

图 2-298　进行粒子实例替代

（2）粒子替代的属性关系

6 通过观察可以发现，替代物体 Cone 尖头处的方向始终是指向 Y 轴正方向的，那么现在就来调整一下它的尖头处的指向。其实只要将替代物体 Cone 的 Y 轴指向粒子的运动方向就可以了。选择 baseParticle1 打开它的属性编辑性，为 Per Particle(Array) Attributes 添加一个 DirectionPP 属性，如图 2-299 所示。

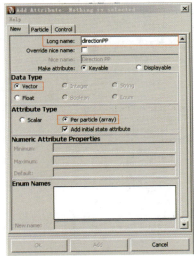

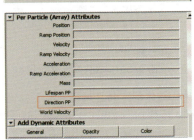

图 2-299　添加 DirectionPP 属性

7 为 directionPP 属性写入表达式：

```
directionPP = <<0,1,0>>;
```

因为只需要用替代物体 Cone 的 Y 轴做为指向轴，所以 X 轴和 Z 轴不做操作，值设置成 0 即可，如图 2-300 所示。

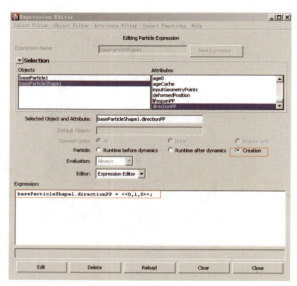

图 2-300　添加表达式

8 打开 baseParticle1 的 Instancer(Gemerty Replacement) 卷展栏，设置 Instancer Nodes（实例节点）为 instancer1、AimDirection（指向方向）为粒子的速度方向 velocity、AimAxis（指向轴）为 directionPP，意思是用替代物体 Cone 的 Y 轴指向粒子的速度方向，如图 2-301 所示。

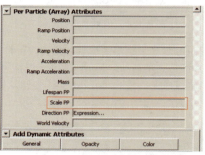

图 2-301　替代属性窗口

9 解决了替代物体的方向之后再来看看替代物体大小该如何解决。选择 baseParticle1 打开它的属性编辑窗口，为 Per Particle(Array) Attributes 添加一个 Scale PP 属性，如图 2-302 所示。

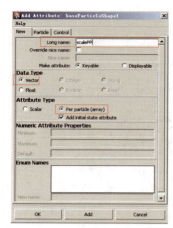

图 2-302　添加 Scale PP 属性

10 为 Scale PP 属性写入表达式：

```
scalePP = rand(0.3,0.8);
```

将替代物体的大小定义 0.3 ～ 0.8 之间随机取值，如图 2-303 所示。

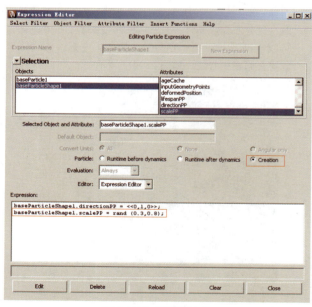

图 2-303　添加表达式

11 打开 baseParticle1 的 Instancer(Gemerty Replacement) 卷展栏，设置 Instancer Nodes（实例节点）为 instancer1、Scale（缩放）设置成 scalePP，播放动画观察，现在的替代物体大小已经有了不规则的变化了，如图 2-304 所示。

Maya动力学

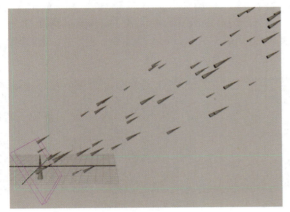

图 2-304 修改属性

2.7.2 一展身手——乱箭齐发

下面我们用粒子替代来制作乱箭齐发的效果，首先创建体积发射器，通过调节体积发射器的属性把粒子像箭一样发射出去，然后用制作好的箭的模型做粒子替代，最后用表达式控制箭的旋转和箭射出去打在墙上的效果。

1) 制作箭的模型

1 创建一个 Polygon 的 Cube，设置 Subdvisions Width 为 8，Subdvisions Height 为 3，Subdvisions Depth 为 3，如图 2-305 所示。

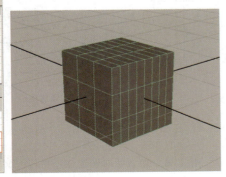

图 2-305 创建模型

2 调整 Cube 的形状，ScaleX 为 4.5，ScaleY 为 0.1，ScaleZ 为 0.1，如图 2-306 所示。

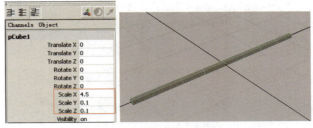

图 2-306 修改模型缩放

3 使用 Edit Mesh 菜单下的 Extrude 命令将尾部四个面挤压出来，如图 2-307 所示。

图 2-307 制作箭翼

4 选择头部的两条线，用缩放工具沿 Y 轴缩放，如图 2-308 所示。

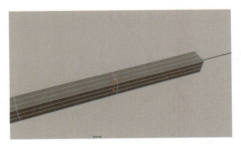
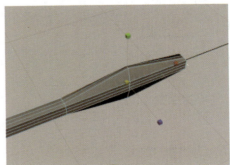

图 2-308 制作箭头

5 选择头的所在的点将它们用 Edit Mesh 菜单下的 Merge 命令合并成一个点，如图 2-309 所示。

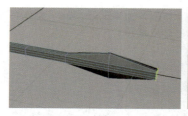

图 2-309　制作箭头

6 将调整后的 Cube 模型重新命名为 arrow，那么这个物体就要做为实例替代的源物体，调整 arrow 的中心到箭头位置，并在移动到网格中心后 Freeze Transformation（冻结）模型的属性，放入层中，如图 2-310 所示。

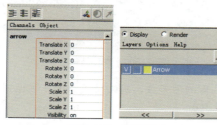

图 2-310　调整模型

2）实现乱箭齐发效果

1 创建一个体积发射器，在 Particles 菜单下单击 Create Emitter 后的属性按钮，设置 Emitter name（发射器名称）为 fx_base_emitter1，Emitter type（发射器类型）为 Volume、Rate(particles/sec) 为 50，Volume shape（体积发射器形状）为 Cube，如图 2-311 所示。

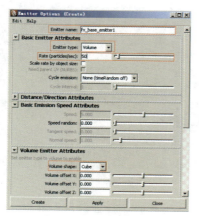

图 2-311　创建发射器

2 将 particle1 更名为 baseParticle1。

3 调整 Cube 粒子发射器的形状和角度，再将发射器 fx_base_emitter1 的 Away from Center 调整为 10、Along Axis 调整为 100，使 baseParticle1 快速从体积发射器中向一个方向发射出去，如图 2-312 所示。

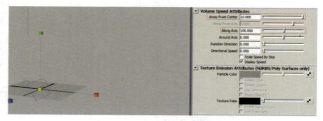

图 2-312　修改发射器

4 进行粒子实例替代，选择要作为源物体的 arrow 再加选 baseParticle1，在 Particles 菜单下选择 Instancer(Replacement) 命令，使用默认值即可，如图 2-313 所示。

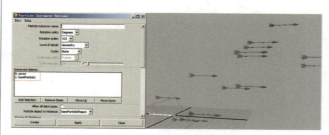

图 2-313　粒子替代

5 将源物体 arrow 隐藏，等需要用到时再显示出来。通过观察可以发现，替代物体 Cone 尖头处始终是指向 X 轴正方向的，那么现在就来调整一下它的尖头处的指向。

6 将替代物体 arrow 的 X 轴指向粒子的运动方向。选择 baseParticle1 打开它的属性编辑性，为 Per Particle(Array) Attributes（每粒子属性）添加一个 directionPP 属性，如图 2-314 所示。

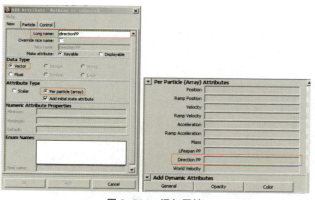

图 2-314　添加属性

7 为 directionPP 属性写入表达式，directionPP = <<1,0,0>>；因为只需要用替代物体 arrow 的 X 轴做为指向轴，所以 Y 轴和 Z 轴不做操作，值设置成 0 即可，如图 2-315 所示。

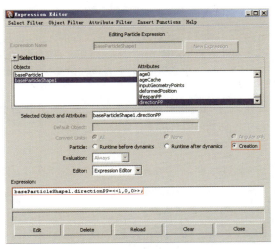

图 2-315　添加表达式

8 打开 baseParticle1 的 Instancer(Gemerty Replacement) 卷展栏，设置 Instancer Nodes（实例节点）为 instancer1，AimDirection（指向方向）为粒子的速度方向 velocity，AimAxis（指向轴）为 directionPP，意思是用替代物体 arrow 的 Y 轴指向粒子的速度方向，如图 2-316 所示。

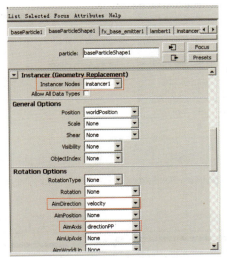

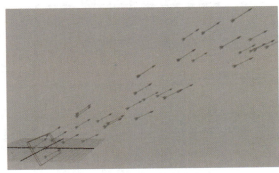

图 2-316　修改粒子替代

9 如果觉得箭不够多，就将粒子发射器的发射速率设置高一些，这个可以根据个人需要调整。再选择 baseParticle1，为它施加一个重力场 Gravity，Magnitude（强度）调整为 40，如图 2-317 所示。

图 2-317　修改发射器

接下来要让箭发射时带一点旋转移动的效果，这就要定义箭射出时的轴向。

10 选择 baseParticle1，为它的每粒子属性添加一个 upAxis 属性，如图 2-318 所示。

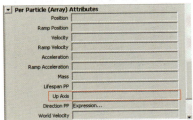

图 2-318　添加 Up Axis 属性

11 为 Up Axis 属性创建表达式，在 Runtime before dynamaics 下写入

baseParticleShape1.upAxis = <<0, sin(time), cos(time)>>;

因为 X 轴是目标方向不可以改变，所以只能去定义 Y 轴和 Z 轴，如图 2-319 所示。

12 打开 baseParticle1 的 Instancer(Gemerty Replacement) 卷展栏，设置 Instancer Nodes（实例节点）为 instancer1，AimUpAxix（向上轴）为 upAxis，如图 2-320 所示。

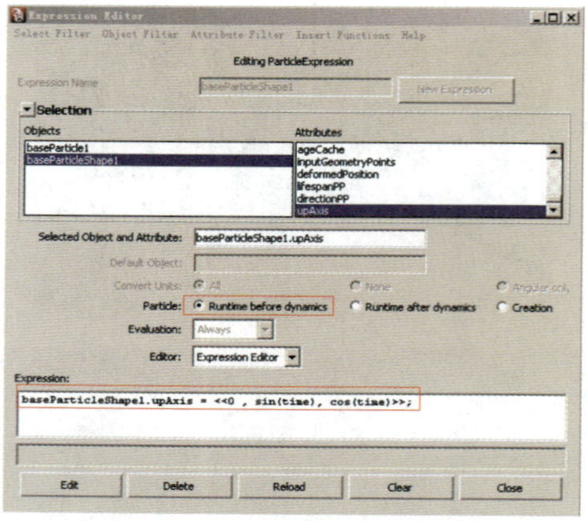

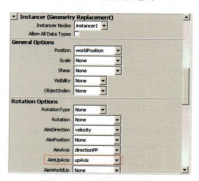

图 2-319　添加表达式

图 2-320　修改替代属性

3）用表达式控制箭的旋转

1 为了使每个箭的旋转都有所不同，我们来为 baseParticle1 添加一个每粒子属性 Ro PP，用于控制每个箭的初始旋转值，如图 2-321 所示。

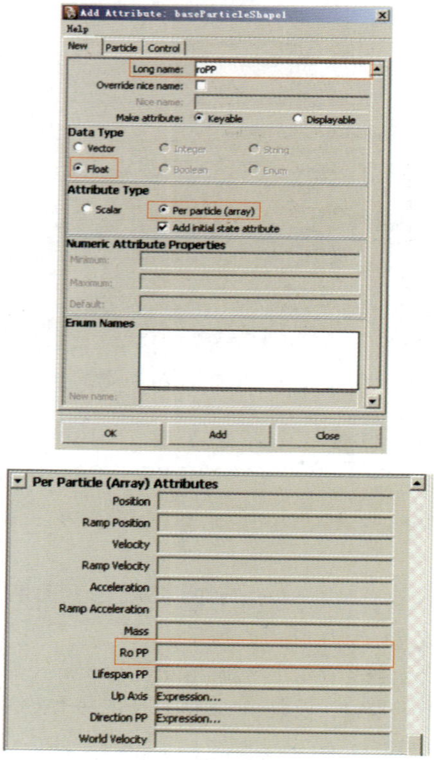

图 2-321　添加 Ro PP 属性

---

2 给 roPP 写入表达式，在 creation 下写入：

```
baseParticleShape1.roPP = rand(0,3.14);
baseParticleShape1.upAxis = <<0,sin(base
ParticleShape1.roPP), cos(baseParticleShape1.
roPP)>>;
```

这样就通过 sin 和 cos 的随机弧度值 roPP 定义了 upAxis 的初始旋转角度。

在 Runtime before dynamics 下写入：

```
baseParticleShape1.roPP += rand(-2,2);
```

并修改 baseParticleShape1.upAxis = <<0 , sin (time), cos(time)>>; 表达式为：

```
baseParticleShape1.upAxis = <<0 ,
sin(baseParticleShape1.roPP*time), cos(
baseParticleShape1.roPP*time)>>;
```

目标方向是 X 轴，所以 X 轴为 0，Y 轴和 Z 轴做随机的旋转运动。如图 2-322 所示。

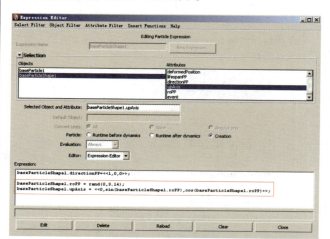

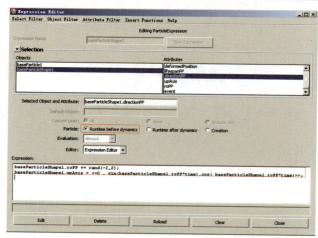

图 2-322　添加表达式

播放动画，从箭的尾部观察可以看到它们的旋转是不同的，如图 2-323 所示。

4）制作乱箭打到墙上的效果

1 创建一个 Polygon 的 Plane，调整形状放到适当位置做为墙面，重命名为 wall，如图 2-324 所示。

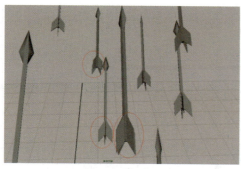

图 2-323　播放效果

图 2-324　创建一个 Polygon 的 Plane

2 现在可以让乱箭和墙进行碰撞，选择 baseParticle1 和 wall，执行 Make Collide 命令，设置 Resilience（弹力）为 0，Friction（摩擦力）为 1，如图 2-325 所示。

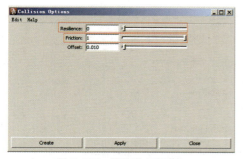

图 2-325　修改弹力摩擦力

3 创建粒子碰撞事件，选择粒子 baseParticle1，执行 Particles → Particle Collision Event Editor（粒子碰撞事件编辑器）命令，在这里什么设置也不做，只是要一个什么也没发生的碰撞事件，以碰撞事件为条件判断什么时候箭落下来，什么时候乱箭钉上去，如图 2-326 所示。

图 2-326　创建碰撞事件

由于受到重力的影响，箭在碰撞的墙后会慢慢的向下滑动，而且钉上去的方向也不对，那么该如何解决呢？

先来解决箭钉到墙上的效果。

4 选择 baseParticle1 再加选 wall，单击 Particles 菜单下的 Goal 命令，由于粒子（箭）在碰撞前的飞行过程中是不用 Goal 到 wall 上的，所以在这里我们需要使用一个 if-else 语句来判断 goal 值，先在 Creation 下为 goalPP 创建一个初始值 baseParticleShape1.goalPP = 0; 在 Runtime before dynamics 下写入：

```
if (baseParticleShape1.event == 0)
{
  baseParticleShape1.goalPP = 0;
}
else if (baseParticleShape1.event != 0)
{
  baseParticleShape1.goalPP = 1;
}
```

意思是当碰撞还没产生时（即 baseParticle-Shape1.event == 0）粒子的 goalPP 为 0，否则当碰撞产生时粒子的 goalPP 为 1，如图 2-327 所示。

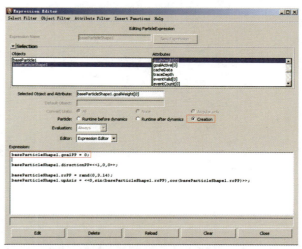

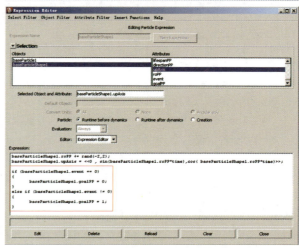

图 2-327　添加表达式

5 为 baseParticle1 添加 goalU、goalV、collisionU、collisionV 四个属性到每粒子属性中，如图 2-328 所示。

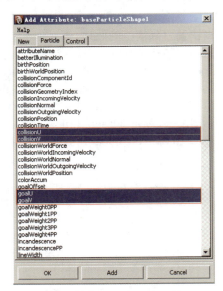

图 2-328　添加自定义属性

6 为 goalU、goalV 添加表达式，用 collisionU、collisionV 碰撞一瞬间的 UV 坐标来指定粒子的 goalU、goalV，在 Runtime before dynamics 下写入：

```
if (baseParticleShape1.event == 0)
{
    baseParticleShape1.goalPP = 0;
}
else if (baseParticleShape1.event != 0)
{
    baseParticleShape1.goalPP = 1;
    baseParticleShape1.goalU = basePar-
ticleShape1.collisionU;
    baseParticleShape1.goalV = basePar-
ticleShape1.collisionV;
}
```

这样粒子（箭）就得到它的 goalU 和 goalV 值，baseParticleShape1.goalU = baseParticleShape1.collisionU; 和 baseParticleShape1.goalV = baseParticleShape1.collisionV; 应该写在碰撞之后的语句中，在碰撞产生时执行。如图 2-329 所示。

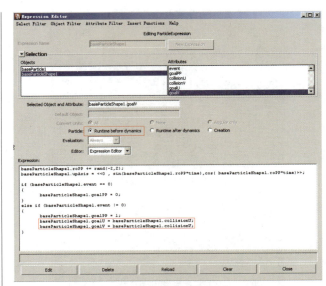

图 2-329　添加表达式

再来解决箭钉到墙上后的方向问题。

7 为 baseParticle1 添加自定义的每粒子属性 aimD，用它作为一个粒子速度/速度方向的变量，如图 2-330 所示。

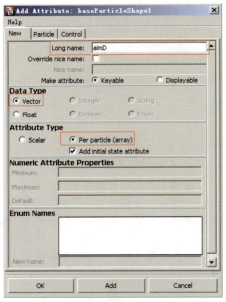

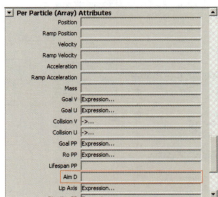

图 2-330　添加 Aim D 属性

Maya动力学

8 为 Aim D 写入表达式，将粒子还没有产生碰撞时的速度 / 速度方向传递给 Aim D，在 Runtime before dynamics 下写入：

```
if (baseParticleShape1.event == 0)
{
        baseParticleShape1.goalPP = 0;
         baseParticleShape1.aimD = base-
ParticleShape1.velocity;
}
else if (baseParticleShape1.event != 0)
{
        baseParticleShape1.goalPP = 1;
        baseParticleShape1.goalU = base-
ParticleShape1.collisionU;
        baseParticleShape1.goalV = base-
ParticleShape1.collisionV;
}
```

9 将 baseParticleShape1.aimD = baseParticleShape1.velocity; 写入没有产生碰撞时的语句中，也就是在没有碰撞之前目标方向为粒子的速度方向，再将 AimDirection 重新设置成 aimD，如图 2-331 所示。

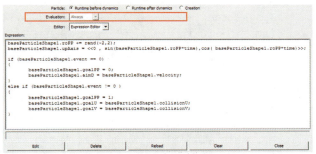

图 2-331　添加表达式

10 现在乱箭钉到墙上后，还在继续旋转，这是因为没有指定旋转是在碰撞前还是在碰撞后，那么将语句最上方的自定义箭旋转的表达式放入到还没有碰撞时的语句中，让它在没有产生碰撞时执行，如图 2-332 所示。

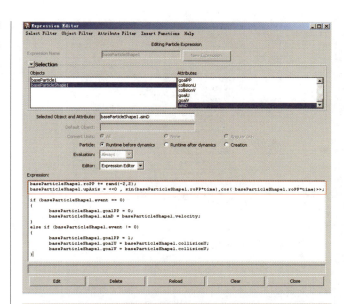

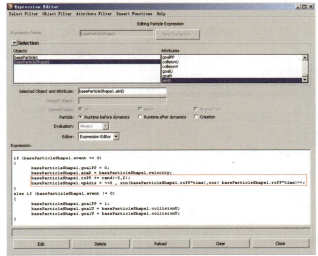

图 2-332　添加表达式

最后需要让某些箭打到墙上后掉落下去，未必非要指定必须哪个箭掉落，随机便可，使用随机还可以控制掉落的多少。

11 为 baseParticle1 添加自定义的 float 型的每粒子属性 fallPP，如图 2-333 所示。

图 2-333　添加自定义属性

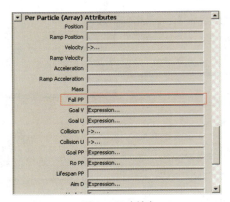

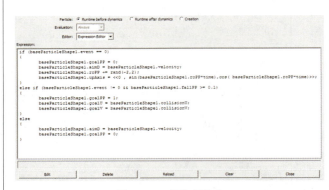

图 2-333（续）

12 为 fallPP 创建表达式，在 Creation 下写入：

```
base ParticleShape1.fallPP = rand(0,1);
```

之后会用这个随机值做为一个判断下落的条件，如图 2-334 所示。

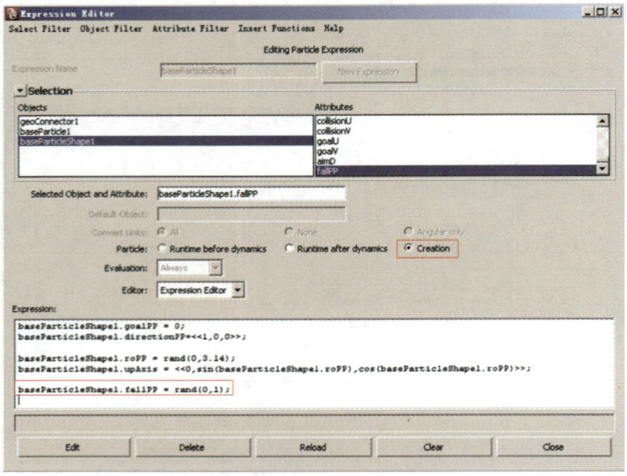

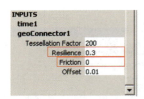

图 2-334　添加表达式

在 Runtime before dynamics 下写入：

```
if (baseParticleShape1.event == 0)
{
    baseParticleShape1.goalPP = 0;
    baseParticleShape1.aimD =
baseParticleShape1.velocity;
    baseParticleShape1.roPP += rand(-2,2);
    baseParticleShape1.upAxis=<<0,sin(b
aseParticleShape1.roPP*time),cos
(baseParticleShape1.roPP*time)>>;
}
    else if (baseParticleShape1.event!=0 &&
baseParticleShape1.fallPP >= 0.1)
    {
    baseParticleShape1.goalPP = 1;
    baseParticleShape1.goalU =
baseParticleShape1.collisionU;
    baseParticleShape1.goalV =
baseParticleShape1.collisionV;
```

```
}
else
{
    baseParticleShape1.aimD =
baseParticleShape1.velocity;
    baseParticleShape1.goalPP = 0;
}
```

这里 else if (baseParticleShape1.event != 0 && baseParticleShape1.fallPP >= 0.1) 的意思是，如果产生碰撞并且 fallPP 的随机时大于 0.1 时，箭会钉在墙上，执行之前的操作。否则替代物体箭的速度方向仍然是粒子的速度方向，再由于重力作用下落，如图 2-335 所示。

图 2-335　添加表达式

13 再调整碰撞参数，Resilience 为 0.3，Friction 为 0，如图 2-336 所示。

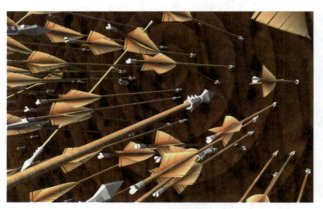

图 2-336　修改碰撞属性

14 将 Friction 设置为 0 可以让乱箭有一种碰撞时抖动的冲力感觉，而调整 Resilience 是为了使箭弹得更远一些，也是为了表达箭的冲力。如图 2-337 所示。

图 2-337　播放效果

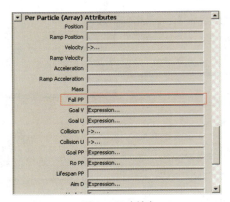

2.8 粒子替代（动态）

相信读者对影视剧作品中两军交锋、千军万马的场面一定不陌生。从影视动画的角度来讲，类似的效果被称为群集动画，有人也称作集群动画。类似的场面，除了千军万马，还有候鸟的迁徙、鱼群的游弋等。如果采用三维模型制作群集动画的话，将非常消耗计算机硬件资源，工作效率很低。实际上，这样的动画一般都采用粒子替代来实现。这节内容中，我们学习替代原始物体用动态模型，因为我们在制作替代人物或者动物时他们（它们）的动作是不一样的，比如人物的走、跑、跳等各种动作，而不是像射箭只有简单的旋转和速度的快慢。

2.8.1 粒子替代索引 ID 号

前面学到的粒子替代，替代的是一个物体，有时候在项目中粒子替代需要替代多种物体，这种情况就需要使用索引 ID 号。粒子替代的索引 ID 号已经在 Instanced Objets 列表内的物体名称前标注，从 0 开始一直到所选物体的总数减 1，粒子替代的索引 ID 号一般用于多个原始物体的粒子替代，源物体的替代顺序可以由 ID 号的顺序从 0 开始到尾，也可以由表达式控制使用随机顺序，图 2-338 就是多个源物体的粒子替代，Cycle step units 设置为 Frames，Cycle step sicze 设置为 10，表示每 10 帧循环到序列的下一个物体。

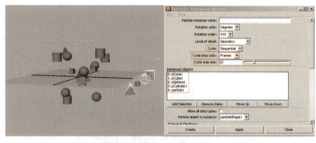

图 2-338　替代物体

实例　表达式控制粒子替代的索引ID号

1 使用表达式来控制粒子替代的索引 ID 号，需要在 instancer 节点属性中将 Cycle 设置成 None，表示不用序列的方式取 ID 号而采用其他方式，或者在使用 Instancer(Replacement) 命令时直接设置 Cycle 为 None，如图 2-339 所示。

2 选择粒子为粒子添加每粒子属性 indexPP，为 indexPP 写入表达式，indexPP = int(rand(0,3))；意思是要随机抽取 0 ～ 3 的整数数值，这里 0 ～ 3 就表示是源物体的 ID 号，如图 2-340 所示。

3 写入表达式后，要将 indexPP 属性与粒子的 instancer 进行连接，选择粒子 particle1，在它的属性编辑器下打开 Instancer(Geometry Replacement) 实例（几何替

代）卷展栏，一些实例的属性都放在这里，Instancer Nodes（实例节点）输入 instancer1，ObjectIndex（物体索引）选择 indexPP，这样我们就把 indexPP 传递给了源物体索引的属性，如图 2-341 所示。

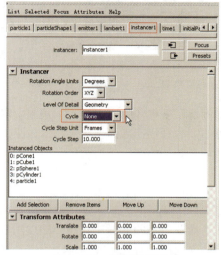

图 2-339　修改替代物体

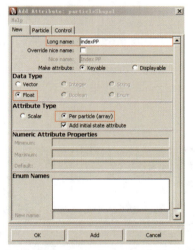

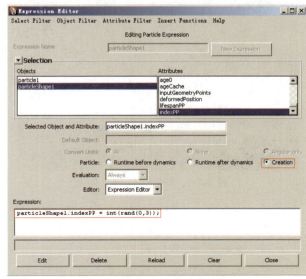

图 2-340　添加自定义属性

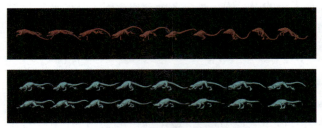

图 2-341　修改替代属性

2.8.2　一展身手——蜥蜴群组动画

本案例是粒子替代的高级应用，用来实现一群大小、颜色不同的蜥蜴在地面上爬和跑的效果。需要蜥蜴跑和爬的一系列模型，然后用粒子的 Index 替换蜥蜴模型，判断哪些粒子替代哪种运动状态的动画，也就是说一部分粒子实例替代蜥蜴跑的运动，一部分粒子实例替代蜥蜴爬行的运动。这样就可以在同一套粒子中实现蜥蜴群体不同的运动状态。然后用表达式控制粒子沿地面运动，替代蜥蜴的运动方向及速度。运用本例中的方法，可以制作很多效果，如替代人的模型，模拟人物不同长相、服饰、动作等，来完成复杂的群组动画。

1）制作前的分析

首先打开光盘：Project\2.8.2Lizard\scenes\2.8.2Lizard_finished.ma 的文件来看一下完成的蜥蜴群体动画的效果（此效果是经过后期软件调整过的），如图 2-342 所示。

图 2-342　蜥蜴群体动画效果

我们可以发现，在这个蜥蜴群体动画的场景中，这群蜥蜴的体形、姿态、运动速度和运动路线都各有不同，那么这是如何实现的呢？

这就需要用到前面学习的粒子替代，通过粒子替代可以将蜥蜴做为源物体进行替代，然后对粒子

的运动方向、运动位置以及替代物的大小进行设置和调整。

作为源物体的蜥蜴需要一系列跑和爬的模型，那么为什么要用蜥蜴的一系列跑和爬的模型而不是直接使用蜥蜴跑和爬的动画呢？原因在于，如果制作大量蜥蜴的群体动画，而每个蜥蜴都使用骨骼来控制的话，将会占用计算机大量的内存以及计算时间，所以这个时候就需要一系列单个物体的模型，再通过这一系列单个物体的模型来重新制作动画（即，将物体 1 变形到物体 2，再变形到物体 3 等，以此类推），如图 2-343 所示。

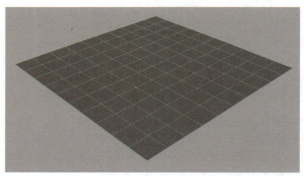

图 2-343　蜥蜴运动系列模型

这里蜥蜴群体有着不同的运动形态，如跑、爬，那么就需要为蜥蜴重新制作跑和爬的一系列模型，然后判断哪些粒子替代哪种运动状态的动画，在本例中使用一部分的粒子实例替代蜥蜴跑的运动，一部分粒子实例替代蜥蜴爬行的运动。这样就可以在同一套粒子中表现出蜥蜴群体不同方式的运动状态。

2）用粒子的Index替换蜥蜴模型

了解了两组蜥蜴动画的目的后，现在再来看如何使用粒子替代源物体的 Index 来替代模型。

1 创建一个 NURBS 的 plane，设置 Width 为 20、PatchesU 为 10、PatchesV 为 10，如图 2-344 所示。

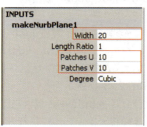

图 2-344　创建平面

2 从 plane 上发射粒子，单击 Particles → Emit from Object（从物体发射）命令后的属性按钮，设置 Emitter type 为 Surface（表面）发射类型、Rate(particles/sec) 为每秒发射 10 个粒子、Speed（速度）为 0、Normal speed（法线速度）为 0，使粒子被发射后停留在表面，如图 2-345 所示。

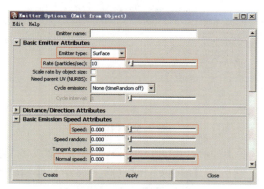

图 2-345　设置表面发射类型

3 导入光盘 \Project\2.8.2 Lizard\scenes\2.8.2 Lizard_base.ma 的蜥蜴动画模型，先在层中只显示蜥蜴爬行模型的层，用蜥蜴一系列的爬行模型进行粒子的实例替代，如图 2-346 所示。

图 2-346　蜥蜴爬行模型

4 在 Outliner 中依次选择 lizard_crawl 组下的所有物体（即蜥蜴爬行模型）再加选粒子 particle1 进行粒子实例替代，如图 2-347 所示。

图 2-347　在 Outliner 大纲中选择蜥蜴爬行模型

5 单击 Particles 菜单下的 Instancer（Replacement）命令后的属性设置按钮，设置 Cycle（循环）为 Sequential（序列）、Cycle step units（循环步骤单位）以 Frames 为循环单位、Cycle step size（循环步骤尺寸）为 1，如图 2-348 所示。

(a)

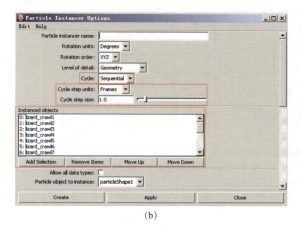

(b)

图 2-348　选择并设置 Instancer（Replacement）属性

> **提 示**
>
> 在 Instanced objects（被实例物体）列表中可以看到之前所选择的所有蜥蜴动画模型的名称，而在它们名称的最前边用蓝色框框起来的像 0、1、2、3……这样的数字就是作为实例替代的源物体的 Index 号（即索引号），对一系列模型的替代顺序都是通过这个 Index 号来定义的。播放动画，看见蜥蜴群体现在可以做出爬行的动画了，如图 2-349 所示。

图 2-349　播放动画后的效果

Instanced Objects 列表下有 4 个按钮：Add Selection（添加选择）、Remove Items（移除元素）、Move Up（向上移动）、Move Down（向下移动）。

要选择一个源物体或一系列源物体后按【Add Selection】（添加选择）按钮可以添加一个或一系列被选择的物体到列表中，在这里我们将蜥蜴跑的模型动画层中的物体显示出来，在大纲中选择蜥蜴跑的一系列动画模型，然后在 Instancer 节点的属性编辑器中单击【Add Selection】按钮，如图 2-350 所示。此时，蜥蜴跑的动画模型就被添加到了 Instanced Objects 列表中，并且源物体的 Index 号会接着上一系列的 Index 号顺序排列下去。

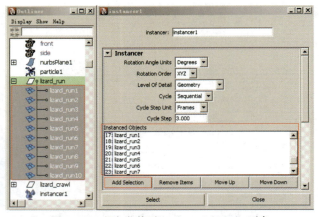

图 2-350　添加物体到 Instanced Objects 列表

如果在 Instanced Objects 列表中选择一个或多个源物体，单击【Remove Items】（移除元素）按钮可以在列表中删除所选择的源物体，当源物体从列表中被移除时，列表中源物体的 Index 号会自动重新排列刷新源物体。

例如，当选择 Index 号为 22、23 蜥蜴跑的动画模型 lizard_run6 和 lizard_run7 时［图 2-351（a）］，单击【Remove Items】按钮将其从列表中删除，这时 lizard_run8 和 lizard_run9 会顺序向上移动，它们的 Index 号从原来的 24、25 上升为 22、23，如图 2-351（b）所示。

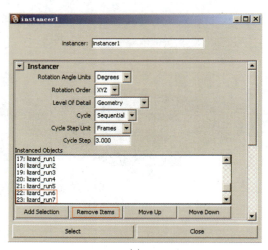

（a）

图 2-351　Index 号自动排序

（b）

图 2-351（续）

选择 Instanced Objects 列表中的一个或多个替代物体，然后按【Move Up】（向上移动）按钮将源物体向上移动，这样便可以提升源物体的 Index 号，使该源物体先进行替代。Move Down（向下移动）与 Move Up 正好相反，它是使源物体向下移动来降低源物体的 Index 号，如图 2-352 所示。

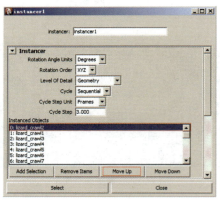

（a）Move Up

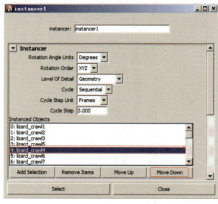

（b）Move Down

图 2-352　提升或降低物体 Index 号

3）调整粒子沿地面运动

1　创建一个凹凸不平的 NURBS 平面命名为 floor，为 floor 添加物体发射器，单击 Particles → Emit from Object（从物体发射）命令后的属性按钮，设置 Emitter name 为 lizardEmitter，Emitter type 为 Surface（表面）发射类型，Rate(particles/sec) 为每秒发射 3 个粒子，Speed（速度）为 0，Normal speed（法线速度）为 0，如图 2-353 所示。

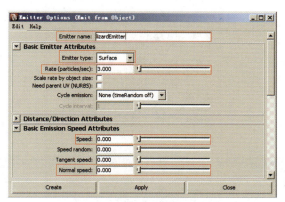

图 2-353　物体发射器属性设置

2 将粒子 particle1 渲染类型设置为 Spheres，并重命名为 lizardParticle1，播放如图 2-354 所示。

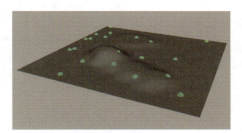

图 2-354　播放动画

3 选择 lizardParticle1 再加选 floor，执行 Particles → Goal 命令，使粒子与表面做目标。选择 lizardParticle1 打开它的属性编辑器，添加每粒子属性 goalU 和 goalV，写入表达式：

```
lizardParticleShape1.goalU = rand(0,1);
lizardParticleShape1.goalV = rand(0,1);
```

意思是用随机的 UV 坐标来定位 lizardParticle1 产生时的位置，如图 2-355 所示。

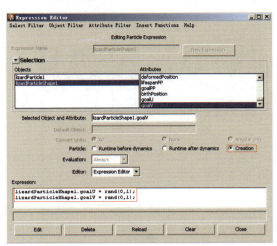

图 2-355　设置粒子产生位置

4 在 Runtime before dynamics 下写入：

```
lizardParticle Shape1.goalV += -0.002;
```

这样可以使粒子沿着表面的 V 方向进行运动，如图 2-356 所示。

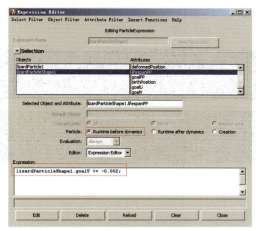

图 2-356　设置粒子运动方向

5 让 lizardParticle 运动到表面边缘时消失死亡，在 Runtime before dynamics 下写入：

```
if (lizardParticleShape1.goalV<0.001)
lizardParticleShape1.lifespanPP = 0;
```

如图 2-357（a）所示。

> ⚠️ **注　意**
>
> 当我们用表达式控制了粒子的生存时间时，就应该在粒子属性编辑器中将 Lifespan Mode 设置成 lifespanPP Only 形式，如图 2-357（b）所示。

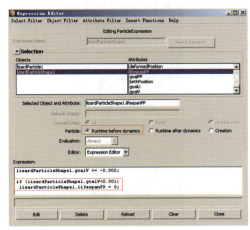

（a）

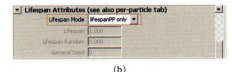

（b）

图 2-357　修改生命模式

播放动画可以看见粒子沿着凹凸的表面进行运动了，并且当粒子进入边缘时便会消失。

4）制作粒子替代

1 导入文件名为 lizard_base 的蜥蜴动画模型。跑的模型有 10 个，爬的模型有 16 个，也就是说作为实例替代的源物体共有 26 个，那么替代物体的 Index 值就应该是从 0 ~ 25 这样的一个顺序，如图 2-358 所示。

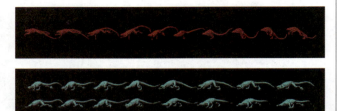

图 2-358　导入模型

2 在 Outliner 中分别选择组 lizard_run 和 lizard_crawl 下的所有物体后再加选粒子 lizardParticle1。

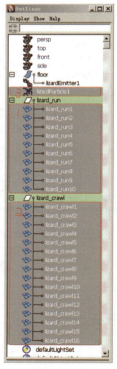

图 2-359　选择组下面的所有物体

3 在 Particle 菜单下单击 Instancer(Replacement) 命令后的属性设置按钮，设置 Particle instance name（粒子实例名称）为 lizardInstancer，Cycle 为 Sequential（序列循环），Cycle step units（循环步骤单位）为 Frames，Cycle step size（循环步骤尺寸）为 3，即

每 3 帧间隔就会循环到下一个替代物体，如图 2-360 所示。

(a)

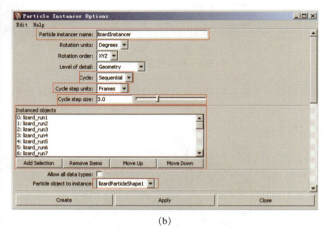

(b)

图 2-360　选择并设置 Instancer(R) 属性

4 打开 lizardInstancer 节点的属性编辑器，查看 Instanced Objects（被实例物体）列表中的源物体，如图 2-361 所示，发现源物体的 Index 号从 0 ~ 25 共 26 个物体，Index0 ~ Index9 是蜥蜴跑的动画序列模型，Index10 ~ Index25 是蜥蜴爬行的动画序列模型，与选择的顺序有关。

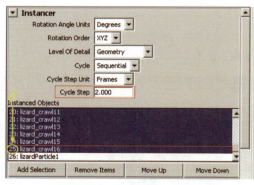

图 2-361　节点的属性编辑器

5 如果循环太慢，可以适当地调整 Cycle Step 的间隔数值，这里调整为 2。

5）替代两组循环动画

现在的蜥蜴群体动画并不是想要的动画，所有实例替代的物体都是先跑然后爬行，然而想要的是从一开始就让蜥蜴有的跑有的爬，这时就需要对实例替代物体源物体的 Index 值进行判断，判断什么情况下使用哪部分的 Index，对于这个蜥蜴群体动画的例子来说，就是判断什么条件下使用 Index 0 ～ 9 来循环蜥蜴的跑，什么条件下使用 Index 10 ～ 25 来循环蜥蜴的爬行。

那么这个条件是什么条件呢？当然有些条件是可以自己定的，定义后用来做为一个中间值起一个桥梁的作用。在这个例子中，可以自定义一个中间数值，当 Index 为跑的索引值时（即 0 ～ 9），中间数值为 1；当 Index 为爬行的索引值时（即 10 ～ 25），这个中间数值为 2，另一方面运行时（Runtime before Dynamic），如果当这个中间数值为 1 时，粒子就执行实例替代源物体 Index 值为 0 ～ 9 的动画模型，中间数值为 2 时实例替代源物体 Index 值为 10 ～ 25 的动画模型。

1   现在要自定义一个变量来替代实例的 Index 值。这里自定义一个 indexPP 每粒子属性，Long name（名称）为 indexPP、Data Type（数据类型）为 Float、Attrbute Type（属性类型）为 Perparticle(array)，用于之后作为判断的属性，如图 2-362 所示。

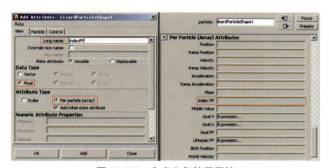

图 2-362　自定义每粒子属性

2   为 indexPP 添加表达式，在 Creation 下写入：lizardParticleShape1.indexPP = int (rand(25.99));意思是在 0 ～ 25 之间随机取值后赋给 lizardParticle1 的 indexPP 属性，正好是粒子实例替代源物体的 Index 号，如图 2-363 所示。

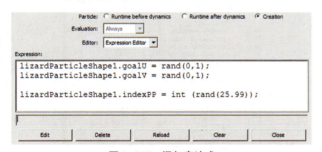

图 2-363　添加表达式

3   选择 lizardParticle1，为其添加每粒子属性 middleValue，Long name（名称）为 middleValue、Data Type（数据类型）为 Float、Attrbute Type（属性类型）为 Perparticle(array)，如图 2-364 所示。

图 2-364　添加每粒子属性

4   为 middleValue 添加表达式，在 Creation 下写入：

```
if (lizardParticleShape1.indexPP <= 9)
{
    lizardParticleShape1.middle Value = 1;
}
else if (lizardParticleShape1.indexPP
>= 10 && lizardParticleShape1.indexPP <= 25)
{
    lizardParticleShape1.middleValue = 2;
}
```

意思是：如果当 indexPP 的随机值小于或等于 9 时，middleValue 取值为 1，反之如果 indexPP 的随机值在 10 ～ 25 之间包括 10 和 25 时，middleValue 取值为 2。这就将 Index 值区分成了 0 ～ 9 和 10 ～ 25 两类。

然后利用 middleValue 取值做为判断蜥蜴是跑还是爬行的条件，如果 middleValue 取值为 1，那么就获取 0 ～ 9 的 Index 值进行循环，让蜥蜴从开始到结束都是处于跑的运动状态，如果 middleValue 取值为 2，那么就获取 10 ～ 25 的 Index 值让蜥蜴从开始到结束都是处于爬行的运动状态。

5   在 Runtime before dynamics 下写入：

```
if (lizardParticleShape1.middleValue == 1)
{
    lizardParticleShape1.indexPP =
lizardParticleShape1.indexPP % 10;
    lizardParticleShape1.indexPP += 1;
}

if (lizardParticleShape1.middleValue == 2)
{
    if (lizardParticleShape1.indexPP>25)
        lizardParticleShape1.indexPP=10;
    lizardParticleShape1.indexPP += 1;
}
```

在 "lizardParticleShape1.indexPP = lizardParticleShape1.indexPP % 10;" 中 % 是取余数，不论用什么数与 10 取余都会得到 0 ～ 9 之间的余数值，用这个值作为 Index 的数值，lizardParticleShape1.indexPP += 1;然后将得到的源物体 Index 值每循环一次加 1 以得

到下一个源物体的 Index 值，这样就通过粒子实例替代源物体的 Index 号行成了蜥蜴跑的动画循环。

if (lizardParticleShape1.indexPP>25) lizardParticleShape1.indexPP=10; lizardParticleShape1.indexPP += 1; 当 indexPP 每次循环加 1 超过数值 25 时，也就是超过源物体的 Index 号范围的话，就重新让 indexPP 的值恢复到从 10 开始，这样 indexPP 值就会在 10～25 之间循环得到蜥蜴爬行的动画循环，如图 2-365 所示。

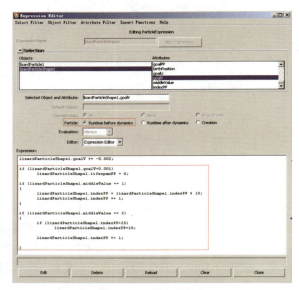

图 2-365　添加表达式

6 现在的表达式没有连接还是无效的，选择 lizardInstancer 节点，将它属性编辑器中的 Cycle 调整为 None，取消对粒子实例替代的循环控制。再将 lizardParticle1 的 indexPP 自定义属性连接到 lizardParticle1 的 Instancer (Geometry Replacement) 卷展栏下的 ObjectIndex 属性上，如图 2-366 所示。

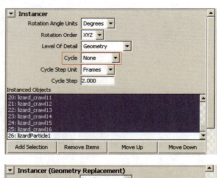

图 2-366　设置节点属性

播放动画，现在已经实现了两组动画分别循环运动的效果。

6）调整蜥蜴的方向

如图 2-367 所示，当蜥蜴进行群体动画经过表面凸起部分时会有穿插的现象，这是由于实例本身没有与地面的法线垂直造成的。这时我们需要创建 pointOnSurfaceInfo 节点和 closestPointOnSurface 节点。

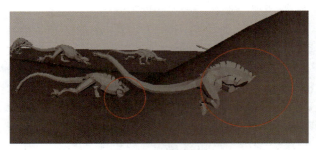

图 2-367　模型穿插

1 在 Command Line（命令行）中输入 createNodeclosestPointOnSurface，创建 closestPointOnSurface 节点，重命名为 cpos，如图 2-368 所示。

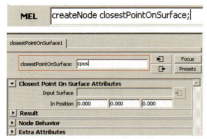

图 2-368　创建 closestPointOnSurface 节点

2 选择 floorShape 节点再加选 cpos 节点，执行 Window → Genteral Editors → Connection Editor 命令，打开关联编辑器，连接 floorShape 节点的 worldSpace 属性与 cpos 节点的 inputSurface 属性，如图 2-369 所示。

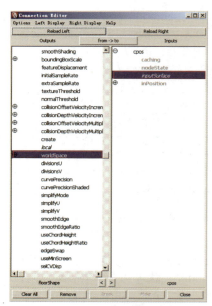

图 2-369　节点属性链接

132

Maya动力学

3 为 cpos 节点提供 Input Position（输入位置）信息，进入粒子表达式编辑，在 Runtime before dynamic 下写入：

```
vector $pos=lizardParticleShape1.position;
setAttr cpos.inPositionX ($pos.x);
setAttr cpos.inPositionY ($pos.y);
setAttr cpos.inPositionZ ($pos.z);
```

> **📔 提 示**
>
> vector $pos = lizardParticleShape1.position; 将 lizardParticle1 粒子的位置坐标传递给自定义的变量 $pos，setAttr cpos.inPositionX ($pos.x);setAttr cpos.inPositionY ($pos.y);setAttr cpos.inPositionZ ($pos.z); 设置 cpos 节点 Input Position 属性的 X、Y、Z 值为 lizardParticle1 粒子的 X、Y、Z 值，从而通过 Input Position 属性值获得 lizardParticle1 粒子距离表面上最近点的 UV 坐标 ParameterUV，如图 2-370 所示。

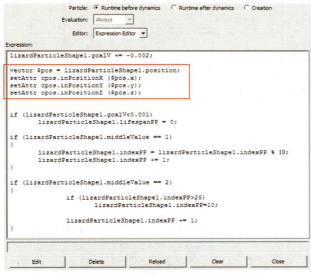

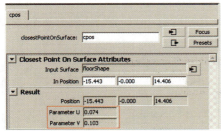

图 2-370　设置 cpos 节点 Input Position 属性

4 在 Command Line 中输入：

```
createNode pointOn- SurfaceInfo;
```

创建 pointOnSurfaceInfo 节点，重命名为 posi，如图 2-371 所示。

5 选择 floorShape 节点再加选 posi 节点，执行 Window → Genteral Editors → Connection Editor 命令，打

开关联编辑器，连接 floorShape 节点的 worldSpace 属生与 posi 节点的 inputSurface 属性，如图 2-372 所示。

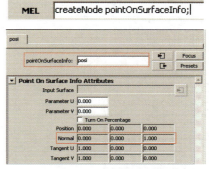

图 2-371　创建 pointOnSurfaceInfo 节点

图 2-372　节点属性连接

6 再选择 cpos 节点和 posi 节点，执行 Window → Genteral Editors → Connection Editor 命令，打开关联编辑器，连接 cpos 节点的 parameterUV 属生与 posi 节点的 parameterUV 属性。通过这样的一个传递，得到了 lizardParticle1 粒子所在 UV 点上的 Normal 坐标信息，如图 2-373 所示。

图 2-373　节点的 parameterUV 属性连接

7 再用 getAttr 命令获取 Normal 信息值，进入表达式窗口添加表达式，在 Runtime before dynamic 下写入：

```
float $norx = 'getAttr posi.nx';
float $nory = 'getAttr posi.ny';
float $norz = 'getAttr posi.nz';
```

如图 2-374 所示，将 Normal 的数值信息分别赋予自定义的三个变量。

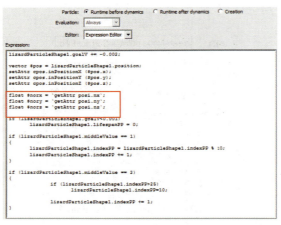

图 2-374　添加表达式

8 选择 lizardParticle1，为其添加一个自定义的每粒子属性 normalPos，设置属性名为 normalPos，数据类型为 vector，属性类型为 Per particle(array)，如图 2-375 所示。

图 2-375　每粒子属性设置

9 为 normalPos 添加表达式，在 Runtime beforedynamic 下写入：

```
normalPos = <<$norx,$nory, $norz>>;
```

如图 2-376 所示，将获得的三个变量数值组成一个矢量赋予 normalPos，这样 normalPos 属性就有了 Normal 的坐标。

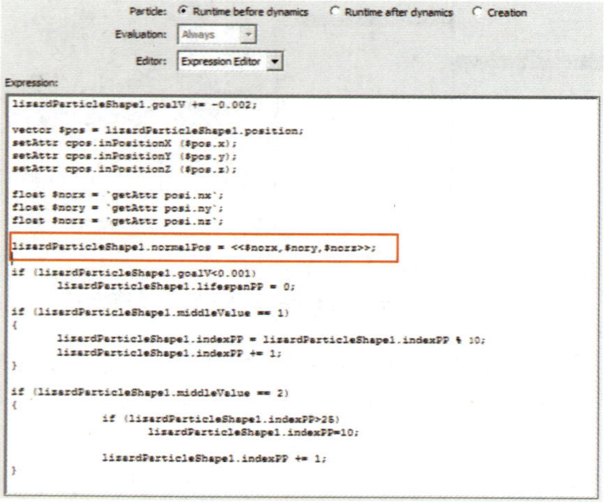

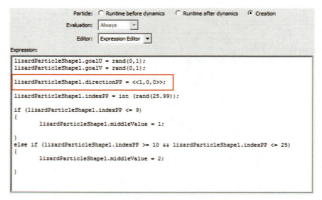

图 2-376　添加表达式

10 调整蜥蜴的运动方向，为 lizardParticle1 添加一个每粒子属性 directionPP，设置属性名为 directionPP，数据类型为 vector，属性类型为 Per particle(array)，如图 2-377 所示。

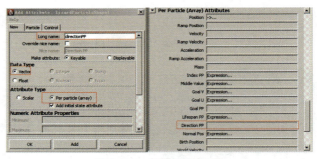

图 2-377　每粒子属性设置

11 为 directionPP 添加表达式，在 Creation 下写入：

```
lizardParticleShape1.directionPP =
<<1,0,0>>;
```

方向设置为 X 轴正方向，如图 2-378 所示。

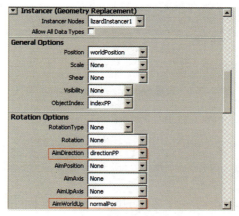

图 2-378　添加表达式

12 将自定义的属性 directionPP 和 normalPos 与 lizard Particle1 属性编辑器中 Instancer(Geometry Replacement) 卷展栏下的属性进行连接，AimDirection（目标方向）与 directionPP 进行方向连接，AimWorldUp（目标法线方向）与 normalPos 进行坐标连接，如图 2-379 所示。

图 2-379　属性连接

Maya动力学

蜥蜴与表面法线垂直最终效果，如图 2-380 所示。

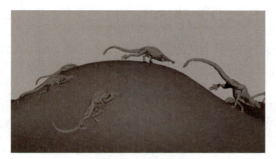

图 2-380　播放效果

7）调整蜥蜴的大小

1　选择 lizardParticle1 为其添加每粒子属性 scalePP，数据类型为 Vector，属性类型为 Per particle(array)，如图 2-381 所示。

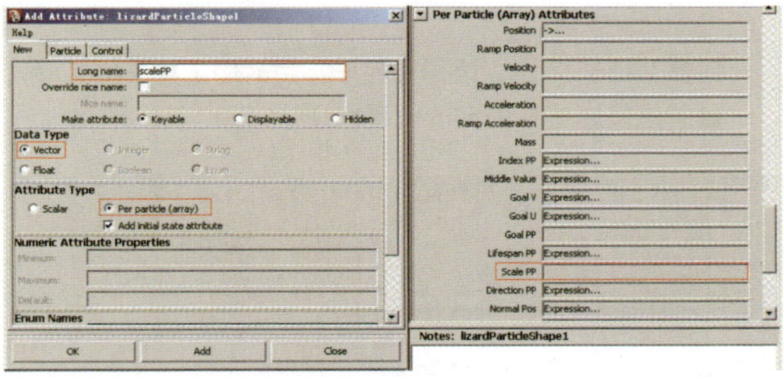

图 2-381　每粒子属性设置

2　为 scalePP 属性添加表达式，在 Creation 下写入：

```
lizardParticleShape1.scalePP = rand(1,2);
```

让粒子 lizardParticle1 的大小在 1～2 之间随机抽取。连接 lizardParticle1 属性编辑器中 Instancer(Geometry Replacement) 卷展栏下 Scale 属性与自定义属性 scalePP，如图 2-382 所示。

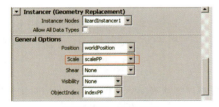

图 2-382　属性连接

8）调节蜥蜴在体型、运动上的差别

（1）分析大小蜥蜴的速度跟动作如何匹配。在现在的蜥蜴群体运动中，不论大蜥蜴还是小蜥蜴，不论是跑动的还是爬行的，它们在运动速度上是没有区别的。而在实际中，大型蜥蜴的跑动比小型蜥蜴的跑动要快，大型蜥蜴的爬行比小型蜥蜴的爬行要快。这就需要根据蜥蜴体形的大小和蜥蜴运动的动作来判断蜥蜴移动速度的快慢。

我们已经通过之前的 if-else 语句将蜥蜴跑动和爬行的运动区别开来，如下：

```
if (lizardParticleShape1.middleValue ==
1)   // 跑
    {
        lizardParticleShape1.indexPP =
lizardParticleShape1.indexPP % 9;
        lizardParticleShape1.indexPP += 1;
    }

if (lizardParticleShape1.middleValue ==
2)   // 爬行
    {
    if (lizardParticleShape1.indexPP>25)
lizardParticleShape1.indexPP=10;

    lizardParticleShape1.indexPP += 1;
    }
```

middleValue 值为 1 时蜥蜴循环跑动，middleValue 值为 2 时蜥蜴循环爬行，也就是说现在只要在跑的部分中将大蜥蜴的移动速度加快，小蜥蜴的移动速度减慢，在爬行部分中将大蜥蜴的移动速度加快，小蜥蜴的移动速度减慢，而且爬行部分的所有移动速度相对于跑部分的所有移动速度要慢一些，这样就达到了蜥蜴的速度与它们的大小和动作相匹配的效果。

（2）制作大小蜥蜴跑时的速度差异。现在的蜥蜴群体的移动速度是相同的，这是因为在表达式控制中将 lizardParticle1 在 V 方向的位移调整成为"lizardParticleShape1.goalV += −0.002;"，如图 2-383 所示。(lizardParticle1 在 V 方向的位移就是粒子实例替代后实例在 V 方向上的位移)，这个位移是相对于每个粒子的位移，因此它们的位移是相同的。

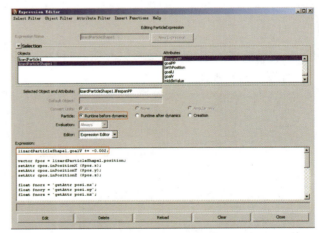

图 2-383　表达式控制

1　在表达式中将 lizardParticleShape1.goalV += −0.002; 删除，重新写入表达式控制 lizardParticle1 粒子的位移。

2　先来进行蜥蜴跑动时的位移控制，在表达式 middleValue 值为 1 的部分中添加表达式：

```
lizardParticleShape1.goalV +=-(mag
(lizardParticleShape1.scalePP)*0.002);
```

如图 2-384 所示。

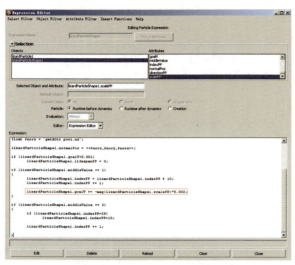

图 2-384　添加表达式

Mag() 函数用于计算矢量大小（长度），返回结果为 Float 型数值。

这里用 mag() 函数计算 scalePP 矢量的大小（scalePP 就是用于控制之前蜥蜴的随机大小），蜥蜴越大 scalePP 经 mag() 函数计算的数值就越大，反之蜥蜴越小 scalePP 经 mag() 函数计算的数值就越小，再乘以 0.002 就可以控制 V 方向的位移大小。"－"表示取 V 方向的反方向。

通过这样的表达式就可以实现大蜥蜴跑的速度快，小蜥蜴跑的速度慢的效果了。

（3）制作大小蜥蜴爬行时的速度差异。

3　和实现跑的效果一样，在表达式中为 middleValue 值为 2 的部分添加表达式：

```
lizardParticleShape1.goalV += -(mag
(lizardParticleShape1.scalePP)*0.0001);
```

如图 2-385 所示。

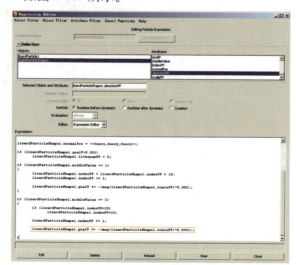

图 2-385　添加表达式

之所以与跑的作用相同，就是根据 scalePP 的大小实现大蜥蜴爬行的速度快，小蜥蜴爬行的速度慢，但这里要注意的是，爬行的速度要比跑的速度慢，所以爬行的位移要比跑的位移小，这里乘以 0.0001 就是为了让爬行的速度比跑的速度慢 20 倍。

好了，至此，对于蜥蜴的速度与蜥蜴大小动作如何匹配的控制已经完成了。现在再来看看，怎样使蜥蜴群体每次出现时位置和个数相同和怎样使蜥蜴群体从表面的一端开始动画。

蜥蜴群体每次出现时的位置和个数都是随机出现的，如果想使蜥蜴群体每次出现时的位置相同，就要使用 seed() 固定随机函数，用这个函数可以使每次的随机值都相同。

4　在 Creation 下写入表达式：

```
seed(lizardParticleShape1.particleId);
```

如图 2-386 所示，表示在粒子创建时固定粒子的 ID 号，目的是使蜥蜴在固定的位置出现。

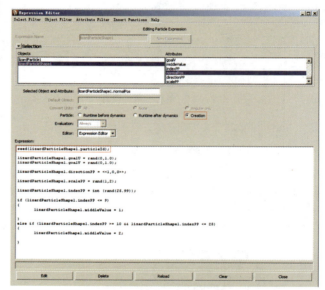

图 2-386　添加表达式

5　要使蜥蜴群体从表面的一端开始，可以直接修改 goalU 和 goalV 的表达式，将之前表达式：

```
lizardParticleShape1.goalU = rand(0,1);
lizardParticleShape1.goalV = rand(0,1);
```

修改成

```
lizardParticleShape1.goalU = rand(0,1);
lizardParticleShape1.goalV = rand(0.99,1);
```

如图 2-387 所示。

9）添加灯光并渲染

1　为蜥蜴的源物体赋予材质调整颜色，跑的为红色，爬行的为蓝色，主要是用于区分蜥蜴的行动是跑还是在爬，再调整地面颜色为黄色，如图 2-388 所示。

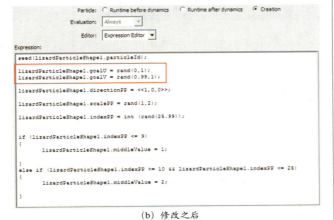

(a) 修改之前

(b) 修改之后

图 2-387　修改表达式

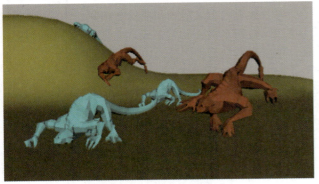

图 2-388　调整蜥蜴、地面材质

2　在创建一个平行光，执行 Create → Lights → Directional Light 命令，将 Intensity（灯光强度）调整为 0.1，再复制三个，调整位置，使这四个平行光向四周发射，如图 2-389 所示。

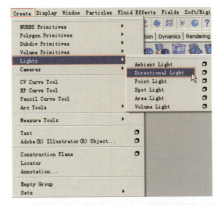

图 2-389　添加灯光

3　再创建一个平行光作为主光，将 Intensity 调整为 1.5，在它的属性编辑器中打开 Shadows（阴影）卷展栏，勾选 Depth Map Shadow Attributes（阴影深度贴图属性）卷展栏下的 Use Depth Map Shadows（使用深度阴影贴图）选项，如图 2-390 所示。

图 2-390　修改灯光属性

4　打开渲染设置窗口，使用软件渲染方式，选择 Maya Software 标签，将渲染质量 Quality 设置为 Production quality（产品级质量），如图 2-391 所示。

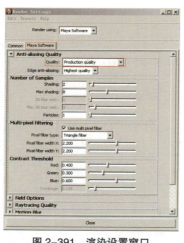

图 2-391　渲染设置窗口

粗略渲染效果如图 2-392 所示。

图 2-392　粗略渲染效果

5 如果感觉爬行模型动画替换得太快的话，也可以对粒子表达式中的内容稍作修改，如图 2-393 所示。

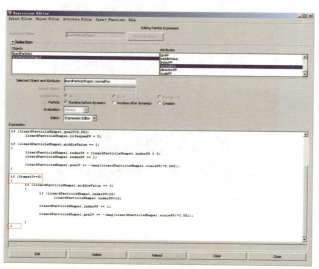

图 2-393　表达式修改

```
if (frame%2==0)
{
    if (lizardParticleShape1.middle Value
== 2)
    {
        if (lizardParticleShape1.indexPP>25)
```

```
        lizardParticleShape1.indexPP=10;

        lizardParticleShape1.indexPP += 1;

        lizardParticleShape1.goalV +=
-(mag(lizardParticleShape1.scalePP)*0.001);

    }
}
```

也就是说，当动画的帧数为偶数的时候，才会执行下一个蜥蜴爬行的 index。

2.9　高级案例

本小节是对前几个小节知识点的回顾和综合。在回顾中有提高，在综合中有扩展。通过本小节的具体案例进一步加深对所学知识的理解，进一步加强对所学技能的掌握。

2.9.1　数组

数组是有序数据的集合。用一个统一的数组名和下标来唯一地确定数组中的元素。数组中的每一个元素都属于同一个数据类型，可以是整数型、浮点型、字符串型或矢量型。Maya 文档将所有能够被包含在数组中的数据类型称为标量。

1）数组的定义
数组的定义方式为：
类型说明符　数组名〔常量表达式〕
例如：

```
string $list〔3〕;
int $i〔5〕;
float $f〔5〕;
```

说明：

（1）数组名定义规则和变量名相同。

（2）数组名后面的常量表达式应该用方括号括起来，不能用圆括号。

（3）常量表达式表示元素的个数，即数组长度。例如 $list〔3〕表示数组有 3 个元素，下标从 0 开始，这 3 个元素分别是：$list〔0〕、$list〔1〕、$list〔2〕。不能使用数组元素 $list〔3〕。

（4）如果在定义数组时不指定长度，应对其进行初始化，且数组长度默认为初始化所需的长度。定义数组时进行初始化的方法是：将想存入数组的值用大括号括起来，并用逗号将它们分隔开。例如：

```
string $list〔〕={"Welcome", "to", "Maya"};
int $i〔〕= {1,2,3,4,5};
float $f〔〕= {0.1,1.5,2.6,3.7,1E-25};
```

为了使数组初始化具有更好的可读性，可以分解为多行。例如：

```
string $list = {"Welcome",
"to",
"Maya"};
```

（5）不能在定义数组时只对其中的一个元素赋值。例如，下面的定义是错误的：

```
int $i〔3〕= 5;
```

正确方法是先定义数组，再为其第 4 个元素赋值：

```
int $i〔〕;
$i〔3〕= 5; （这将使第 4 个元素为 5，所有没有
```
被初始化的元素为 0）

2）数组的使用

（1）数组元素的下标可以是变量，这一点使得数组的功能更加强大。例如：

```
int $i = 3;
float $a = $f〔$i〕* 5;
```

（2）数组的长度可以通过函数 size() 获得，例如：

```
int $i〔〕= {0,0,0,5};
print (size($i));
```

结果为 4，因为它有 4 个元素。

数组有意义的最大索引值是其尺寸减 1，因为索引从 0 开始计数。

（3）如果想使一个数组有更多的元素，可以通过对元素赋值来添加。例如：

```
int $i〔〕= {0,1,2};
print (size($i) + "\n"); //result:3
$i〔3〕= 3;
print (size($i) + "\n"); //result:4
```

可以看出数组 $i〔〕根据初始化默认的长度是 3，对第 4 个元素赋值后，数组的长度随之变为 4。

数组可根据需要增加长度，如果错误地下标很大的数组元素赋值，会导致正在执行的操作慢下来。这时，可使用 clear 命令清除数组正在使用的内存，例如：

```
clear $i;
```

2.9.2　Mel 常用命令扩展

1）ls 命令

使用 ls 命令以通过名称或者节点类型的方式进行搜索，列出所需要的节点或其他属性名称。在场景中，找出名称中包含特定名称的物体，这是个有力方法。

（1）查找包含特定字符串的对象。

例如，打开名为 ls(1) 的 Maya 文件，在场景中有 5 个物体，分别为 zero_pShpere1、zero_pCube1、zero_pCylinder1、zero_pCone1、zero_pTorus1，如图 2-394 所示。

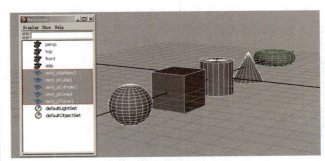

图 2-394　物体模型

如果想查找这些对象，但只记得它们名称中都包含"zero_"，运用 ls 命令如何查找呢？需要借助通配符。通配符是一个特殊的字符，它与对象名称中特定位置的任何一组字符匹配。对于 ls 命令，字符"*"是可以与任何一组字符匹配的通配符。如果字符"*"所在的位置没有字符，通配符也会与之匹配。

例如，在脚本编辑器中输入：

```
string $zero_nodes〔〕= `ls ("zero_*")`;
```

返回结果为：

```
// Result: zero_pCone1 zero_pConeShape1
zero_pCube1 zero_pCubeShape1 zero_
pCylinder1 zero_pCylinderShape1 zero_
pSphere1 zero_pSphereShape1 zero_pTorus1
zero_pTorusShape1 // ,
```

如图 2-395 所示。

图 2-395　脚本编辑器中查找节点

> **提示**
>
> 有时在编写脚本时并不知道需要查找什么字符串。在这种情况下，可以在脚本中构造通配符字符串。例如，如果知道一个名为"$object_name"的变量包含物体名称，可以这样做：string $object_nodes[] = 'ls ("$object_name" + "_*");

（2）获得选中对象的名称列表。

通过 ls –sl 可得到场景中选中对象的名称列表，例如，选择了场景中 zero_pSphere1、zero_pCube1、zero_pCylinder1，使用 string $selection〔〕= 'ls –sl';

返回的结果为：

// Result: zero_pSphere1 zero_pCube1 zero_pCylinder1 //

如图 2-396 所示。

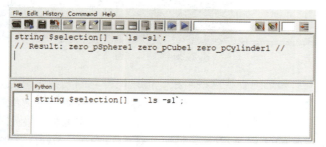

图 2-396　脚本编辑

（3）使用 -st 标记显示对象名称及类型。

例如：

string $zero_type〔〕= 'ls -st "zero_pCone1";

返回结果为：

// Result: zero_pConeShape1 transform //

如图 2-397 所示。

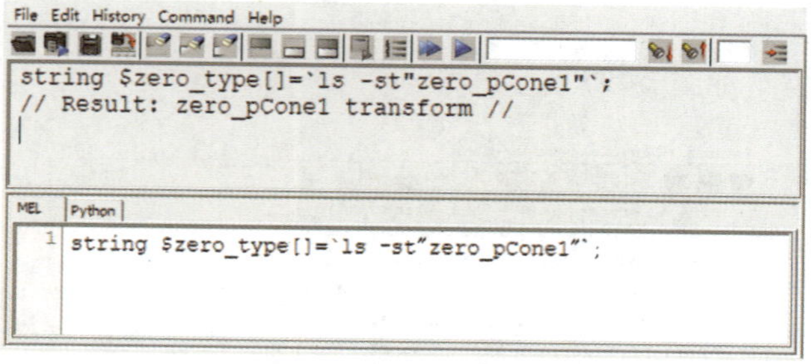

图 2-397　脚本编辑

（4）使用 -tpye 标记找出某种类型的所有节点。

例如：

string $zero_ty〔〕= 'ls -type mesh';

返回结果为：

// Result: zero_pConeShape1 zero_pCubeShape1 zero_pCubeShape2 zero_pCylinderShape1 zero_pSphereShape1 zero_pTorusShape1 //

如图 2-398 所示。

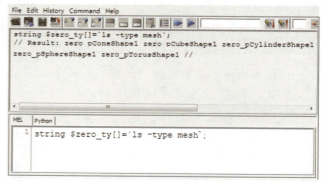

图 2-398　脚本编辑

（5）获得选中对象的类型。

例如选中多边形的球体，并输入：

string $what〔〕= 'ls -sl -st';

返回结果为：

// Result: zero_pSphere1 transform //

如图 2-399 所示。

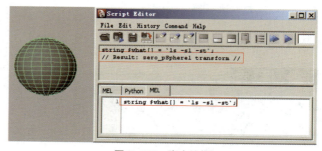

图 2-399　脚本编辑

2）循环语句的使用

（1）for...in... 循环。在选中同一类物体的情况下（例如，创建 3 个球体并将 3 个球体全部选中），如果希望用 ls –sl 命令列出所有的被选中对象，并将结果返回到一个数组中，便于对每一个选中对象执行相同的操作，for...in... 循环是非常有用的。

用 ls –sl 命令得到被选中的对象列表，并使用 for...in... 循环语句对它们进行操作，在脚本编辑器中写入：

```
string $selectedList〔〕='ls -sl';
string $currentObject;
for ($currentObject in $selectedList)
{
    print ("You've selected"+ $currentObject +"\n");
}
```

返回结果为：

```
You've selected pSphere1
You've selected pSphere2
You've selected pSphere3
```

在 for...in... 中的代码为每一个在 $selectedList 数组中的对象（即 pSphere1、pSphere2、pSphere3）运行一次，将 $selectedList〔〕数组元素 pSphere1、pSphere2、pSphere3 存入变量 $currentObject，然后执行 print（打印）语句，每存入一次便打印一次，如图 2-400 所示。

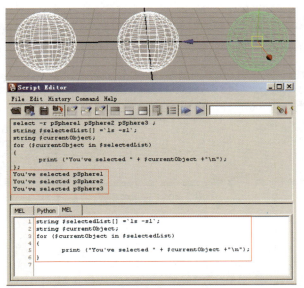

图 2-400　脚本编辑

> **提　示**
>
> 使用 for...in... 循环不用担心会出现死循环，因为它们对数组中的每一个元素只运行一次。如果在循环中向数组添加元素，可能会碰到麻烦，通常在这种情况下不会使用 for...in... 循环。

（2）用 for 循环实现 for...in... 循环的功能。用 for...in... 循环能够实现的功能用 for 循环（详见 2.1.3 节）如何实现呢？

例如：在场景中选择三个多边形的球体，使用 ls -sl 将它们存入 $selectedList〔〕数组中，通过 for 循环将它们的名称打印出一来，变量 $i 初始值设置为 0，测试条件为变量 $i 小于 $selectedList〔〕数组的大小，增量为 1。代码为：

```
string $selectedList [] = `ls -sl`;
for ($i = 0;$i<`size($selectedList);$i++)
{
    print ($selectedList [$i] +"\n");

}
```

返回结果为：

```
pSphere1
pSphere2
pSphere3
```

如图 2-401 所示。

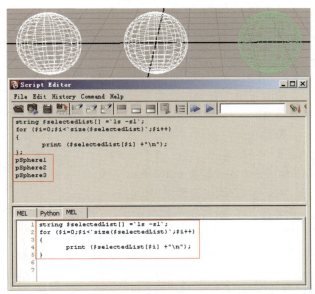

图 2-401　脚本编辑

3）nodeType 命令

功能：使用 nodeType 命令可以返回一个给定节点的类型。

格式：nodeType 需要知道的节点名称。

例如：创建了一个多边形的球体，在脚本编辑器中输入 nodeType pSphere1;执行结果为 // Result: transform //，也就是说 pSphere1 节点的类型为 transform 类型，如图 2-402 所示。

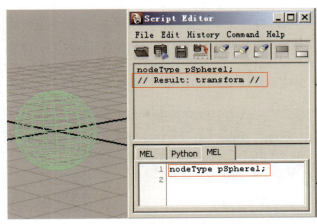

图 2-402　脚本编辑

输入 nodeType pSphereShape1;执行结果为 // Result: mesh //，也就是说 pSphereShape1 节点的类型为 mesh，如图 2-403 所示。

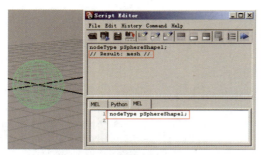

图 2-403　脚本编辑

4）xform命令

功能：用于查询和设置元素的 transformtion（变换）节点。

参数：

-q——查询；

-t——查询或设置 translation 节点；

-ws——查询或设置世界坐标。

格式：xform 标记节点名称。

例如：将多边形球体向上移动 5 个单位，在脚本编辑器中输入 xform -q -t pSphere1; 执行结果为 // Result: 0 5 0 //，返回 pSphere1 的 translateX，Y，Z 的值，如图 2-404 所示。

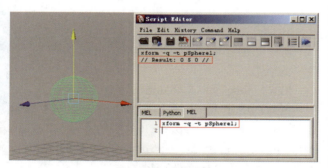

图 2-404　脚本编辑

用 xform 命令设置 pSphere1 属性：在脚本编辑器中输入 xform -t 0 0 0 -s 1 0.5 1 pSphere1; 设置 pSphere1 的 translateX，Y，Z 的值为（0，0，0），sacleX，Y，Z 的值为（1，0.5，1），如图 2-405 所示。

图 2-405　脚本编辑

5）makeIdentity命令

功能：Modity 菜单下 Freeze Transformations（重置变换节点）命令的 Mel 表达方式。

参数：

-apply true——重置变换节点并保持当前形状、位置和中心点不变；

-t 1——重置 translateX，Y，Z；

-t 0——不重置 translateX，Y，Z；

-r 1——重置 rotateX，Y，Z；

-r 0——不重置 rotateX，Y，Z；

-s 1——重置 scaleX，Y，Z；

-s 0——不重置 scaleX，Y，Z。

在脚本编辑器中输入 makeIdentity -apply true -t 1 -s 1 pSphere1;

执行后，我们对 pSphere1 进行了位移和缩放数值的重置。

如图 2-406 所示。

图 2-406　脚本编辑器

6）eval命令

功能：以一个字符串为参数，返回字符串中所包含任何 Mel 命令的返回值。

例如：

```
string $createSphere = "sphere";
string $execution = eval ($createSphere);
```

意思是将一个创建球体的命令存入 $createSphere 字符串中，再通过 eval 命令将 $createSphere 字符串中 Mel 命令的返回值存入 $execution 字符串，如图 2-407 所示。

图 2-407　脚本编辑器

7）particleInstancer命令

功能：创建粒子实例替代的命令。

参数：

-addObject——添加源物体（即 particleInstancer -addObject 要添加的源物体名称）；

-object——设置源物体（即 particleInstancer

addObject-object 源物体名称）；

　　-objectIndex——设置源物体索引号（即particle Instancer-objectIndex 索引号）。

　　例如：创建一个多边形的立方体和一个粒子发射器，选择立方体和粒子，在脚本编辑器中输入 particleInstancer -addObject -object "pCube1"；执行结果为 // Result: instancer1 //，告诉我们 Maya 已经创建一个粒子替代节点名称为 instancer1，如图 2-408 所示。

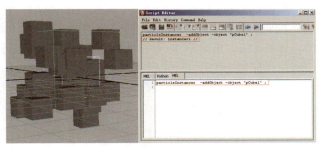

图 2-408　脚本编辑器

2.9.3　大展拳脚——大树落叶

　　本案例是用 Mel 来制作大树落叶，用 Mel 制作树叶粒子替代，用表达式控制树叶旋转下落。此案例是对前几个小节知识的回顾和综合，运用了 ls -sl 命令、循环语句、nodeType 命令、makeTdentity 命令、particleInstancer 命令等。

1）制作大树

　　在制作大树落叶之前需要一棵树的模型，这棵树的模型通过笔刷工具来获得。

1 按【F6】键进入 Rendering（渲染模块），在 Paint Effects（笔刷效果）菜单下单击 Get Brush... 命令，进入 Visor 窗口。在 Visor 窗口的 Paint Effects 标签中打开 treesMesh 文件夹，找到名称为 maples.Mel 的树模型，如图 2-409 所示。

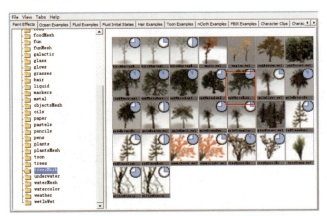

图 2-409　Visor 窗口

2 在 Visor 窗口选中该树模型，用鼠标在场景网格处拖动一下画出树模型，如图 2-410 所示。

图 2-410　树模型

3 在 Outliner（大纲）中选择笔刷 strokeMaples1，将其转换成多边形模型。执行 Modify → Convert → Paint Effects to Polygons 命令，默认参数即可，如图 2-411 所示。

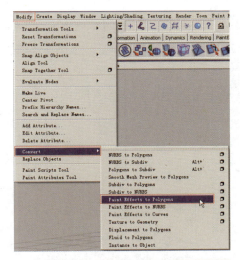

图 2-411　转换模型

4 选择树叶部分 maples1Leaf，按【F3】键进入多边形模块，在 Mesh（网线）菜单下单击【Separate】（分离）命令，将树叶整体分离成单片树叶，如图 2-412 所示。

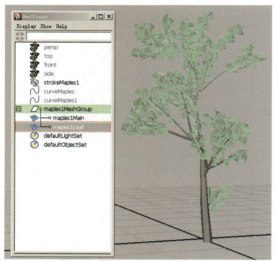

图 2-412　单击 Separate（分离）

5 在 Outliner（大纲）中选择树叶的全部模型，执行 Modify → Freeze Transformations 命令冻结坐标，再执行 Modify → Center Pivot 命令将中心点恢复到单个物体的中心位置，这样对大树模型的前期准备就完成了。

2）树叶粒子替代Mel脚本的要求

1 先在脚本中写入执行此次 Mel 脚本的要求：①选择要进行粒子实例替代的树叶；②只允许选择树叶物体的 tranform 类型节点，不允许选择其他类型节点。
在脚本编辑器中输入：

```
string $allObjects [] = 'ls -sl';
if (0=='size ($allObjects )')
    error"You have not chosen any object";
```

如图 2-413 所示。

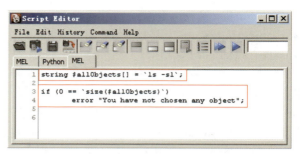

图 2-413　脚本编辑

解释：string $allObjects〔〕= 'ls -sl'；将所有被选择的物体存入字符串数组变量 $allObjects 中，if (0=='size ($allObjects)')' 如果数组大小为 0（也就是没有选择任何物体），error "You have not chosen any object"；则提示你错误信息 "You have not chosen any object"（没有选择任何物体）。这样我们就满足了执行脚本要求。

2 选择要进行粒子实例替代的树叶，继续写入：

```
for ($i=0;$i<'size($allObjects)';$i++)
{
    if ("transform" != 'nodeType
$allObjects [$i] ')
        error"The object type is not
correct";
}
```

如图 2-414 所示。

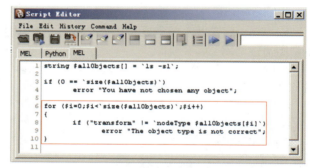

图 2-414　脚本编辑

提　示

用 for 循环语句循环 $allObjects 数组中的每一个元素，循环次数为 size（$allObjects）数组大小减 1，并对每一个元素的节点类型进行判断，如果 $allObjects 数组中元素的节点类型不是 transform 类型，则提示出错，错误信息为 The object type is not correct（当前物体类型不正确），这样又满足了执行脚本要求。

3 只允许选择树叶物体的 tranform 类型节点，不允许选择其他类型节点。

Maya动力学

在 Outliner 中选择所有树叶物体，执行脚本，检测一下当前选择的物体有没有被选中或者是不是 transform 类型的节点，如果有错误会在脚本窗口的历史框中显示 Error 字样，以上脚本无错误，如图 2-415 所示。

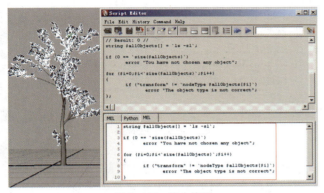

图 2-415　脚本检测

4 for 循环既然循环到了每一个树叶物体，那么也可以利用这个 for 循环为每个树叶物体重新命名，继续添加写入：

```
string $allObjects [] = 'ls -sl';

if (0 == 'size($allObjects)')
        error "You have not chosen any object";

for ($i=0;$i<'size($allObjects)';$i++)
{
        if ("transform" != 'nodeType $allObjects [$i] ')
        error "The object type isnot correct";

        string $leaf = "leaf" + $i;
        rename $allObjects [$i] $leaf;
}
```

这样就在检查节点类型的同时将树叶物体重新命名，名称为 leaf+$i 的循环数，即 leaf1、leaf2、leaf3、leaf4……，如图 2-416 所示。

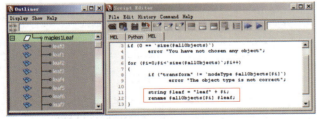

图 2-416　脚本编辑

rename 重命名命令的格式：rename 物体原名称物体新名称。

3） 用Mel制作树叶粒子替代

1 先来通过 xform 命令得到每一片树叶的位置，在脚本编辑器中写入：

```
for ($i=0;$i<'size($allObjects)';$i++)
{
float $xFm [] = 'xform -q -t -ws
($allObjects [$i] + ".rotatePivot" )';
}
```

如图 2-417 所示。

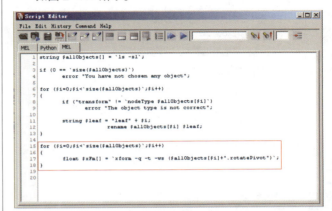

图 2-417　脚本编辑

> **提 示**
>
> 　　for 循环的次数为 size($allObjects)，即数组 $allObjects 长度减1，每次循环都用 xform 命令将数组中每个元素的 .rotatePivot（旋转轴心点位置）属性值传递给浮点型数组 $xFm，这样每循环一次，数组 $xFm 就会存入一次元素的旋转轴心点位置信息，不停地循环存入，不停地覆盖掉上一次存入的信息，直到条件不成立为止跳出循环。

2 如果这样的话，就应该在 $xFm 数组由于循环导致信息被覆盖掉之前将信息存储到另一个变量中。写入脚本：

```
string $allObjects [] = 'ls -sl';
    string $leafPos ="";

    if (0 == 'size($allObjects)')
        error "You have not chosen any object";
    for ($i=0;$i<'size($allObjects)';$i++)
    {
        if ("transform" != 'nodeType $allObjects [$i] ')
        error "The object type is not correct";

        string $leaf = "leaf" + $i;
        rename $allObjects [$i] $leaf;
    }

    for ($i=0;$i<'size($allObjects)';$i++)
```

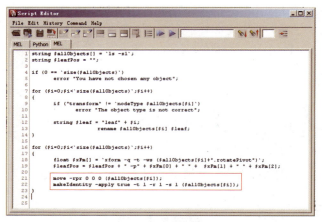

```
float $xFm [] = 'xform -q -t -ws
($allObjects [$i] +".rotatePivot")';
        $leafPos = $leafPos + " -p" + $xFm
[0] + " " + $xFm [1] + " " + $xFm [2] ;
    }
```

如图 2-418 所示。

图 2-418　脚本编辑

提 示

　　定义一个空的字符串变量 $leafPos，在 for 循环中将数组 $xFm 中的每一个元素（即被选择物体的 rotatePivotX/Y/Z 三个值）与字符串变量 $leafPos 相加得到一个新的字符串重新存入到 $leafPos 字符串变量中，每循环一次字符串变量累加一次，当循环到最后时 $leafPos 字符串变量将会得到所有被选择物体的旋转轴心点的 X、Y、Z 位置的字符串。

3 将所选择的每一个树叶物体的旋转轴心点位置移动到网格中心处，并将它们重置，写入：

```
for ($i=0;$i<'size($allObjects)';$i++)
    {
        float $xFm [] = 'xform -q -t -ws
($allObjects [$i] +".rotatePivot")';
        $leafPos = $leafPos + " -p" +
$xFm [0] + " " + $xFm [1] + " " + $xFm [2] ;
        move -rpr 0 0 0 ($allObjects [$i]);
        makeIdentity -apply true -t 1 -r
1 -s 1 ($allObjects [$i] );
    }
```

如图 2-419 所示。

　　move 命令用于改变物体的位置，标记 -rpr 表示要移动物体的旋转轴心点位置。格式：move 标记物体名称；makeIdentity -apply true -t 1 -r 1 -s 1 ($allObjects [$i]); 表示将所选择的物体 translateX/Y/Z、rotateX/Y/Z 和 scaleX/Y/Z 重置，并保持位置和形状不变。

图 2-419　脚本编辑

　　在这之前我们得到了被选择的每一个树叶物体的位置（已经存放到了 $leafPos 字符串变量中），现在就来创建粒子并将粒子创建的位置放在每一个树叶物体的位置上。

4 得到了每一个被选择的树叶物体的旋转轴心点位置后，就可以将树叶物体隐藏了（因为我们只需要位置信息）。在脚本编辑器中写入：

```
for ($i=0;$i<'size($allObjects)';$i++)
    {
        float $xFm [] = 'xform -q -t -ws
($allObjects [$i] +".rotatePivot")';
        $leafPos = $leafPos + " -p" +
$xFm [0] + " " + $xFm [1] + " " + $xFm [2] ;

        move -rpr 0 0 0 ($allObjects [$i]);
        makeIdentity -apply true -t 1 -r
1 -s 1 ($allObjects [$i] );

        setAttr ($allObjects [$i] + ".visi
bility") 0 ;
    }
```

如图 2-420 所示。

图 2-420　脚本编辑

设置每个被选择的树叶物体的 visibility 属性为 0，使它们不可见。

5 可以使用 particle 命令在脚本中创建粒子，标记 –p 表示粒子创建的位置，在脚本编辑器中写入：

```
string $command = "particle" + $leafPos;
string $createParticle = eval($command);
```

如图 2-421 所示。

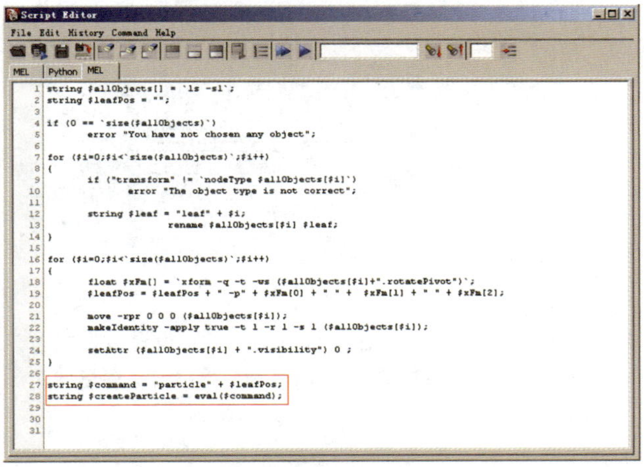

图 2-421　脚本编辑

6 定义一个字符串变量 $command，用 $command 存储字符串 particle 标记命令，$leafPos 中存储的是 –p 以及物体旋转轴心点的位置字符，与 particle 命令结合便构成了创建粒子并确定了位置的命令。用 eval 命令将字符串变量 $command 中的命令执行并将返回结果存入字符串变量 $createParticle 中，此时创建出的粒子位置就与被选择的树叶物体旋转轴心点的位置相同了。

7 粒子的创建位置已经得到了，现在开始进行粒子实例替代。

现在还需要一个自定义的空字符串，用它来存储所有被选择树叶物体的物体名称，然后作为源物体进行替代。

在脚本编辑器中写入：

```
string $allObjects [] = 'ls -sl';
string $leafPos = "";

string $obj = "";

if (0 == 'size($allObjects)')
    error "You have not chosen any object";

for ($i=0;$i<'size($allObjects)';$i++)
{
    if("transform"!= 'nodeType $allObjects
[$i] ')
            error "The object type is not
correct";
        string $leaf = "leaf" + $i;
```

rename $allObjects [$i] $leaf;
}
for ($i=0;$i<'size($allObjects)';$i++)
{
    float $xFm [] = 'xform -q -t -ws
($allObjects [$i] +".rotatePivot")';
    $leafPos = $leafPos + " -p " + $xFm [0]
+ " " + $xFm [1] + " " + $xFm [2] ;

    $obj = $obj + " -object" + $allObjects
[$i] ;

    move -rpr 0 0 0 ($allObjects [$i]);
    makeIdentity -apply true -t 1 -r 1
-s 1 ($allObjects [$i]);
    setAttr ($allObjects [$i] +
".visibility") 0 ;
}
string $command = "particle" + $leafPos;
string $createP [] = eval($command);

如图 2-422 所示。

图 2-422　脚本编辑

通过 for 循环将所有被选择的树叶物体名称存入字符串变量 $obj 中，$obj 和 $leafPos 都将会在 particleInstancer（粒子实例）命令中使用。

8 创建粒子的 Instancer 节点，并向节点中添加源物体和源物体的索引号。

在脚本编辑器中写入：

```
string $allObjects [] = 'ls -sl';
string $leafPos = "";
string $obj = "";
if (0 == 'size($allObjects)')
    error "You have not chosen any object";

for ($i=0;$i<'size($allObjects)';$i++)
{
    if("transform"!='nodeType $allObjects
[$i] ')
```

```
        error "The object type is not
correct";

    string $leaf = "leaf" + $i;
    rename $allObjects [$i] $leaf;

    }

    for ($i=0;$i<'size($allObjects)';$i++)
    {
    float $xFm [] = 'xform -q -t -ws
($allObjects [$i] +".rotatePivot")';
    $leafPos = $leafPos + " -p " + $xFm
[0] + " " + $xFm [1] + " " + $xFm [2] ;

    $obj = $obj + " -object " + $allObjects
[$i] ;

    move -rpr 0 0 0 ($allObjects [$i] );
    makeIdentity-apply true-t1-r1-s1
($all Objects [$i] );

    setAttr ($allObjects [$i] + ".visibi
lity") 0 ;

    }
    string $command = "particle" + $leafPos;
    string $createP [] = eval($command);

    string $commandSec = "particleInstancer
-addObject "+ $obj + " -objectIndex parti-
cleId " + $createP [1] ;
    eval($commandSec);
```

如图 2-423 所示。

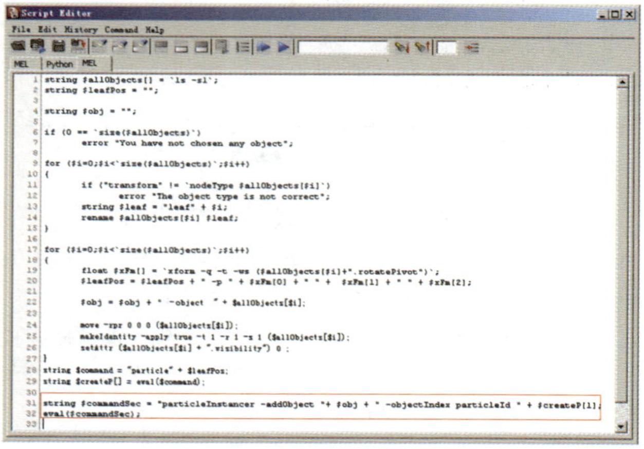

图 2-423　脚本编辑

9 仍然是定义一个字符串变量 $commandSec，用它来存储 "particleInstancer –addObject "+ $obj + " –objectIndex particleId " + $createP〔1〕;" 字符串，然后通过 eval 命令执行字符串变量 $commandSec 中的 particleInstancer –addObject "+ $obj + " –objectIndex particleId " + $createP〔1〕;，这里用变量 $obj 作为添加的源物体，particleId 作为源物体的

Index 号，$createP〔1〕;表示要创建粒子 Instancer 节点的粒子物体 particleShape1。

通过这样 Mel 控制，就完成了将创建的粒子定位到每一片树叶上并制作粒子实例替代的效果。

4）用表达式控制树叶旋转下落

1 创建一个多边形的平面做为地面，为粒子施加一个重力场。

2 选择粒子再选择地面制作碰撞 Make Collide，设置 Resilience（弹性）为 0，Friction（摩擦）为 1，如图 2-424 所示。

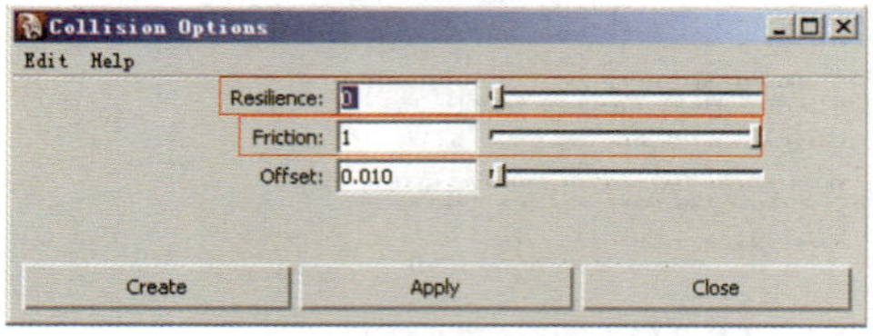

图 2-424　修改碰撞属性

3 为粒子添加每粒子属性 rot 和 rotPP，设置数据类型为 vector，属性类型为 Per particle(array)，用这两个属性来控制树叶的旋转，如图 2-425 所示。

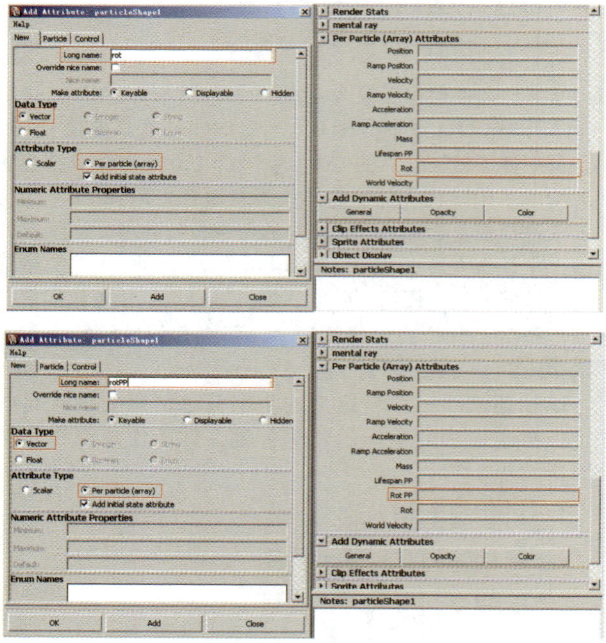

图 2-425　添加属性

4 为 rot 属性在 creation 下写入表达式：

$$particleShape1.rot = <<rand(0,40),rand(0,40),0>>;$$

设置 rot 初始旋转角度为 x/y 轴的 0 ～ 40 随机，z 轴不动。再为 rotPP 属性在 Runtime before dynamics 下写入表达式：particleShape1.rotPP += particleShape1.rot；增加 rotPP 的旋转数值，如图 2-426 所示。

5 将表达式值与粒子编辑器中 Instancer 卷展栏下的 Rotation（旋转）属性进行连接。通过播放动画发现，树叶有了旋转，如图 2-427 所示。

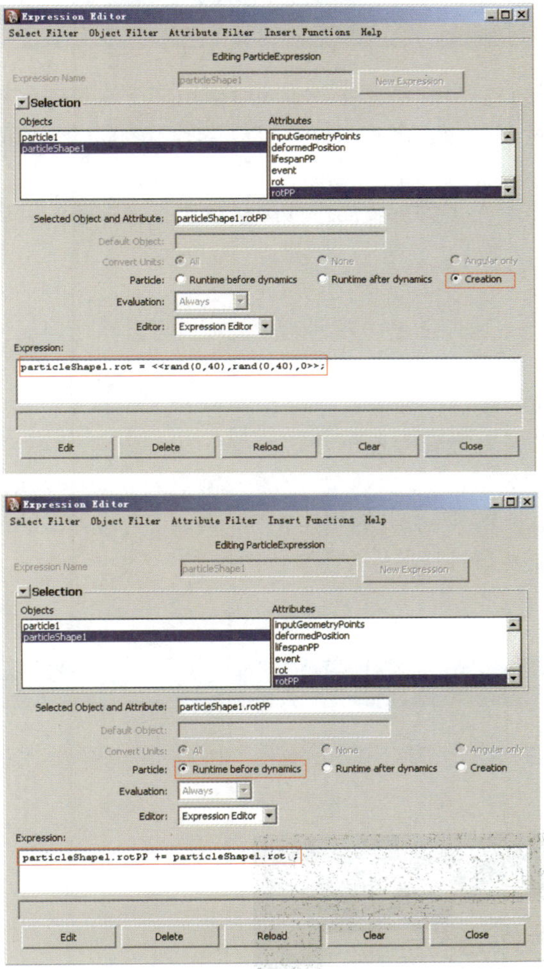

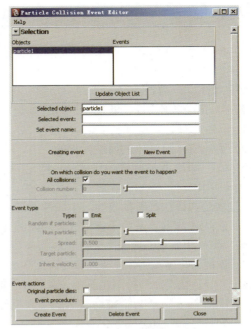

图 2-428　粒子碰撞事件命令

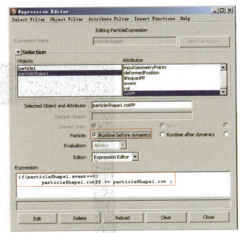

图 2-426　添加表达式

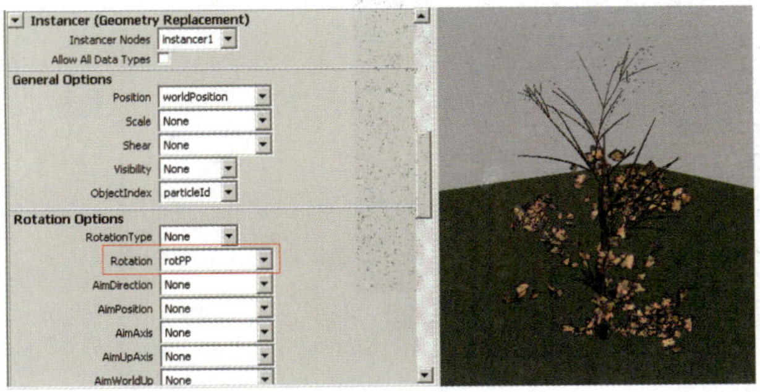

图 2-427　属性连接和动画效果

可是树叶虽然有了旋转的动画，但是树叶落地之后仍在旋转，看起来很不自然，那么通过给粒子制作一个什么也没有发生的粒子碰撞事件，用粒子碰撞事件做为判断条件，判断树叶落地前的运动状态和树叶落地后的运动状态，如图 2-428 所示。

6 在 Runtime before dynamics 下修改表达式：

```
if(particleShape1.event==0)
    particleShape1.rotPP += particle
Shape1.rot ;
```

如图 2-429 所示。

图 2-429　修改表达式

意思是当碰撞没有产生时，执行 particleShape1.rotPP += particleShape1.rot；表达式控制树叶的旋转。

播放动画观察，树叶落地后不再旋转，如图 2-430 所示。

图 2-430　最后动画效果

2.10　本章小结

（1）Mel 语言是 Maya 使用最方便和控制最灵活的编程接口。Mel 语言在 Maya 中应用广泛，对任何模块都是有更好帮助。让我们做一些工作更加快捷、便利。如果对 Mel 语言掌握得好，可以说对于我们做任何的效果都如虎添翼。

（2）粒子的应用广泛，我们学习过这些之后，对粒子有了深入了解。我们应该活学活用，把粒子的表现力最大化。

（3）表达式是给物体的属性添加的。

表达式，即使用 Mel 语句将属性动画化的程序。我们知道，通过创建一系列的关键帧，可以将任何属性在 Maya 中动画化。

（4）表达式语法具有抽象性、生成性、层次性、递归性、系统性、稳固性等基本特征。

（5）表达式基本上是粒子不可缺失的控制元素，可以让粒子更加具有表现力。

（6）Maya 中常用的数据类型有 float 浮点型（带有小数点的数据）、int 整数型（不带小数点的数据）、string 字符串型（体现为物体、属性或节点的名称）、Vector 矢量型（由 3 个不可分开的属性数值构成，多存在粒子的每粒子属性中）等。在对属性控制之前，必须了解是哪类属性，才能更好控制属性。

（7）函数的学习是为了辅助表达式得到更好的效果。

2.11　课后练习

根据图 2-431（参考本书附带的视频文件），用前面学过的知识，制作出以下效果，制作过程中需要注意以下几点。

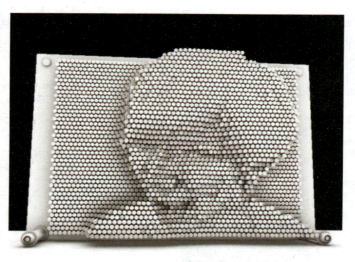

图 2-431　最终效果

（1）根据参考视频，分析粒子的发射的方式。

（2）注意粒子数量要密集，效果会更好。

（3）通过贴图黑白颜色来获取 0 ～ 1 的值，注意序列图清晰，黑白对比分明。

（4）通过 0 ～ 1 的数值来影响粒子的位置状态，达到序列图的效果。

3

流体特效

> 了解流体的含义及其应用范围
> 掌握三维、二维流体的创建方法
> 掌握流体属性及功能

通过对于前两章粒子特效的学习，相信读者对动力学特效有了一个初步的认识。应用动力学特效模拟现实中的某种效果需要根据效果的特点选择创建的方式，或者需要多种方式相互结合，流体特效就是 Maya 提供的另一种制作特效的方式。本章将从流体的概念及效果讲起，进而学习三维流体和二维流体的创建，最后通过实例帮助大家熟练掌握流体的控制方法及常见流体特效的制作方法。

3.1　流体的概念及效果

Fluid（流体）是 Maya 中模拟现实流态物质的动力学特效之一，常用于制作海洋〔图 3-1 (a)〕、岩浆〔图 3-1 (b)〕、云层〔图 3-1 (c)〕等特效。流体也可以模拟水流、烟、火等效果，并且模拟出的效果更加细腻，层次感更强，但是要付出更多的解算时间。

流体存在于流体容器中，流体容器创建后本身是不产生流体的，需要增加 Emitter（发射器）到其内部才能通过发射产生流体。流体系统不同于粒子系统，流体特效只能存在于单个流体容器中，不能与其他流体容器相互作用，也无法溢出至场景环境。

（a）海洋

（b）岩浆

（c）云层

图 3-1　常见的流体特效

Maya 的流体有 3 种形态，分别为动态流体效果、非动态流体效果及海洋流体效果。动态流体效果，就是以动力学的自然规律来体现物体如何流动的状态。非动态流体效果，则是由纹理来创建其外观，并对纹理进行动画关键帧的设定来创建流体运动。海洋流体效果，则是模拟真实海洋上逼真的波浪及海洋上的一些漂浮物等形态。海洋效果是使用海洋材质来得以实现的。

Maya 的流体除海洋以外，都是以容器来计算的，如图 3-2、图 3-3 所示。容器限定了流体的空间，流体相当于容器的内容。海洋特效是流体中比较特殊的一种，海洋是基于 Ocean Shader（海洋材质）来计算的。

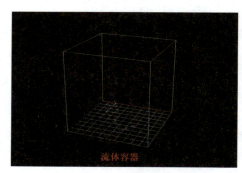

图 3-2　流体容器

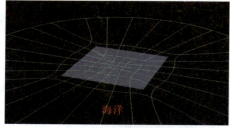

图 3-3　海洋（图截开）

Maya 只能解算单一的流体，不能实现两种或多种流体相互影响、相互作用的效果。但是仅用单一流体是很难模拟出多层次的效果的，如图 3-4 所示的火箭发射后出现的流体烟，就需要创建几组或者多组流体容器来达到最终效果。

图 3-4　流体烟

3.2 三维流体（Create 3D Container）

三维流体是在具有 X、Y、Z 三个轴向的容器里模拟解算流动的物体，三维流体可以是气态效果，也可以是固态效果，例如火、烟、云、岩浆等，这些效果都必须在流体容器中生成，流体的运动解算和渲染效果都离不开对流体容器和发射器等相关参数的调节。本节我们需要熟练掌握流体的基本操作流程：创建容器——生成流体——调节相关参数——渲染。明白了流体的操作流程之后还需要学习流体容器和发射器的常用属性，以及流体和其他物体的互相影响，掌握流体的这些基本属性后，我们可以来制作火、爆炸、水的效果。

3.2.1 创建流体

我们已经知道流体必须存在于流体容器中，因此创建流体需要分两个步骤。首先创建流体容器，然后再用不同的方式生成流体。那么，什么是容器？如何创建容器？生成流体又有哪些方式呢？

流体容器非常重要，所有的动力学流体和非动力学流体只能在容器中生成，并且流体只存在于容器所定义的空间中。3D Container 是一个三维的矩形容器，2D Container 是一个二维的矩形容器，它们之间不同的形状决定了流体存在的方式不同，如图 3-5 所示。

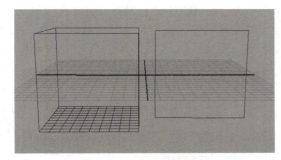

图 3-5 三维和二维流体框

1）创建容器

（1）创建空的流体容器。在动力学菜单组中执行 Fluid Emitter → Create 3D Container 命令，效果如图 3-6 所示。

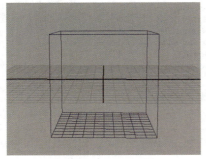

图 3-6 空的流体容器

（2）创建带发射器流体容器。在动力学菜单组中执行 Fluid Emitter → Create 3D Container With Emitter 命令，效果如图 3-7 所示。

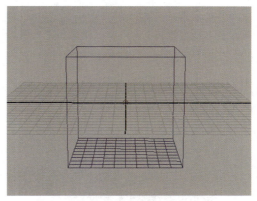

图 3-7 带发射器流体容器

2）生成流体

生成流体有多种方法，可以通过发射器发射流体，也可以通过设置容器参数使其装满流体（添加梯度），还可以通过笔刷工具绘制流体。

（1）通过发射器发射流体

发射流体是通过创建发射器、播放动画，从发射器中发射出流体。流体发射器有两种：普通发射器和物体发射器。创建这两种发射器的方法如下。

① 创建普通发射器

1 执行 Fluid Emitter → Create 3D Container 命令，在场景中创建一个空的 3D 容器。

2 选择 3D 容器，执行 Fluid Emitter → Add/Edit Contents → Emitter 命令，为所选择的容器添加一个发射器。

3 单击时间滑块的播放按钮边可以在容器中生成流体。如图 3-8 所示。

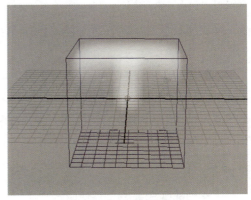

图 3-8 发射器发射流体

② 创建物体发射器

1 执行 Fluid Emitter → Create 3D Container 命令，在场景中创建一个空的 3D 容器。

2 执行 Create → NURBS Primrtives → Plane 命令，在场景中创建一个 NURBS 平面，并适当调整平面大小和位置，我们用这个平面作为发射器。

3 在场景中框选 3D 容器和平面，使它们同时处于选择状态。

4 执行 Fluid Emitter → Add/Edit Contents → Emit from Object 命令，使平面物体作为发射器，执行命令后会在平面中心出现一个发射器。

5 播放动画，观察流体发射效果，如图 3-9 所示。

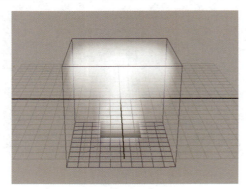

图 3-9　物体作为发射器

（2）添加梯度

用填充的方法填充流体，用于模拟诸如云层、浓雾等静态的效果。用梯度方式生成流体的方法如下。

1 执行 Fluid Effects → Create 3D Container 命令，在场景中创建一个空的 3D 容器。

2 选择容器，执行 Fluid Effects → Add/Edit Contents → Gradients 命令，为容器添加流体，这时在视图中会看到一个上下渐变的流体效果，如图 3-10 所示。

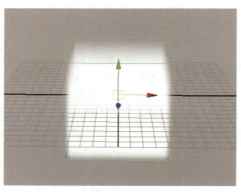

图 3-10　添加梯度

3 确定流体容器处于选择状态，按【Ctrl+A】键，打开容器的属性编辑器，便可以编辑流体的属性

> **提　示**
>
> 梯度流体的属性在 3.2.2 节 Container Properties（容器属性）中有详细讲解。

（3）通过笔刷工具绘制流体

用笔刷的方式在容器中根据需要绘画流体，这种方式生成的流体也是静态的流体，绘制流体的方法如下。

1 执行 Fluid Effects → Create 3D Container 命令，在场景中创建一个空的 3D 容器。

2 确定 3D 容器处于选择状态，执行 Fluid Effects → Add/Edit Contents → Paint Fluids Tool 命令，使用 Paint Fluids Tool 工具绘制流体。

3 按住鼠标左键在容器中进行绘制，便可以创建出想要的流体，如图 3-11 所示。

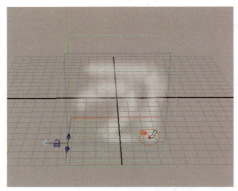

图 3-11　绘制流体

3.2.2　流体常用属性

流体属性可以定义流体容器的大小、精度、运动状况、渲染类型以及材质和纹理的调整。接下来我们将对流体的属性进行详细的介绍，这里重点介绍常用的与流体状态相关的属性。

首先创建一个带发射器的 3D 流体容器（Fluid Emitter → Create 3D Container With Emitter）在视图中选择该容器，按【Ctrl+A】键可以打开属性窗口（我们所说的流体属性，也就是流体容器的属性），如图 3-12 所示。

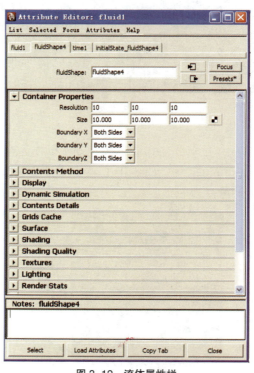

图 3-12　流体属性栏

【参数说明】

（1）Container Properties（容器属性）

容器属性窗口如图 3-13 所示。

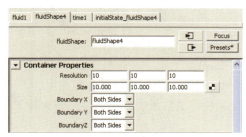

图 3-13 容器属性窗口

● Resolution（分辨率）：Resolution 后面的 3 个数值，分别代表 3D 容器在 X、Y、Z 轴上的分辨率。数值越大效果越细腻，但渲染时间及播放动画时的速度也相对较慢。

● Size（大小尺寸）：Size 后面的 3 个数值，分别代表 3D 容器在 X、Y、Z 轴上的尺寸，以控制容器的大小。

● Boundary X/Boundary Y/Boundary Z（边界）：X/Y/Z 轴向的边界决定了流体生存的空间，可把 Boundary 想象成一面墙挡住流体的运动。可选项包括 None（无边界）、Both Sides（两边封闭）、X/-XSide（X 的正或负轴向封闭）、Wrapping（从一边循环至另一边），如图 3-14、图 3-15 所示。

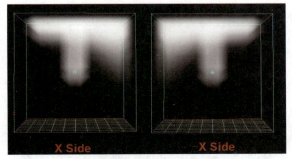

图 3-14 X 的正或负轴向封闭

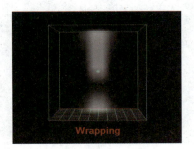

图 3-15 从一边循环至另一边

（2）Contents Method（容器计算方式）

容器计算方式有 Density（密度）、Velocity（速度）、Temperature（温度）、Fuel（燃料）、Color Method（颜色方式）和 Falloff Method（下降方式）。以上属性（除 Color Method 与 Falloff Method）后面可选项包括 Off(zero)（关闭）、Static Grid（静态网格）、Dynamic Grid（动态网格）和 Gradient（梯度填充），如图 3-16 所示。

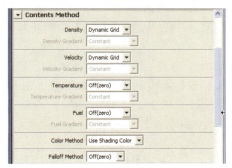

图 3-16 容器计算方式

● Density（密度）：可以将 Density 看成是流体的几何形态。

● Velocity（速度）：是流体动态模拟所必须的，因为它直接影响到流体的 Density、Temperature、Fuel 和 Color 的值的变化。可以将 Velocity 看成是一种推动其他属性的变化的存在。

● Temperature（温度）：Temperature 影响着动态流体，它可以使动态流体升高或者起相应的反应。

● Fuel（燃料）：对于动态流体而言，Density 和 Fuel 一起定义了反应发生时的动态。

● Color Method（颜色方式）：颜色会直接作用于 Density 上，它只显示于有 Density 的地方。

● Falloff Method（下降方式）：流体的以上属性都需要相互配合以达到最终的理想动态流体效果，如图 3-17 所示。

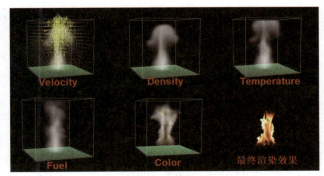

图 3-17 计算方式对比

流体容器中的流体被定义成两种属性，一种是网格（Static/Dynamic Grid），另一种为梯度（Gradient），网格可进一步分为动态网格和静态网格。

Dynamic Grid（动态网格）。用于模拟动态的流体行为。模拟的每一步，Maya 都会重新计算一次，更新数据。这就是流体的动态运动的模拟过程。当我们将解算方式切换成 Dynamic Grid，下放的 Contents Details（内容细节）属性栏被激活，调节流体的动态数值在此处，详细数值请看以下讲解。

Static Grid（静态网格）。用于定义流体单位体积内的特定值。一旦放入数值，就不会因为解算而发生变化。

Gradient[梯度（填充）]。是 Maya 在不使用网格的情况下预先设定好的值。尽管 Gradient 值是用于动态模拟计算，但是不会因为模拟而改变。使用 Gradient 渲染时会比使用网格更迅速，因为在模拟中不需要计算。

选择了 Gradient 梯度填充之后，Density、Velocity、Temperature 及 Fuel 下面的灰色属性会转为可选状态。以 Density 为例，如图 3-18 所示。

图 3-18　梯度填充

● Density Gradient：可选择属性包括 Constant（常量）、X/-X Gradient（X/-X 轴梯度）、Center Gradient（中心梯度）。
  ➤ Constant（常量）：即把整个流体中的值设置为 1。
  ➤ X Gradient（X 轴梯度）：是设置一个沿着 X 轴的从 1 到 0 的渐变。
  ➤ -X Gradient（-X 轴梯度）：是设置一个沿着 X 轴的从 0 到 1 的渐变。
  ➤ Center Gradient（中心梯度）：是从中心到边缘设置一个从 1 到 0 的渐变。
    以 X 轴向为例，如图 3-19 所示。

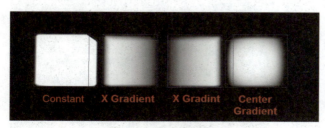

图 3-19　梯度填充对比

● Color Method（颜色方式）：包括 Use Shading Color（应用 Shading 属性中的 Color 来定义颜色）、Static Grid（创建一个特定颜色值来填充，这些值不会随着解算而改变）及 Dynamic Grid（创建一个特定颜色来填充，用于动态模拟过程中）。
● Falloff Method（下降方式）：包括 Off(zero)（关闭）及 Static Grid（创建一个特定值来填充，这些值不会随着解算而改变）。

（3）Display（显示）

Display 选项可以影响流体在视窗中的显示方式，但不影响最终渲染效果，属性窗口如图 3-20 所示。

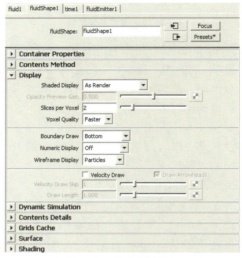

图 3-20　显示属性窗口

● Shaded Display（贴图显示模式）
  Off：流体容器中任何物体都不会显示出来。
  As Render：容器中所显示的流体效果就是最终渲染效果。
  Density、Temperature、Fuel 及 Collision：容器中显示这些流体的单一属性。
  Density 与其他属性相结合：如 Density And Temp（这里的 Temp 相当于 Temperature），颜色会区分这两种属性的显示，如图 3-21 所示。

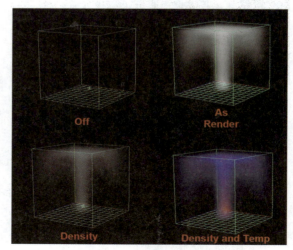

图 3-21　贴图显示模式

- Opacity Preview Gain（透明度预览增益）：在 Shaded Display 选项不是 As Render 时，调节 Opacity Preview Gain 可对硬件显示的 Opacity（透明度）进行改变。
- Slices per Voxel（每体积内的像素面板）：在贴图显示模式时，Slices per Voxel 决定了每单位体积内的像素面板数量，如图 3-22 所示。

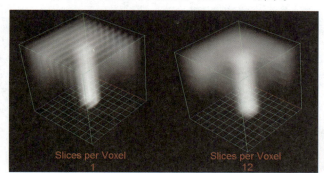

图 3-22　像素对比

- Voxel Quality（体积像素品质）：
  Faster，相同硬件下显示的品质效果会降低，但运行速度会加快。
  Better，相同硬件下显示的品质效果会更好。
- Boundry Draw（边界绘制）（图 3-23）：
  Bottom（底部），只有流体容器底部显示为网格。
  Reduced（缩小），离摄像机最远的面上会显示为网格。
  Outline（缩略图），所有的 6 个面都会显示为网格。
  Full（全部），整个容器里的单位体积像素都会用网格表示出来。
  Bounding Box（边界盒），流体容器只显示为一个边界盒。
  None（无），流体容器不显示，但所有可见属性都会显现出来。

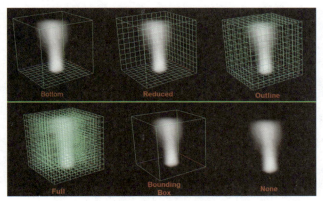

图 3-23　边界绘制

- Numeric Display（数字显示）
  Off：无数字显示。

Density、Temperature 及 Fuel：容器中将当前所选的流体单一属性用数字显示，如图 3-24 所示。

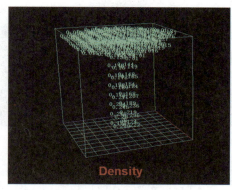

图 3-24　数字显示

> ⚠️ **注　意**
>
> 　　数字显示只有在线框显示（按【4】快捷键）时才有效果。

- Wireframe Display（线框显示）
  Off：无线框显示。
  Rectangles（矩形）：在容器内物体显示为矩形形态。
  Particles（粒子）：在容器内物体显示为粒子形态，如图 3-25 所示。

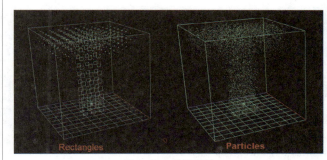

图 3-25　线框显示

- Velocity Draw（速度绘制）：勾选 Velocity Draw 属性，视窗中会为流体显示出速度矢量（类似箭头的样子）。速度矢量代表了容器中 Velocity 的大小和方向，这些速度矢量的显示有助于观察流体的运动路径。
- Draw Arrowheads（绘制箭头）：勾选 Velocity Draw 后，Draw Arrowheads 会自动勾选。关闭此选项，视窗中的速度矢量前的箭头会消失。关闭后可加快绘制速度，并减少视觉的混乱，如图 3-26 所示。
- Velocity Draw Skip（速度绘制跳幅）：增大 Velocity Draw Skip 的值，可以减少绘制速度的箭头数量。

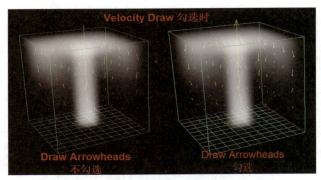

图 3-26 绘制箭头

当值为 0 时，所有箭头都会被绘制出来。

当值为 1 时，其他所有箭头被忽略或者被跳过，如图 3-27 所示。

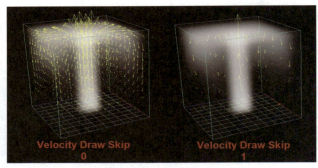

图 3-27 箭头数量对比

● Draw Length（绘制长度）：Draw Length 决定了速度矢量（箭头）的长度。

（4）Contents Details（内容细节）

当容器的解算方式 Density（密度）、Velocity（速度）、Temperature（温度）、Fuel（燃料）、Color Method（颜色方式）设置为 Dynamic Grid（动态网格），Contents Details（内容细节）以下属性才会被激活。这些属性都是用来调节动态流体的形态和颜色的，如图 3-28 所示。

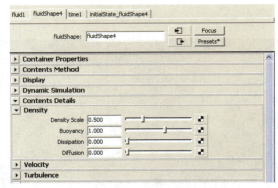

图 3-28 Contents Details 属性窗口

① Density（密度）

密度表现了真实世界中的流体物体属性。你可以将其考虑为流体的几何学。如果将密度比作一个常规的球体，球体表面的体积当量就是容器中密度的成分，如图 3-29 所示。

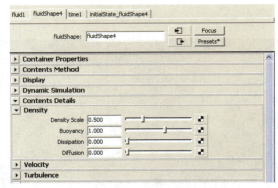

图 3-29 Density 属性窗口

● Density Scale（密度缩放）：对流体容器中的密度值进行倍数相乘（无论它们是在方格中定义还是被预设的渐变定义）。使用小于 1 的密度缩放值将使密度呈现透明；大于 1 则是增大不透明度。当将密度缩放值设置小于 1，密度将变得透明，于是流体容器中的小红球显现出来。

● Buoyancy（浮力）：Dynamic Grid 动力学方格特有。模拟密度值区域内外间的质量密度的不同情形。如果 Buoyancy（浮力）值为正数，其密度将表现为比周围的媒介要轻，如水中的气泡会上升，负值将使密度较大而下沉。

● Dissipation（消散）：定义方格内密度逐渐消散的比率。在每个时间段内，密度将从各三维像素移除（密度值逐渐变小）。以下例子中，Dissipation（消散）值设为 1。

● Diffusion（扩散）：定义 Dynamic Grid（动态网格）中，密度散布到临近三维像素的比率。

② Velocity（速度）（图 3-30）

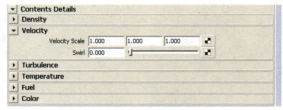

图 3-30 Velocity 属性窗口

【参数说明】

● Velocity Scale（X, Y, Z）〔速度缩放（X, Y, Z）〕：缩放与流体有关的速度。流体容器中密度值的倍数取决于该缩放值，缩放并不会改变流体的运动方向。

- Swirl（旋转）：定义速度溶解中的漩涡数量。此项属性对于低分辨率的流体发射器产生漩涡效果很有用。

③ Turbulence（扰乱）（图3-31）

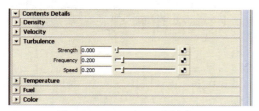

图3-31　Turbulence 属性窗口

- Strength（强度）：增大该数值，将增加扰乱的力度。
- Frequency（频率）：低频率会使扰乱涡流变大。这是基于扰乱函数的一个比例因子，当 Strength（强度）值为0时将无任何效果。
- Speed（速度）：定义扰乱样式随时间而变化的比率。

④ Temperature（温度）（图3-32）

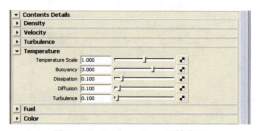

图3-32　Temperature 属性窗口

- Temperature Scale（温度缩放）：定义容器中温度值的倍数。
- Buoyancy（浮力）：定义温度解算中的内置浮力强度。
- Dissipation（消散）：定义动态网格内温度逐渐消散的比率。在每个时间段内，温度将从各三维像素移除（温度值逐渐变小）。
- Diffusion（扩散）：定义 Dynamic Grid（动态网格）中，温度散布到临近三维像素的比率。
- Turbulence（扰乱）：对扰乱进行倍数相乘并应用于温度变化。

⑤ Fuel（燃烧）

燃烧与密度相结合，可定义一个反应力发生的情况。密度值表现了发生反应的物质，而燃烧值则描述了反应的状况。温度可"引发"燃烧开始反应（例如，一个爆炸特效）。在反应过程中，燃烧值从未反应（值为1）到完全反应（值为0）。燃烧将在温度高于燃点时发生，如图3-33所示。

- Fuel Scale（燃烧缩放）：定义容器中燃烧值的倍数。

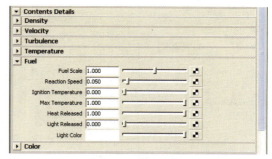

图3-33　燃料面板

- Reaction Speed（反应速度）：当温度等于或高于 MaxTemperature（最大温度）值时，数值从1到0的反应转化速度。数值是1时，反应将是瞬时的。
- Ignition Temperature（燃点）：反应发生的最低温度。此温度的反应比率为0，该值的增加由反应速度和最大温度决定。
- Max Temperature（最大温度）：是指反应发生最剧烈时的温度。
- Heat Released（放热）：是指总反应的放热量。这是在引发初始火花后物质维持自身的数量。需要将 Temperature Method（温度方式）设为 DynamicGrid（动态网格）选项才有效。
- Light Released（发光）：反应的发光程度。这直接由材质的最终炽热强度决定，不会输入到任何网格中。
- Light Color（光颜色）：反应发光时的光颜色。发光属性与密度值同时反应于给定的时间步长，并缩放总体光线的明亮度。

⑥ Color（颜色）（图3-34）

图3-34　颜色面板

- Color Dissipation（颜色消散）：网格中颜色消散的比率。
- Color Diffusion（颜色扩散）：动态网格中颜色扩散到临近三维像素的比率。

（5）Shading（材质）

该部分属性用于将内置的材质效果应用到流体中，属性窗口如图3-35所示。

- Transparency（透明度）：Transparency 与 Opacity 结合起来，可以决定容器中物体的透明程度。可以通过调节 Transparency 来控制 Opacity 并设置它的颜色。

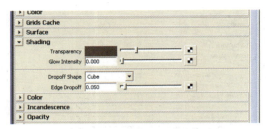

图 3-35　Shading 属性窗口

- Glow Intensity（辉光强度）：控制辉光的明亮度（流体亮部的光量），数值越大，辉光越亮，0 为无辉光。
- Dropoff Shape（衰减形态）：设定流体的衰减形态。控制流体外边界虚化
- Edge Dropoff（边缘衰减）：Edge Dropoff 的数值决定了流体的 Density 由 Dropoff 中心向边缘衰减的大小。为了更好地理解 Edge Dropoff 的意思，我们暂时把 Density 设置为 Gradient，如图 3-36 所示。

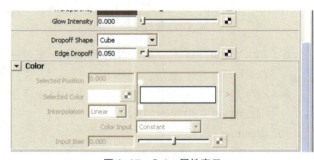

图 3-36　边缘衰减对比

现在将 Density 改回为 Off(zero)，并调节 Edge Dropoff 数值为 0.165。

（6）Color（颜色）

Color 的渐变决定了用于渲染流体的颜色。所选择的颜色与 Color Input（颜色输入）相适应。值为 0 的 Color Input 对应渐变条最左边的颜色，值为 1 的 Color Input 对应渐变条最右边的颜色，属性窗口如图 3-37 所示。

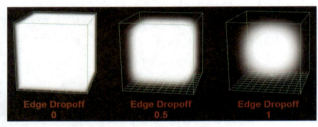

图 3-37　Color 属性窗口

- Selected Position：所选择点在渐变划条上的位置。
- Selected Color：所选择点的颜色，如图 3-38 所示。

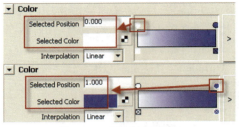

图 3-38　点的位置和颜色

- Interpolation（插补）：Interpolation 控制的是渐变条上不同位置之间的颜色融合。可选项有 None、Linear、Smooth 和 Spline，如图 3-39 所示。

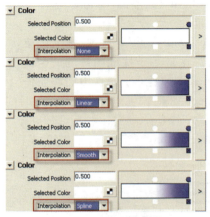

图 3-39　颜色融合选项

- None（无插补）：表示颜色之间没有插补，每种颜色层次分明。
- Linear（线性插补）：使用 RGB 颜色的线性曲线进行插补。
- Smooth（平滑插补）：使渐变条上的任一颜色都影响其周围的区域，并与下一种颜色均匀融合。
- Spline（样条插补）：使用样条线进行插补。将相邻的（点）颜色计算在内以得到更加平滑的转换。
- Color Input（颜色输入）：用于定义贴图颜色值的属性，可选项有 Constant、Gradient Center Gradient、Density、temperature、fuel 等。
  - Constant（常数）：将整个容器的颜色设置为渐变条最末端 (1.0) 的颜色。
  - Gradient Center Gradient（X，Y，Z 中心梯）：将整个容器的颜色设置为一个与渐变条颜色相对应的梯度。
  其他选项以 Density 为例，若将 Color Input 设置为 Density，那么颜色渐变条最左边的颜色将应用。
  Density 值为 0 的地方，而颜色渐变条最右边的颜色将应用在 Density 为 1 的地方。中

间范围的范围则会按照 Input Bias（输入偏差）进行贴图，如图 3-40 所示。

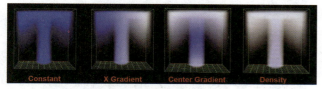

图 3-40　颜色对比

- Input Bias（输入偏差）：Input Bias 用来调节所选择的 Color Input 的灵敏性。由于值为 0 和 1 的 Color Input，只能对应到渐变条的最左和最右两端，如果改变 Input Bias 的值，那么就可以使渐变条上相对应位置的颜色进行偏移。

以图 3-41 所示为标准，调节 Input Bias 的值来观察一下颜色的变化，如图 3-42 所示。

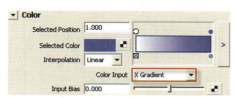

图 3-41　输入偏差

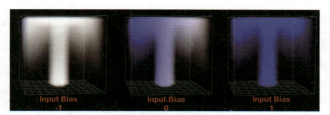

图 3-42　偏差数值对比

（7）Incandescence（白热）

Incandescence 决定了由于自身的照明而从流体容器内有 Density 的部分发出来的光的数量和颜色。这一范围内所选择的颜色与选定 Incandescence Input（白热输入）的值相同，如图 3-43 所示。

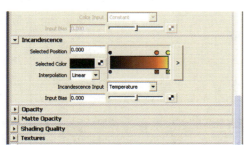

图 3-43　Incandescence 属性窗口

由于 Incandescence 下属性与 Color 下属性基本相同，所以在这里不再赘述。

（8）Opacity（不透明度）

Opacity 决定了流体的不透明度，即流体阻隔光

的量。Opacity 曲线用来定义渲染流体的一系列不透明度值。这一范围内所选择的不透明度由选定的 Opacity Input（不透明度输入）来决定。

先来看一下 Opacity 的属性窗口，如图 3-44 所示。

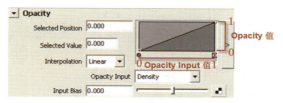

图 3-44　Opacity 属性窗口

- Selected Position：所选择点在渐变划条上的位置。
- Selected Value：所选择点的不透明度值。
- Interpolation（插值）：Interpolation 控制的是在渐变条上的不同位置之间的不透明度的混合。选项与 Color 下属性 Interpolation 的相同，各自的效果如图 3-45 所示。

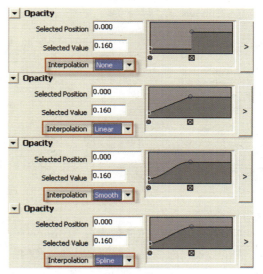

图 3-45　不透明度的混合

- Opacity Input（不透明度输入）：用于定义不透明贴图的属性，与 Color 下属性，Color Input 相同。
- Input Bias（输入偏差）：由于 Opacity Input 和（Opacity）Input Bias 的属性与 Color Input 和（Color）Input Bias 的属性基本相同，所以不再赘述。

（9）Shading Quality（材质品质）

已经学习过了流体容器的 Shading 等属性，现在来学习流体 Shading Quality 属性，如图 3-46 所示。

Shading Quality 可以直接控制流体的渲染品质。

- Quality（质量）：增加 Quality 的值会提高渲染中流体的采样数，并提高渲染的贴图品质。

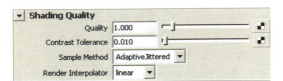

图 3-46　Shading Quality 属性窗口

● Contrast Tolerance（对比度公差）：Contrast Tole-rance 指的是用自适应细分方法所支持的体积跨度的有效透明度最大对比值。

（10）Textures（纹理）

Textures 属性窗口如图 3-47 所示。

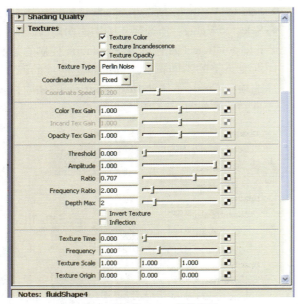

图 3-47　Textures 属性窗口

【参数说明】

● Textures（纹理）：使用内置在 fluidShape 节点中的纹理可以为高品质渲染加快采样时间。

● Texture Color（纹理颜色）：勾选 Texture Color 后可以将当前纹理应用到颜色渐变的 Color Input 值中。

● Texture Incandescence（纹理白热）：勾选 Texture Incandescence 后可以将当前纹理应用到 Incandescence 值中。

● Texture Opacity（纹理不透明度）：勾选 Texture Opacity 后可以将当前纹理应用到 Opacity 值中。

● Texture Type（纹理类型）：Texture Type 决定了对流体容器中的 Density 进行纹理处理。纹理的中心即是流体的中心。

可选项分为：Perlin Noise（标准 3D 噪波）、Billow（膨胀的云状效果）、Volume Wave（体积波动）、Wispy（增加噪波细节，造成有斑点、纤细的效果）和 Space Time（四维版本的 Perlin Noise，时间是第四维），其效果如图 3-48 所示。

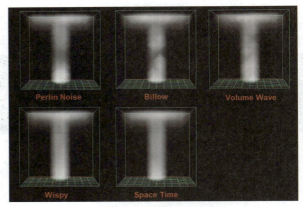

图 3-48　纹理类型对比

● Coordinate Method（坐标方式）。坐标方式有 Fixed 和 Grid 两种方式可供选择。

➤ Fixed（固定）：将值设置为与对象空间坐标系统（X/Y/Z 容器中的 0 ～ 1）相等。

➤ Grid（网格）：选择 Grid 会使纹理随着 Density 一起移动，而不是在空间里显得静止。

● Color Tex Gain（颜色纹理增益）：Color Tex Gain 决定了纹理对 Color Input 值的影响程度。如果颜色由白到蓝，那么添加纹理后会促使由白到蓝的变化。当 Color Tex Gain 为 0 时，则颜色纹理不存在，如图 3-49 所示。

图 3-49　颜色对比

● Incand Tex Gain（自发光纹理增益）：Incand Tex Gain 决定了纹理对 Incandescence Input 值的影响程度。

● Opacity Tex Gain（不透明纹理增益）：Opacity Tex Gain 决定了纹理对 Opacity Input 值的影响程度。

● Threshold（阈值）：Threshold 是添加到整个不规则碎片的数目，使它均匀地变亮。若某部分超过 1.0，则会将其取值为 1.0，如图 3-50 所示。

图 3-50　阈值数值对比

- Amplitude（振幅）：Amplitude 是一个应用于纹理中所有值的缩放系数。当增大数值时，亮部将更亮，暗部将更暗，如图 3-51 所示。

图 3-51　振幅对比

- Ratio（比率）：Ratio 用来控制噪波的频率。当增大数值时，可以增加局部精细度。
- Frequency Ratio（频率比率）：Frequency Ratio 用来控制噪波频率的相对空间比例。
- Depth Max（最大深度）：Depth Max 用来控制纹理的最大计算量。
  - Invert Texture（倒置纹理）：Invert Texture 勾选后，可以倒置纹理的范围。比如稀薄的部分变得稠密，稠密的地方变得稀薄，如图 3-52 所示。

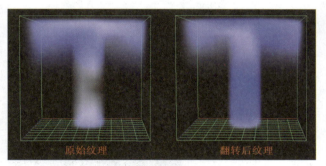

图 3-52　倒置纹理对比

  - Inflection（反射）：Inflection 勾选后，可以应用噪波的扭结，这对于创建颠簸或膨胀效果有用，如图 3-53 所示。

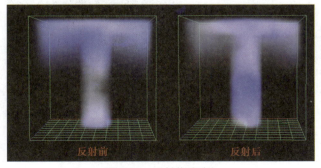

图 3-53　反射前后对比

- Texture Time（纹理时间）：Texture Time 可以用设置关键帧的方法来控制纹理改变的速率及数量。
- Frequency（频率）：Frequency 决定了噪波的基本频率。增大数值，噪波会变得更复杂。

（11）Lighting（灯光）

Lighting 属性窗口如图 3-54 所示。

图 3-54　Lighting 属性窗口

- Lighting：
  - Self Shadow（自投影）：开启此项将计算流体的自身投影。
  - Hardware Shadow（硬件投影）：开启此项，会在模拟中显示流体的自身投影，如图 3-55 所示。

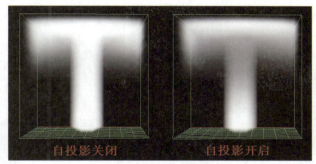

图 3-55　自投影对比

- Real Lights（真实灯光）：Real Lights 勾选时，可以应用场景中的真实灯光。若关闭，会使用一个内置灯光来代替，内置灯光的速度会较快。
- Directional Light（方向灯光）：Real Lights 不勾选时，可以设置内置方向灯的 X/Y/Z 分量。

3.2.3　流体发射器属性

前面已经讲解了怎么创建发射器，这节我们来学习发射器的属性。简单说，发射器是用来发射流体的，因此流体发射器可以控制流体的密度、热度、燃料等属性，调节这些属性对流体的形态也很重要。当然想解算出完美的流体形态，还需要配合容器的属性共同调节。选择发射器，按【Ctrl+A】键打开发射器属性窗口，如图 3-56 所示。

【参数说明】

（1）Basic Emitter Attributes（基本发射器属性）

- Emitter Type（发射器类型）：发射器类型有 Omni（点发射）、Surface（面发射）、Curve（曲线发射）和 Volume（体积发射）4 种。
- Cycle Emission（发射循环）：包括 None（time Random off）（不循环）和 Frame（timeRandom on）（循环）两个选项。

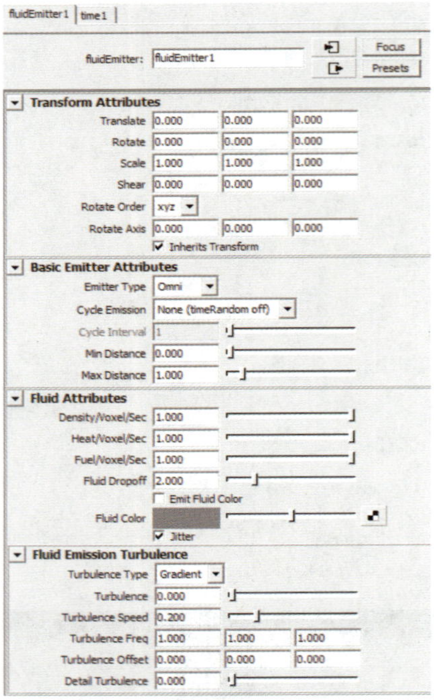

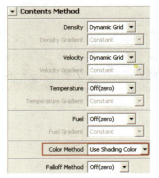

图 3-56　流体发射器属性窗口

根据自己定义的 Fluid Color 来改变。默认的流体发射器的 Contents Method 属性下，Color Method 会设定为 Use Shading Color，如图 3-58 所示。

图 3-58　Contents　Method 属性栏

● Min Distance：最小距离。

● Max Distance：最大距离。

由于 Basic Emitter Attributes 中的属性在前阶段讲解粒子发射器的 Basic Emitter Attributes 时都有详细叙述，所以这里不再重复。

（2）Fluid Attributes（流体属性）

● Density/Voxel/Sec（密度速率）：Density/Voxel/Sec 是指每秒钟将 Density 的值发射到网格体积像素的速率。若为负值，则会把 Density 从网格中删除，如图 3-57 所示。

当勾选 Emitter Fluid Color 后，系统会有提示。提示的内容是：为了设置发射的流体颜色，必须先将流体的颜色形式（Color Method）设置为动态网格（Dynamic Grid），如图 3-59 所示。

图 3-59　提示框

这时单击【Set to Dynamic】按钮，流体的 Color Method 会自动变更为 Dynamic Grid，并且可以应用下面的 Fluid Color 来定义发射出来的流体颜色，如图 3-60 所示。

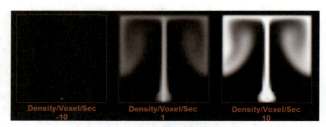

图 3-57　密度速率数值对比

● Heat/Voxel/Sec（热度速率）：Heat/Voxel/Sec 是指每秒钟将 Heat 的值发射到网格体积像素的速率。若为负值，则会把 Heat 从网格中删除。

● Fuel/Voxel/Sec（燃料速率）：Fuel/Voxel/Sec 是指每秒钟将 Fuel 的值发射到网格体积像素的速率。若为负值，则会把 Fuel 从网格中删除。

● Fluid Dropoff（流体衰减）：设置流体发射的衰减值。

　➤ Emitter Fluid Color（发射的流体颜色）：勾选 Emitter Fluid Color 后，流体的颜色可以

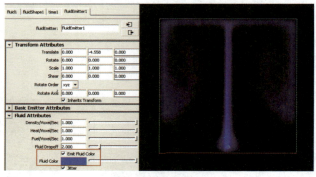

图 3-60　流体颜色

　➤ Jitter（抖动）：开启此项可在发射体积的边缘提供更好的抗锯齿效果。有些效果（如海洋和池塘尾迹）禁用此选项效果更佳。

（3）Fluid Emission Turbulence（流体发射器扰乱）

● Turbulence Type（扰乱类型）：扰乱类型有 Gradient（梯度）和 Random（随机）两种。

● Turbulence（扰乱）：流体内置的类似扰乱场效果。强度不为 0 时，有扰乱效果，如图 3-61 所示。

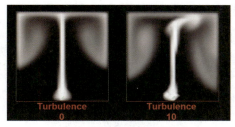

图3-61 扰乱数值对比

● Turbulence Speed（扰乱速度）：Turbulence Speed 决定了 X/Y 轴上的扰乱的速度值，如图 3-62 所示。

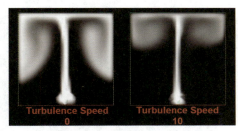

图3-62 扰乱速度大小对比

● Turbulence Freq（扰乱细节）：Turbulence Freq 决定了 X/Y/Z 轴向上的扰乱细节。
● Turbulence Offset（扰乱偏移）：Turbulence Offset 决定了 X/Y/Z 轴向上的扰乱偏移。
● Detail Turbulence（细节扰乱）：增大 Detail Turbulence 的值，会使扰乱更复杂，如图 3-63 所示。

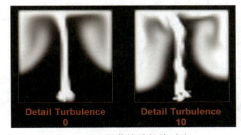

图3-63 细节扰乱数值对比

2D 流体容器的属性跟 3D 流体容器基本相同，发射器的属性也基本相同。我们可以把 2D 流体容器看作是 Z 轴像素深度为 1 的 3D 流体容器。

3.2.4 流体缓存

缓存是把流体模拟动作中的每一帧的所有动态属性值都存储起来，这样在播放的时候读取的是之前储存的缓存文件，不需要每次播放时都进行模拟计算。读取缓存可以使我们快速地预览流体模拟，因此通常在调节完流体的属性，达到最终效果，最后创建流体缓存，方便预览而且在渲染时减少解算错误。

1）创建缓存方法

执行 Fluid Effects → Create Cache 命令，单击

后面的 ▣，我们可以选择需要的属性进行缓存，如 Density、Velocity、Temperature 等，如图 3-64 所示。

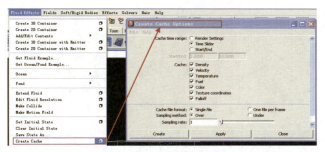

图3-64 缓存命令

2）删除缓存方法

执行 Fluid Effects → Delete Cache 命令，删除缓存。

3.2.5 流体碰撞

流体和物体本身是不发生碰撞的，只有选择流体容器和要碰撞的物体，执行 Fluid Effects → Make Collide 命令，流体便会与物体产生碰撞效果。本节我们来学习流体与其他物体的碰撞，以及碰撞后流体与其他物体的相互影响。这里我们说的其他物体，指的是 NURBS、Polygon 物体、粒子。我们可以通过流体与其他物体碰撞后的相互影响来达到下列效果：物体保持不动，流体会与其产生碰撞效果；物体随着流体一起运动；物体随着流体对其的力而变形。

1 创建一个默认的带发射器的 3D 流体容器，并创建一个 NURBS 或 Polygon 物体，移动至容器内合适位置，如图 3-65 所示（图中以 Polygon 物体为例）。

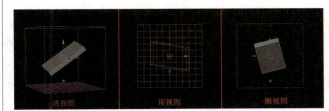

图3-65 Polygon 物体

此时播放动画，流体会向上运行并且穿过 Polygon 物体，如图 3-66 所示。

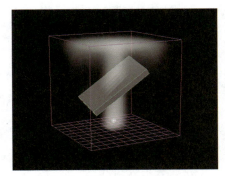

图3-66 流体穿过 Polygon 物体

2 同时选择流体容器和Polygon物体，执行Fluid Effects → Make Collide命令，流体便会与Polygon物体产生碰撞效果，如图3-67所示。

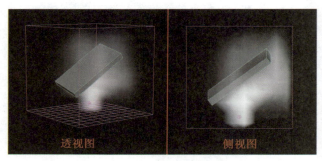

透视图　　　　　　侧视图

图3-67　产生碰撞效果

把流体的速度箭头显示打开观察一下，会发现流体碰到Polygon物体的部分会改变原本的运行轨迹，而碰不到Polygon物体的部分则会继续原来的运行轨迹向上，如图3-68所示。

图3-68　箭头显示

3 在上个效果中，Polygon物体是保持不动的。那如果我们希望Polygon物体随着流体一起运行的话，应该怎么办呢? 删除之前创建的碰撞节点。

删除碰撞节点有以下两种方法：

方法1　执行Window → Relationship Editors → Dynamic Relationships命令，在Selection Mode（选择模式）下选择Collisions（碰撞连接）。左边窗口显示了碰撞流体，右边窗口显示了碰撞对象（Polygon物体）。在右边窗口单击碰撞物体，当颜色不再高亮显示时，那么碰撞未连接，如图3-69所示。

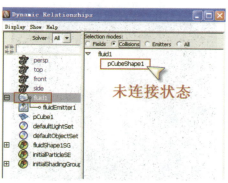

图3-69　动力学关联器

方法2　直接在Hypershade材质编辑器中删除geoConnector1（碰撞节点），如图3-70所示。

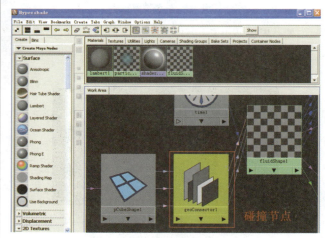

图3-70　碰撞节点

4 删除掉碰撞节点之后，同时选择流体和Polygon物体，执行Fields → Affect Seleted Object(s)命令，再次选择Polygon物体，执行Fields → Gravity命令。

我们播放动画，Polygon会变为刚体并下落，如图3-71所示。

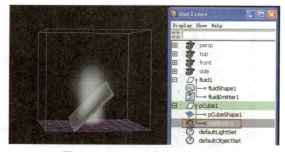

图3-71　Polygon变为刚体并下落

5 修改Polygon物体的刚体属性，将Apply Force At（受力于）改为Center of Mass（质量中心）。此时播放动画，Polygon物体会受流体向上的力而运动，如图3-72所示。

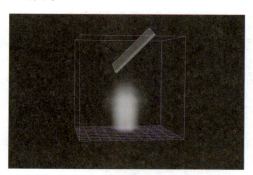

图3-72　Polygon物体会受流体向上的力而运动

166

Maya动力学

用同样方法，可以使粒子随着流体的力一起运动，如图 3-73 所示。

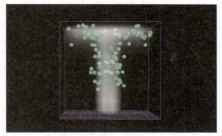
图 3-73　可以使粒子随着流体的力一起运动

6 可以用流体来影响物体的位移，那么同样地，也可以利用流体来改变物体的形状。为方便观察，创建一个 Polygon 球体并稍微修改一下外形，移动至默认流体容器的合适位置，如图 3-74 所示。

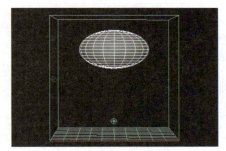
图 3-74　创建一个 Polygon 球体并稍微修改一下外形

7 选择 Polygon 球体，执行 Soft/Rigid Bodies（柔体 / 刚体）→ Create Soft Body（创建柔体）命令，将其变为柔体，如图 3-75 所示。

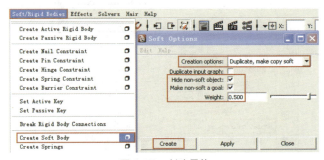
图 3-75　创建柔体

8 同时选择 Polygon 球体和流体容器，执行 Fields → Affect Selected Object(s) 命令，播放动画，如图 3-76 所示。

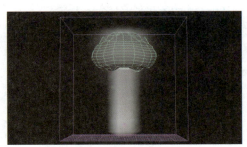
图 3-76　Polygon 球体变形

注　意

在创建碰撞效果的时候，如果我们创建的是 NURBS 物体，那么选择物体的时候，必须选择所有组成 NURBS 物体的分支，而不是整个组，否则会出现报错。

// Error: Need to select NURBS or meshes.

3.2.6　小试牛刀——火（体积渲染方式）

前面介绍了流体的一些基本属性，运用这些属性可以制作火的效果。首先创建一个 3D 流体容器，然后创建 Polygon 模型并给流体容器和物体创建发射器，接下来使用密度、速度、温度、燃料来调节火的形态和颜色。通过对本实例的学习能够帮助大家掌握添加 / 编辑三维流体容器的方法，并在修改容器和发射器基本数值的过程中熟练掌握流体属性。

1）创建流体容器

1 创建一个空的 3D 流体容器，并缩放容器大小，如图 3-77 所示。

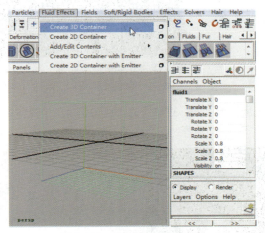
图 3-77　创建容器并缩放大小

2 创建一个用来做火焰燃烧效果的模型（为方便操作，以一个简单的 Polygon 模型为例）。将模型放入 3D 流体容器中合适位置，如图 3-78 所示。

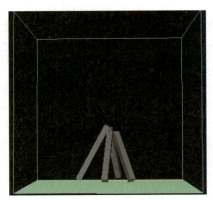
图 3-78　创建模型

3 执行 Fluid Effects → Add/Edit Contents → Emit from Object 命令，使模型发射出流体，模拟物体点燃时着火的效果。

> **提 示**
>
> 从流体容器中的任何 Polygon 物体及 NURBS 曲面都可发射流体，而对于闭合的物体（例如球体），流体只能从表面发射，并且不能发射到物体内部。

4 同时选择流体容器和模型（选择顺序不影响最后效果），执行 Fluid Effects → Add/Edit Contents → Emit from Object 命令后，Maya 会创建出一个曲面流体发射器并将其连接到模型和流体容器上，如图 3-79 所示。

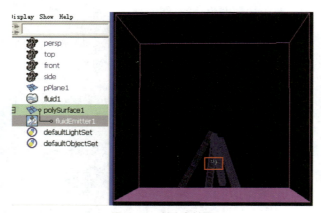

图 3-79　创建发射器

此时播放动画，可以看到由模型发射出了流体，并且其内部没有流体，如图 3-80 所示。

图 3-80　物体发射效果

在这个例子中，所有的 Contents Method（容器计算形式）除了 Color（颜色）外，都被定义成 Dynamic Grid（动态网格）。Density（密度）和 Temperature（温度）都有很高，其 Buoyance（浮力）值为 3。Swirl（Velocity 中的漩涡值）和 Turbulence（扰乱）值都为火的动态提供了更多的细节。Shading（阴影）部分则有很高的 Transparency（透明）值和 Shpere Dropoff Shape（球形衰减形态）。Temperature（温度）作为 Incandescence（白炽）的输入值。Density（密度）作为 Opacity（不透明度）的输入值

并定义了火焰的形态。

5 调节流体容器的 Container Properties 属性和 Contents Method 属性，让温度和燃料都进行动力学计算，如图 3-81 所示。

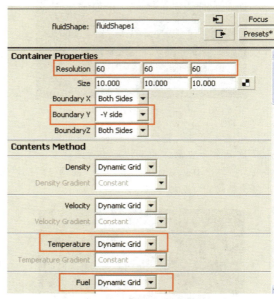

图 3-81　调节流体容器属性

6 调节流体容器的 Dynamic Simulation 属性，加快解算速度，如图 3-82 所示。

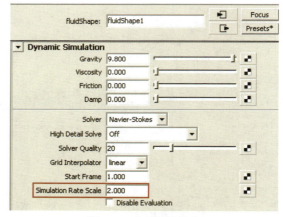

图 3-82　加快解算速度

2）通过调整流体容器的属性来修改火焰的形态

1 调节 Contents Details 下的 Density 属性，加大浮力和消散值，如图 3-83 所示。调节 Density 下 Buoyancy 值和 Dissipation 值的前后效果，如图 3-84 所示。

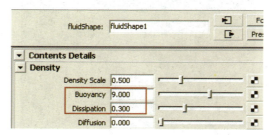

图 3-83　调节 Density 属性

168

Maya动力学

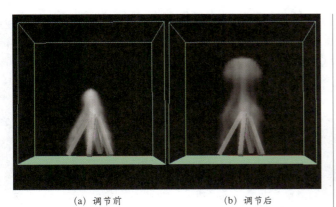

(a) 调节前　　　　　　　　(b) 调节后

图 3-84　调节 Buoyancy 和 Dissipation 数值前后对比

2 调节 Contents Details 下的 Velocity 属性（图 3-85），让火焰上升时有扰乱的效果，调节 Swirl 数值前后的效果，如图 3-86 所示。

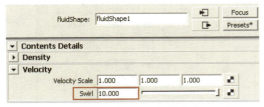

图 3-85　Velocity 属性设置

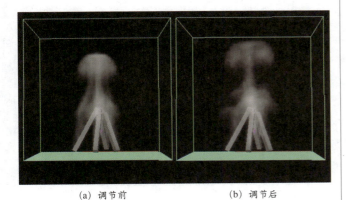

(a) 调节前　　　　　　　　(b) 调节后

图 3-86　调节 Swirl 数值前后对比

3 调节 Contents Details 下的 Turbulence 属性，给 Strength（强度）参数设定一个较低的数值，使流体看起来有很轻微的扰乱，如图 3-87 所示。

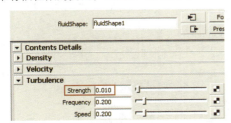

图 3-87　调节 Turbulence 属性

4 调节 Contents Details 下的 Temperature 属性，如图 3-88 所示。加大温度的浮力值，让温度的整体比例更大，向上浮动更快。调节 Temperature Scale 和 Buoyancy 值前后的效果，如图 3-89 所示。

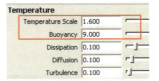

图 3-88　调节 Temperature 属性

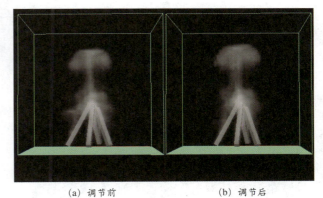

(a) 调节前　　　　　　　　(b) 调节后

图 3-89　调节 Temperature Scale 和 Buoyancy 数值前后对比

5 调节 Contents Details 下的 Fuel 属性，加大 Fuel Scale（燃料量）及 Reaction Speed（反应速度），如图 3-90 所示。调节 Fuel Scale 和 Reaction Speed 数值的前后效果，如图 3-91 所示。

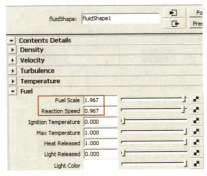

图 3-90　调节 Fuel 属性

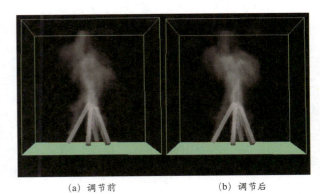

(a) 调节前　　　　　　　　(b) 调节后

图 3-91　调节 Fuel Scale 和 Reaction Speed 数值前后对比

　　当上述步骤完成后，"火焰"其实更加像"烟"，只有大致的轮廓。接下来就要针对流体的颜色、白炽（自发光）和不透明度等做出细致的调整，以达到想要的效果。

6 调节 Shading 下的 Color 属性，如图 3-92 所示。调节 Color 数值的前后效果，如图 3-93 所示。

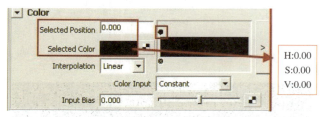

图 3-92　调节 Color 属性

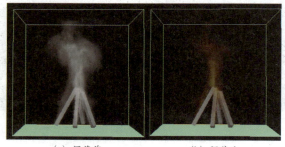

（a）调节前　　　　（b）调节后

图 3-93　调节 Color 数值前后对比

7 调节 Incandescence 属性，如图 3-94 所示。调节前后的效果，如图 3-95 所示。

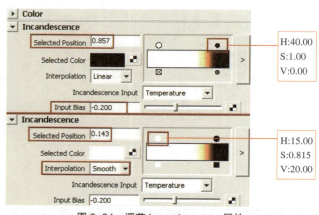

图 3-94　调节 Incandescence 属性

3）修改3D流体发射器的属性

可以看出调节完 Incandescence 属性后，流体从红色又变为原来的白色。

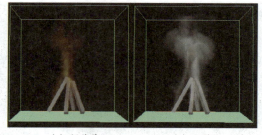

（a）调节前　　　　（b）调节后

图 3-95　调节 Incandescence 数值前后对比

1 调节 Heat/Voxel/Sec 和 Fuel/Voxel/Sec 属性，改善火焰的效果，如图 3-96 所示。

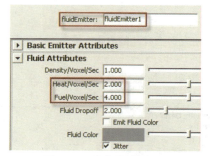

图 3-96　调节发射器属性

> ⚠ **注　意**
>
> 这里调节的是流体发射器的属性。

调节前后的对比，如图 3-97 所示。

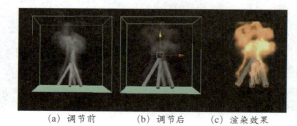

（a）调节前　　（b）调节后　　（c）渲染效果

图 3-97　调节 Heat/Voxel/Sec 和 Fuel/Voxel/Sec 数值前后对比

2 火焰的颜色效果基本达到预期后进一步调节其形态。目前感觉整个容器都充满流体，火焰如果没有透明度，会显得不真实，为此同时需要修改流体的 Transparency（透明度）和 Opacity（不透明度），如图 3-98 所示。

注：单击图中黄色箭头位置的按钮，可将Opacity的图标区放大（即FlameShape.opacity窗口），我们可以在这个窗口中查看各控制点的参数。

图 3-98　调节透明度

图 3-99　流体的渲染效果

3 调节 Shading Quality 下属性使渲染后火焰质量更高，并调节流体发射器的扰乱属性，给火焰添加一些扰乱的细节，最终效果如图 3-100 所示。

图 3-100　火焰燃烧最终效果

3.2.7　小试牛刀——爆炸（体积渲染方式）

上节我们制作了火焰的效果，这节我们提高难度来制作爆炸的效果。制作爆炸和上面讲的火的解算方式是不同的，制作爆炸不用动态计算，所以将属性全部关掉，也就是说将 Density（密度）和 Velocity（速度）由默认的 Dynamic Grid 修改为 off（zero）。爆炸的动态是由对流体容器的 Scale 数值做缩放动画来完成的，而爆炸时的颜色和自发光以及形态都是通过调节流体容器中 Color、Incandescence、Opacity、Textures 属性来完成的。这节中对本例进行深入学习，主要为了更熟练地对 3D 流体发射器以及流体颜色和透明的灵活掌握。

1 在场景中，执行 Fluid Effects → Create 3D Container with Emitter 命令，创建一个 3D 流体容器。

2 使用【Ctrl+A】快捷键进入到 3D 流体属性窗口中修改其属性，如图 3-101 所示。

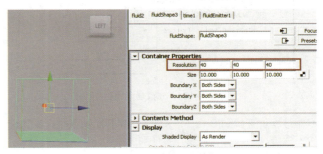

图 3-101　修改分辨率

3 将 Resolution 属性改为 40、40 和 40，并且对流体容器的 Scale 数值做缩放动画，动画第 1 帧 Scale X、Y、Z 为 0.2；第 3 帧 Scale X、Y、Z 为 0.9；第 60 帧 Scale X、Y、Z 为 1.1。如图 3-102 所示。

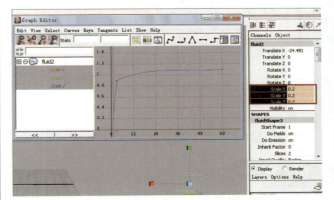

图 3-102　为 Scale 数值做动画

4 缩放动画完成以后，在来修改 3D 流体属性设置中的 Contents Method 属性，因为我们不用动态计算，所以将 Density（密度）和 Velocity（速度）由默认的 Dynamic Grid 修改为 off（zero），如图 3-103 所示。

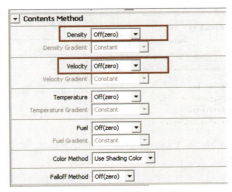

图 3-103　解算方式修改

5 修改完成后修改属性设置中的 Display（显示）属性，将 Boundary Draw 修改为 Boundingbox，如图 3-104 所示。

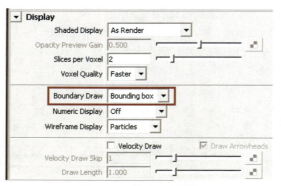

图 3-104　修改显示属性

6 继续往下找到 Shading 属性。展开此项属性，这里面要修改的数值非常多，要仔细调整。

首先找到 Shading 属性里面的 Glow Intensity（辉光强度）这项属性，并且修改 Edge Dropoff 属性。如图 3-105 所示。

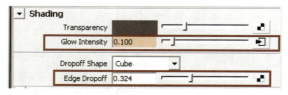

图 3-105　修改 Shading 属性

现在为 Glow Intensity 做关键帧动画：

第 1 帧数值为 0.1；

第 3 帧数值为 0.4；

第 30 帧数值为 0。

> **提　示**
>
> 修改完成之后选择属性 Glow Intensity 单击右键，选择 fluidShape3_glowIntensity.output...，如图 3-106 所示。
>
> 执行该命令后便打开了关键帧列表，在列表中可以看到每个关键帧的数值设置，如图 3-107 所示。

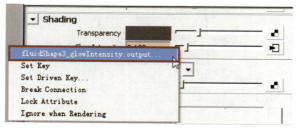

图 3-106　fluidShape3_glowIntensity.output... 命令位置

Keys				
	Time	Value	InTan Type	OutTan Type
0	1	0.1	Clamped	Clamped
1	3	0.4	Clamped	Clamped
2	30	0	Clamped	Clamped

图 3-107　每个关键帧的数值设置

现在要修改关键帧的动画曲线，打开 Maya 曲线编辑器，分别修改这三个关键帧的曲线，如图 3-108 所示。

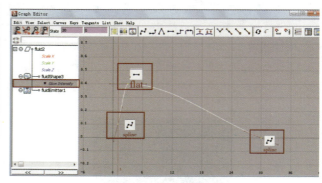

图 3-108　修改动画曲线

每个关键帧的数值设置如图 3-109 所示。

Keys				
	Time	Value	InTan Type	OutTan Type
0	1	0.1	Spline	Spline
1	3	0.4	Flat	Flat
2	30	0	Spline	Spline

图 3-109　每个关键帧的数值设置

2）调整爆炸的颜色和形态

1 修改 Shading 下的 Color 属性，将 Color Input 改为 Center Gradient，如图 3-110 所示。

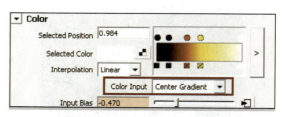

图 3-110　修改 Color Input 属性

修改 Selected Color 属性，一共有五种颜色，从左往右依次修改颜色的数值，如图 3-111 所示。

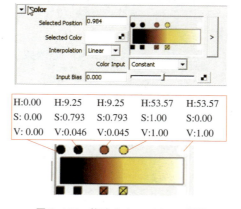

H:0.00	H:9.25	H:9.25	H:53.57	H:53.57
S: 0.00	S:0.793	S:0.793	S:1.00	S:0.00
V: 0.00	V:0.046	V:0.045	V:1.00	V:1.00

图 3-111　修改 Selected Color 属性

2 给 Input Bias 属性进行设置关键帧动画，第 1 帧 Input Bias 属性值为 −1；第 3 帧 Input Bias 属性值为 0.36；第 8 帧 Input Bias 属性值为 −0.47。如图 3-112 所示。

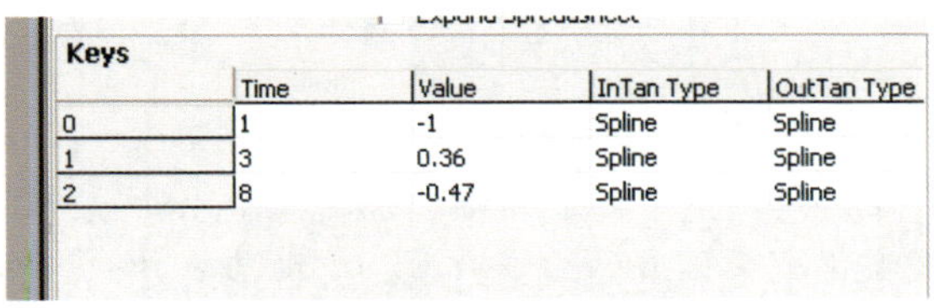

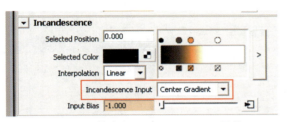

Keys				
	Time	Value	InTan Type	OutTan Type
0	1	-1	Spline	Spline
1	3	0.36	Spline	Spline
2	8	-0.47	Spline	Spline

图 3-112　给 Input Bias 属性设置关键帧

提 示

不要忘记修改动画曲线为 Spline 模式。

3　修改 Incandescence 属性，将 Incandescence Input 修改为 Center Gradient，如图 3-113 所示。

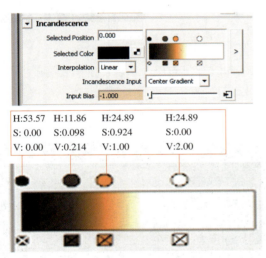

图 3-113　修改 Incandescence Input 属性

修改 Selected Color 属性，如图 3-114 所示。

H:53.57　H:11.86　H:24.89　H:24.89
S: 0.00　S:0.098　S:0.924　S:0.00
V: 0.00　V:0.214　V:1.00　V:2.00

图 3-114　修改 Selected Color 属性

4　给 Input Bias 做关键帧动画。第 1 帧 Input Bias 属性为 -1；第 3 帧 Input Bias 属性为 0.328；第 8 帧 Input Bias 属性为 0.153；第 45 帧 Input Bias 属性为 -1；第 60 帧 Input Bias 属性为 -1，动画曲线如图 3-115 所示。

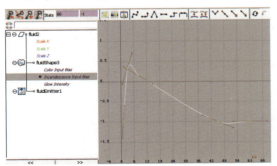

图 3-115　Input Bias 属性的动画曲线

5　修改 Opacity 属性，如图 3-116 所示。

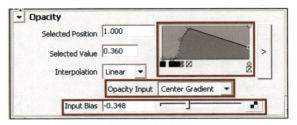

图 3-116　修改 Opacity 属性

6　修改 Shading Quality 属性，如图 3-117 所示。

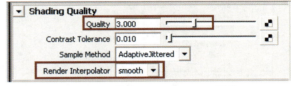

图 3-117　修改 Shading Quality 属性

7　Textures 属性设置，此属性设置修改的参数较多，需仔细修改。如图 3-118 所示。

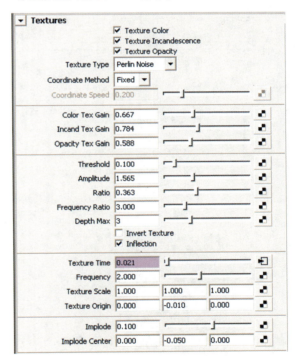

图 3-118　Textures 属性设置

其中，Texture Time 这个属性是要输入一个很简单的表达式，具体操作办法如下。

选中这项属性右键单击 Edit Expression...，如图 3-119 所示。

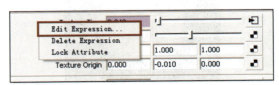

图 3-119　Texture Time 属性

在 Expression Editor 的 Expression 窗口里面输入表达式：

"fluidShape5.textureTime=time*0.5;"

如图 3-120 所示。

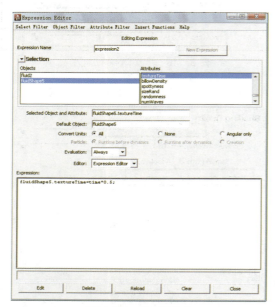

图 3-120　添加表达式

8 修改 Lighting 属性，如图 3-121 所示。

图 3-121　修改 Lighting 属性

全部都修改完成之后，单击播放动画就可以看到最终效果了。如图 3-122、图 3-123 所示。

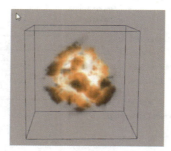

图 3-122　最终效果（拍屏）

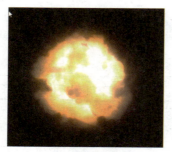

图 3-123　最终效果（渲染）

3.2.8　小试牛刀——水（表面渲染方式）

通常我们用流体制作一些气体的效果，如烟、火、爆炸等。这节我们来学习用流体做水的效果，水的效果主要采用表面渲染方式，这种渲染方式能够渲染出水的效果，水的动态用前面学过的浮力等数值来调节。通过这个例子使我们了解到，流体不仅能调整火、烟等一些气体效果，还可以制作液态流体的效果。

1）调节水的基本动态

1 创建一个默认的带发射器的 3D 流体容器，并执行 Fluid Effects → Extend Fluid 命令，单击后面的 ▢ 打开属性窗口，具体设置如图 3-124 所示。

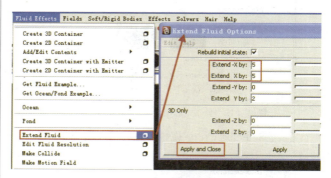

图 3-124　扩展流体容器属性设置

Extend Fluid 可以在不影响体积像素大小或内容的基础上增加流体分辨率。Maya 会缩放流体容器，但不会改变体积像素大小。如图 3-125 所示。

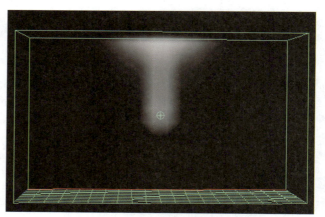

图 3-125　扩展流体容器

2 创建 NURBS 的圆环，用这个 NURBS 圆环来作为流体的发射源。同时，选择流体发射器 fluidEmitter1 和圆环 nurbsCircle1（选择顺序不影响），执行 Fields → Use Selected as Source of Field 命令。此时播放动画，发现并没有任何变化。选择 fluidEmitter1，按【Ctrl+A】打开属性并修改，如图 3-126 所示。此时播放动画，会发现流体的 Density 增加了很多，如图 3-127 所示。

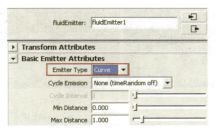

图 3-126　NURBS 圆环来作为流体的发射源

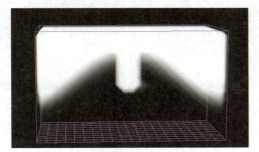

图 3-127　播放动画后的效果

3 现在的状态看起来一点都不像水的样子。首先需要让流体向下发射，而不是像气体一样上升，那么就需要修改流体密度的浮力。选择流体容器，修改 Contents Details 下的 Density 属性，如图 3-128 所示。

图 3-128　修改 Contents Details 下的 Density 属性

4 修改 Surface 下属性，改为 Surface Render 形式。如图 3-129 所示。

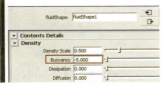

图 3-129　修改 Surface 下属性

此时播放动画，看一下效果，如图 3-130 所示。

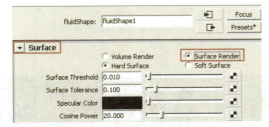

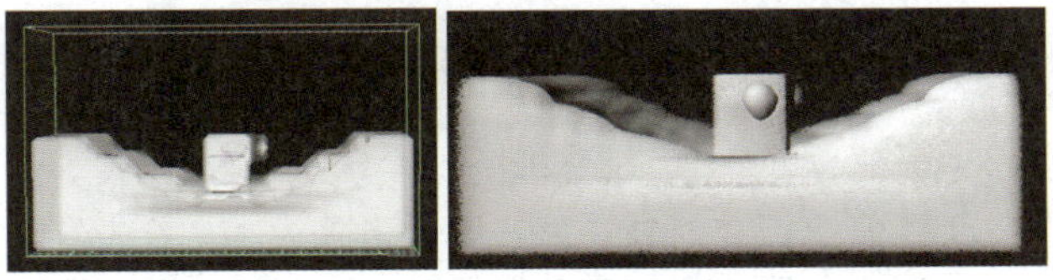

(a) 视图中的效果　　　　(b) 渲染效果

图 3-130　播放动画

5 渲染效果不是很理想，那么需要增大流体容器的分辨率。由于在开始时应用了 Extend Fluid 扩展流体容器，

那么修改分辨率时只需要成倍数地修改 Resolution 即可。如图 3-131 所示。

图 3-131　增大分辨率

再次播放动画并渲染一帧，看一下效果，如图 3-132 所示。

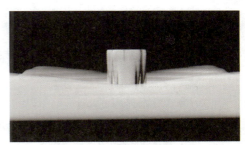

图 3-132　播放动画后的效果

6 比刚才的效果好了很多，边缘的杂质减少了，但整体感觉还是很粗糙。那么来修改 Shading Quality 的属性，如图 3-133 所示。

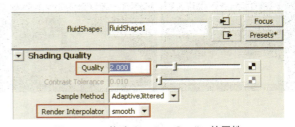

图 3-133　修改 Shading Quality 的属性

再渲染一次，对比一下效果，如图 3-134 所示。可以看出整体都很平滑，比刚才又好了很多。

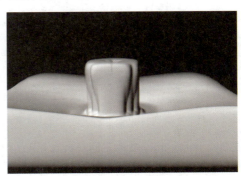

图 3-134　渲染效果

2) 调整水的透明和形态

上节内容中已经调节出水的基本形态，但是颜色还是灰色不透明的。这节我们来进一步调节水的透

明颜色和形态，水的颜色主要通过修改 Shading 下的 Opacity 和 Environment 属性，水的形态通过修改流体属性和流体发射器来完成。

1 调节流体的整体透明度，修改 Shading 下的 Opacity 属性，如图 3-135 所示。

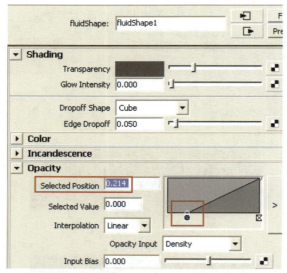

图 3-135　修改 Shading 下的 Opacity 属性

此时播放动画，在视窗中看到的效果有些奇怪，但这是正常的。只要渲染效果正确即可。如图 3-136 所示。

（a）视图中的效果　　　　（b）渲染效果

图 3-136　播放动画

2 为使"水"的流动更顺畅，修改 Dynamic Simulation 下的 Friction（摩擦力）为 -1，如图 3-137 所示。

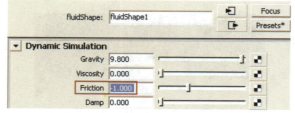

图 3-137　修改 Dynamic Simulation 下的 Friction

3 修改 Dynamic Simulation 下的 Damp（阻力）值。当 Damp 值为负值时，会使"水"流动受阻力影响而永不停止流动。当然是指在流体容器之内。但是 Damp 的值很微妙，最小值为 -1。如果 Damp 的值过小，"水"会被吹散。如图 3-138 所示。

4 现在把 Damp 设置为 -0.03，刚好达到想要的效果，如图 3-139 所示。

（a）Damp 为 -1　　　　（b）渲染效果

图 3-138　Damp 为 "-1" 时的效果

（a）Damp 为 -0.03　　　　（b）渲染效果

图 3-139　Damp 为 "-0.03" 时的效果

5 移动流体发射器的位置，并给流体一点扰乱。选择 fluidEmitter1，修改属性如图 3-140 所示。

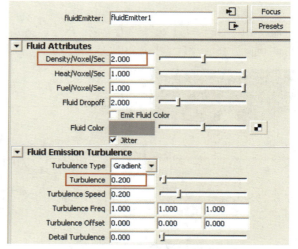

图 3-140　修改发射器属性

播放动画，观看一下效果，如图 3-141 所示。

（a）视图中的效果　　　　（b）渲染效果

图 3-141　播放动画

6 此时的效果看起来很像牛奶状的液体，那现在就来进一步修改流体属性，使其看起来更像水。首先，修改它整体的不透明度，使其完全透明，并修改它的 Refractive Index（折射率）接近水的折射率，如图 3-142 所示。

7 然后修改 Environment（环境）。可以添加几种不同的颜色，来决定"水"的反射颜色。如图 3-143 所示。

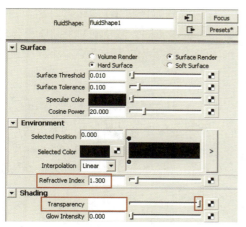

图 3-142　修改折射率

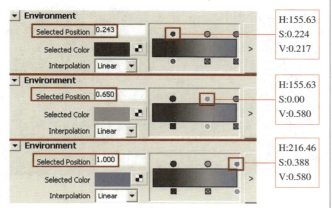

H:155.63
S:0.224
V:0.217

H:155.63
S:0.00
V:0.580

H:216.46
S:0.388
V:0.580

图 3-143　修改 Environment（环境）

由于调节了整体的透明度，所以视窗中看不见流体形态。但只要线框显示（按【4】键）即可看见。如图3-144 所示。

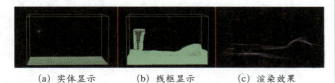

(a) 实体显示　　(b) 线框显示　　(c) 渲染效果

图 3-144　线框显示

8 此时整体效果看起来很暗，这是因为 Specular Color（高光颜色）默认设置为黑色。Specular Color（高光颜色）控制了来自 Density 区域自照明所发出的灯光。Cosine Power（余弦度）则控制了曲面的镜面高光的大小。修改属性如图 3-145 所示。

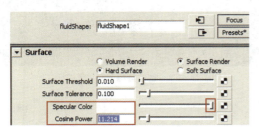

图 3-145　修改属性

现在固态水制作完成了，如图 3-146 所示。

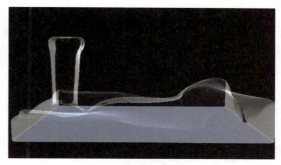

图 3-146　完成效果

有兴趣的朋友可以动手练习制作如图 3-147 所示的效果。

图 3-147　练习效果

3.3　二维流体（Create 2D Container）

这节我们开始学习 2D 流体属性和发射器的属性。2D 与 3D 流体的参数基本一样，有了前面 3D 流体的基础，2D 流体学习起来变得更容易。

3.3.1　二维流体与三维流体的区别

二维流体与三维流体的参数和控制方法几乎一样，3D Container 是一个三维的矩形容器，2D Container 是一个二维的矩形容器，它们之间不同的形状决定了流体存在方式的不同。3D 容器形成的流体在任何一个角度都可以正确渲染。2D 容器所生成的流体其形状是一个单面，只能从正面渲染，如图3-148 所示，在侧面渲染时会产生"穿帮"的情况。

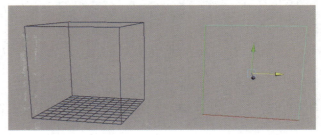

(a) 3D流体容器　　　　(b) 2D流体容器

图 3-148　2D 流体框与 3D 流体框

相比较而言，2D 流体的模拟速度要比 3D 快很多，但是质量要差很多，一般多用在摄像机角度没有太多旋转的情况，所以我们在制作中如果角度没有太大转动，可以用 2D 流体。

3.3.2 创建流体

首先创建一个 2D 流体容器执行 Fluid Emitter → Create 2D Container 命令。

现在创建出来的是一个空的 2D 流体容器，如图 3-149 所示。

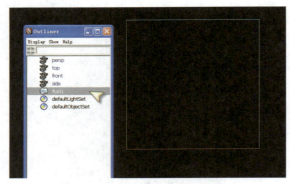

图 3-149 2D 流体容器

再创建一个带有发射器的 2D 流体容器来对比一下，执行 Fluid Emitter → Create 2D Container With Emitter 命令，如图 3-150 所示。

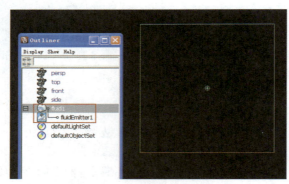

图 3-150 带发射器的 2D 流体容器

单击播放键，看一下两个容器的区别，如图 3-151 所示。

（a）带有发射器的2D流体容器　（b）空的2D流体容器

图 3-151 两个容器区别

2D 流体容器的属性与 3D 流体容器基本相同，发射器的属性也基本相同。我们可以把 2D 流体容器看做是 Z 轴像素深度为 1 的 3D 流体容器（在这里不再赘述）。

3.3.3 小试牛刀——香烟（体积渲染方式）

我们学习了流体发射器的属性，本小节中，我们制作一个 2D 香烟的效果。2D 香烟的效果主要配合前面所讲流体知识，通过修改流体容器属性和流体发射器属性来完成。

1 打开光盘 \Project\3.3.3 Smoke\scenes\3.3.3 Smoke.mb，如图 3-152 所示。

图 3-152 香烟的模型

创建带发射器的 2D 流体容器，并移动到合适位置，如图 3-153 所示。

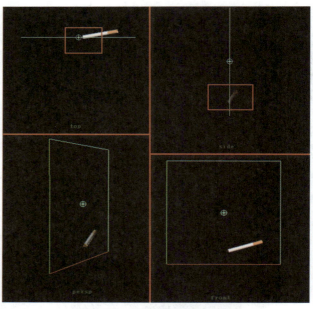

图 3-153 创建容器并与模型对位

2 在 X 轴和 Y 轴向上调节流体发射器的位置，如图 3-154 所示。此时播放动画，如图 3-155 所示。

3 修改流体容器 Container Properties 属性，如图 3-156 所示。

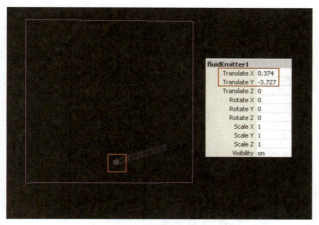

图 3-154 调节发射器的位置

图 3-155 播放动画后的效果

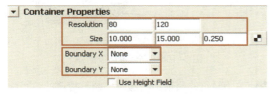

图 3-156 修改流体容器属性

4 修改流体容器 Contents Details 下属性，如图 3-157 所示。

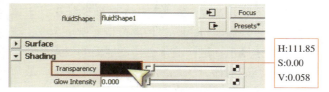

图 3-157 修改 Contents Details 属性

5 修改流体容器 Shading 下属性，如图 3-158 所示。

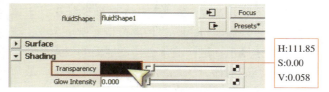

图 3-158 修改 Shading 属性

此时播放动画，如图 3-159 所示，我们可以看到如此效果。烟的形态是正确的，但是烟的体积太大，也就是说流体发射出来的范围（距离）太大。

图 3-159 播放动画的效果

要修正这个问题，修改流体发射器的 Basic Emitter Attributes 属性，如图 3-160 所示。

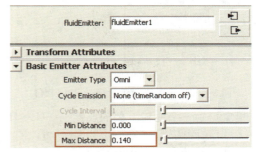

图 3-160 修改发射器属性

此时播放动画，2D 烟我们就完成了，如图 3-161 所示。

图 3-161 最终效果

3.3.4 小试牛刀——车轮印（表面渲染方式）

本例子是用 2D 流体来制作车轮印的效果，主要勾选了 Use Height Field（应用高度场）这个命令，流体就会实体显示，这样流体更接近地面的效果，然后在创建物体发射器并关联到 2D 容器与车轮上，最后调节流体属性达到最终效果。

1）创建流体"地面"

1 创建一个空的 2D 流体容器，并旋转 X 轴使其放平来模拟车子经过的地面，如图 3-162 所示。

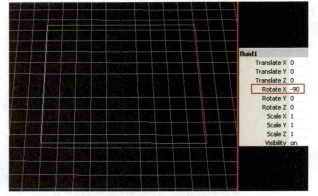

图 3-162　创建一个空的 2D 流体容器

2 选择 2D 容器按【Ctrl+A】键，打开属性窗口，修改 Container Properties（容性属性），如图 3-163 所示。

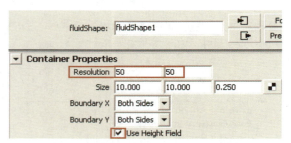

图 3-163　修改 Container Properties 属性

这里要提到一个比较重要的属性——Use Height Field（应用高度场）。这个命令只能在 2D 容器中使用。勾选此选项后，便可以将 2D 曲面绘制成一个带有高度的立体形状而非平坦的平面。Use Height Field 选项对于曲面贴图渲染和体积渲染都有影响。

现在来对比一下 Use Height Field 属性勾选前后的效果，如图 3-164 所示。

(a) Use Height Fieid　(b) 勾选后线框显示　(c) 勾选后实体显示
勾选前

图 3-164　Use Height Field 属性勾选前后的效果

3 导入一个汽车轮胎模型，并对其 Key 帧来模拟轮胎经过的动作，如图 3-165 所示。

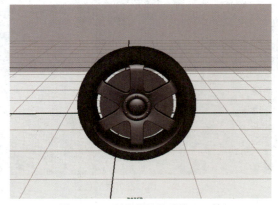

图 3-165　制作轮胎并对其 Key 帧

4 同时选择 2D 容器和轮胎，执行 Fluid Effects → Add/Edit Contents → Emit from Object 命令，Maya 会创建出一个流体发射器并关联到 2D 容器与轮胎上。此时播放动画，可以看到流体有变化，但是轮胎经过的痕迹并不明显，如图 3-166 所示。

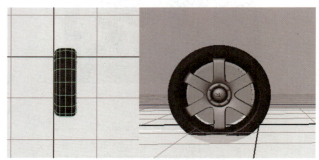

图 3-166　创建流体发射器

5 为使轮胎经过的痕迹清晰起来，调节容器的 Surface 属性，如图 3-167 所示。

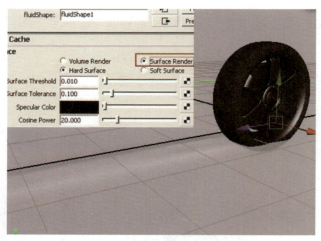

图 3-167　调节容器的 Surface 属性

6 经过观察，发现轮胎的痕迹虽然清晰，但是轮胎经过后的痕迹会慢慢扩散。为了使痕迹固定不动，调节容器的 Contents Method 属性，如图 3-168 所示。

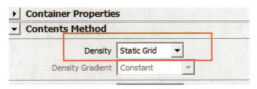

图 3-168　调节容器的 Contents　Method 属性

7 调节 Shading 下的 Transparency 的属性，使整个流体没有透明度，如图 3-169 所示。

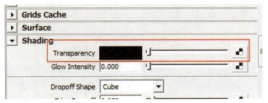

图 3-169　调节 Shading

2）制作轮胎印效果

1 现在场景中轮胎经过的地方是凸起来的，但真实情况应该是凹进去的。要解决这个问题有两种方法，第一种，直接将 2D 流体翻转过去（Rotate X 为 –270）。这里要用的是第二种方法，修改 Opacity 的值。因为默认状态下，Opacity 的输入值是用 Density，如图 3-170 所示。也就是说 Density 为 0 的地方对应 Opacity 的值为图标上最左边的点，Density 为 1 的地方对应 Opacity 的值为图标上最右边的点。

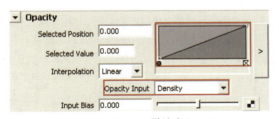

图 3-170　Opacity 默认为 Density

2 将 Opacity 图标中的两个点的位置进行对换，便可以解决问题，如图 3-171 所示。

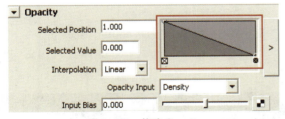

图 3-171　修改 Opacity

现在再来看一下效果，离期望达到的效果是不是相近了很多？如图 3-172 所示。

3 为了达到模拟汽车在土地上运动的效果，要将"地面"的颜色修改一下。调节容器 Shading 下的 Color 属性，如图 3-173 所示。

4 由于真实环境中，车轮经过地方的颜色一般比周围的地面颜色稍微深一些，所以要再添加一种较深的颜色来体现，如图 3-174 所示。

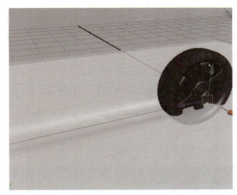

图 3-172　观察效果

图 3-173　修改 Color 属性

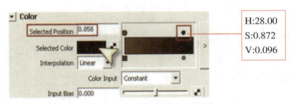

图 3-174　修改 Color 属性

大家会发现，我们在颜色渐变条上添加了颜色较深的点之后，整个流体的颜色都变成较深的颜色，可以说流体颜色只跟随颜色渐变条上最右边的点颜色相同。这是什么原因呢？看一下 Color Input 属性，默认状态下 Color Input 属性被设置为用 Constant（恒定）来作为输入，那么就是说，无论颜色渐变条上有多少个点，最右边的点总是控制整个流体的颜色。

在本例中，我们希望轮胎经过的地方，也就是 Density 值相对较高的地方颜色深，其他地方，也就是 Density 值相较低的地方颜色浅，那么我们修改 Color Input 属性，将其设置为用 Density 作为输入，会是怎样的结果呢？结果如图 3-175 所示。

（a）视窗中效果　　　（b）渲染效果

图 3-175　修改 Color Input 为 Density 后的效果

做到这里，轮胎的痕迹已经大概完成了。剩下的就是对一些小细节做一些处理，使画面看起来更像是真实的。

轮胎痕迹看起来太过整齐，感觉起伏不够，或者说轮廓不够分明，那么应该修改流体的什么属性呢？本案例刚开始的时候，我们就遇到场景中轮胎经过的地方是凸起来的，但真实中应该是凹进去的情况。我们通过调节流体的 Opacity 属性来解决了这个问题。所以在本例中，Opacity 属性可以调节流体的"凹凸情况"。

5 调节 Opacity 属性，如图 3-176 所示。

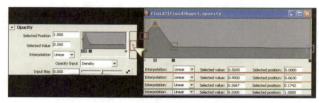

图 3-176 调节 Opacity 属性

渲染场景来看一下当前的效果，如图 3-177 所示。

图 3-177 渲染效果

6 通过渲染后的效果可以清楚看到很多微小的杂点。那么为了有更好的渲染效果，调节 Shading Quality 中属性，如图 3-178 所示。

图 3-178 调节 Shading Quality 中属性

这样 2D 流体模拟的车印就完成了。如图 3-179 所示。

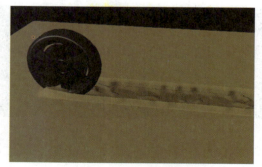

图 3-179 完成效果

将制作出来的车轮印进行渲染，然后在后期合成，就可以得到如图 3-180 所示的效果。

图 3-180 合成效果

3.4 海洋（Ocean）

Maya 默认创建的海洋平面，是由一个赋予了 OceanShader 海洋材质的 NURBS 平面和一个 OceanPreviewPlane（海洋预览平面，其实就是一个 HeightField 的高度场节点）组成（图 3-185）。其中，NURBS 决定了海洋的范围，是可以无限扩大的；而 OceanPreviewPlane 只是用于观看简单的海平面运动，本身的方位和尺寸对海洋的最终渲染没任何影响，为了场景的解算速度，使用默认分辨率就可以了。流体海洋也属于流体的一种，海洋流体效果的不同之处在于，它是基于 Ocean Shader 来计算的，其渲染的动态效果是由海洋材质的参数决定的，流体只是用于辅助完成海洋的细节特效，如撞击泡沫，航船尾流。当创建海洋时，默认 OceanShader 的 Time 参数是被一个时间节点连接的，我们可以断开后自行设置灵活的参数。

3.4.1 创建海洋（Create Ocean）

1）如何创建海洋

在了解海洋的属性之前，我们先学会如何创建海洋，以及创建海洋的有关参数。

打开 Maya 软件，在 Dynamics 模块下执行 Fluid Effects → Ocean → Create Ocean 命令，如图 3-181 所示。

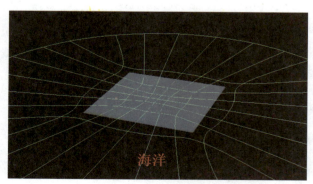

图 3-181 Ocean（海洋）

182

渲染之后效果，如图 3-182 所示。

图 3-182　还有渲染效果

2）创建海洋的有关参数

在创建海洋效果之前，单击 Create Ocean（创建海洋）按钮，打开如图 3-183 所示的属性窗口。

图 3-183　Create Ocean 属性窗口

- Edit Help：编辑帮助。
  - Attach to camera（将海洋连接到摄像机）：Attach to camera 勾选后，海洋会被连接到摄像机上，此时会基于摄像机对海洋进行自动缩放和转换，也就是说海洋在摄像机里看起来是无限远的。
  - Create preview plane（创建海洋预览平面）：Create preview plane 勾选后，创建海洋时会创建一个预览平面，可以对预览平面进行缩放和转换，以便于更好地预览到海洋的不同部位。此平面只用于预览，不能渲染。如图 3-184 所示。

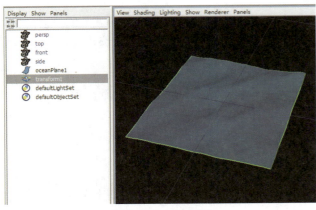

图 3-184　预览平面

- Preview plane size（预览平面大小）：Preview plane size 设置了可以在 X/Z 轴缩放预览平面的值。增大平面可以看到更多海洋的细节，缩小平面则可以加快播放速度。

预览平面实际上也是一个高度场。选择预览平面按【Ctrl+A】组合键打开它的属性窗口，如图 3-185 所示。

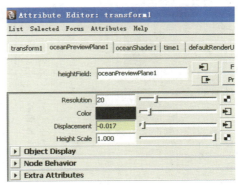

图 3-185　预览平面大小属性窗口

【参数说明】

- Resolution（分辨率）：增大分辨率可以在曲面上看到更多海洋的细节，降低分辨率可以加快播放速度，如图 3-186 所示。

(a) Resolution 为 20　　　　(b) Resolution 为 50

图 3-186　分辨率数值对比

- Color（颜色）：定义预览平面的颜色。
- Displacement（位移）：设定平面高度。
- Height Scale（高度缩放）：缩放输入位移。增大高度缩放，位移会显著增加，如图 3-187 所示。

(a) Hight Scale 为 1　　　　(b) Hight Scale 为 5

图 3-187　高度缩放数值对比

3.4.2　海洋材质

1）海洋基础属性（Ocean Attributes）

海洋材质的属性设置，决定着海洋表面的着色和运动。海洋材质的一些着色属性和常规材质是一样的，对于海洋的专有属性，大家要着重掌握，接下来我们继续深入学习海洋的各种属性参数。

首先创建一个默认的海洋效果，选择预览平面按【Ctrl+A】键打开属性编辑窗口，并切换到 OceanShader 选项，如图 3-188 所示。

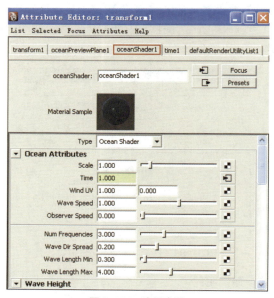

图 3-188　海洋参数

【参数说明】

（1）Ocean Attributes（海洋属性）。

● Scale（缩放）：控制大小。

● Time（时间）：控制海洋的动画，可以对 Time（时间）设定关键帧以控制场景中海洋的速率。

● Wind UV（风向 UV）：Wind UV 用来模拟风的效果，控制波浪移动的方向。

⚠ 注 意

若是对 Wind UV 进行动画处理会引起很不自然的运动，所以不要修改 Wind UV。

● Wave Speed（波浪速度）：定义波浪的移动速度。

● Observer Speed（观察者速度）：通过移动模拟观察者来取消横纹运动。

● Num Frequencies（数字频率）：Num Frequencies 控制了 Wave Length Min（最小波长值）与 Wave Length Max（最大波长值）之间的频率，如图 3-189 所示。

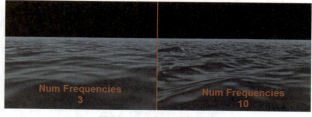

图 3-189　数字频率对比

● Wave Dir Spread（波浪方向扩散）：Wave Dir Spread 设置了方向上的波浪的扩散程度。当 Wave Dir Spread 为 0 时，所有的波浪都会朝一个方向运行。当 Wave Dir Spread 为 1 时，波浪会在随机方向上运行。

● Wave Length Min（最小波浪长度）：Wave Length Min 控制波长的最小值，它可能是上限，也可能是下限，如图 3-190 所示。

图 3-190　最大波浪长度数值对比

● Wave Length Max（最大波浪长度）：Wave Length Max 控制波长的最大值，它可能是上限，也可能是下限。

（2）Wave Height（波浪高度）。Wave Height 控制波浪的高度。波浪高度与波浪长度相关，如图 3-191、图 3-192 所示。

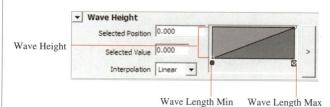

图 3-191　波浪高度

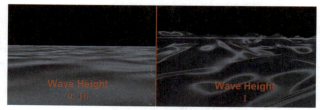

图 3-192　差值对比

● Selected Position（所选择点左右的位移）：此属性显示的是右图点的左右位置数值，也可以手动输入数值来调整点。

● Selected Value（所选点上下移动的数值）：此属性显示的是右图点的上下移动的数值，也可以手动输入数值来调整点。

● Interpolation（差值）：Interpolation 控制值在渐变条上不同位置之间的融合。

（3）Wave Turbulence（波浪扰乱）。Wave Turbulence 控制波浪的扰乱。波浪扰乱与波浪长度相关，如图 3-193 所示。

Maya动力学

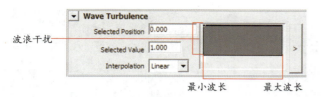

波浪干扰

最小波长　最大波长

图 3-193　波浪扰乱

（4）Wave Peaking（波峰）。Wave Peaking 模拟了波浪的左右晃动，此运动正好与上下运动相对应。

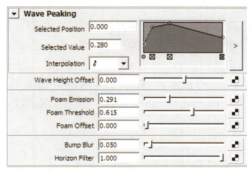

图 3-194　波峰数值属性设置

● Wave Height Offset（波浪高度偏移）：Wave Height Offset 控制海洋总体的偏移量。如果值为负数，则整体向下偏移，如图 3-195 所示。

图 3-195　波浪高度偏移数值

● Foam Emission（泡沫发射）：Foam Emission 设置了 Foam Threshold（泡沫阈值）之上所产生的泡沫密度，如图 3-196 所示。

图 3-196　泡沫发射数值

● Foam Threshold（泡沫阈值）：控制产生泡沫所需要的 Wave Amplitude（波幅）以及泡沫的持续时间，如图 3-197 所示。
● Foam Offset（泡沫偏移）：在海洋的各个地方添加泡沫，如图 3-198 所示。

● Bump Blur（凹凸模糊）：Bump Blur 值越大，产生的波纹越细小，波峰越平滑。

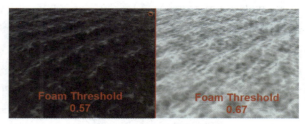

图 3-197　泡沫阈值对比

图 3-198　泡沫偏移对比

● Horizon Filter（水平过滤）：基于视图距离和角度增加"凹凸模糊"以便设海平线平滑或过滤抖动和颤动。

2）海洋着色属性

海洋的材质属性和其他类型的材质相同，这里定义了海洋的颜色、透明、反射、折射以及环境色等属性。接下来，我们继续学习海洋特效的材质属性，如图 3-199 所示。

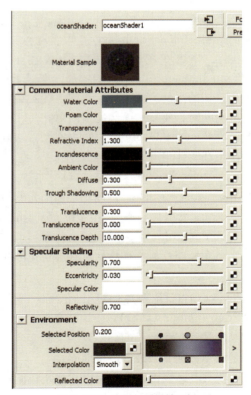

图 3-199　海洋材质属性面板

【参数说明】

（1）Common Material Attributes（通用材质属性）

- Water Color（水体颜色）：此数值控制水的颜色。
- Foam Color（泡沫颜色）：此数值调节泡沫的颜色。
- Transparency（透明度）：Transparency 为黑色（默认）时，意味着完全不透明。白色意味着完全透明。可以基于单一颜色来控制透明度，比如 Transparency 设置为红色，那么只有红色通道为透明。
- Refractive Index（折射率）：调节此数值可以调节海洋的折射率
- Incandescence（白炽）：使材质显现为乳白色，如同自身在发光一样，如熔岩。
- Ambient Color（环境色）：Ambient Color 默认时为黑色，即不影响材料的整体颜色。随着环境色的变亮，可以对材料的整体颜色进行影响。
- Diffuse（散射）：控制场景中，从对象散射的灯光的量。
- Tough Shadowing（谷阴影）：使波谷中的散射颜色变暗。这可以模拟部分波峰较亮、散射光的环境。
- Translucence（半透明）：用于模拟光散射性的穿过半透明对象的现象。当 Translucence 为 0 时，相当于透明度为 0，即完全不透明。当 Translucence 为 1 时，相当于透明度为 1，即完全透明。
- Translucence Focus（半透明焦点）：当值为 0 时，半透明光在各个方向上散射。但随着 Translucence Focus 值的增加，半透明光会在所模拟的光的方向上散射更多。比如模拟光穿过树叶时，树叶后面会比前面更亮。
- Translucence Depth（半透明深度）：决定了光渗透在物体里的深度。

（2）Specular Shading（镜面材质）

- Specularity（镜射率）：控制镜面高光的亮度。
- Eccentricity（离心率）：控制镜面高光的大小。
- Specular Color（镜射颜色）：控制镜面高光的颜色。镜面反射的最终结果是 Specular Color 与灯光颜色的结合。
- Reflectivity（反射率）：使对象像镜子一样反射光。
- Environment（环境）：使用渐变来定义一个简单的从天空到地面的环境反射。渐变条最左边是天空，渐变条最右边是地面。

通过调节上述属性，读者可以完成暴风雨中的海洋效果，如图 3-200 所示。

图 3-200　暴风雨效果

3.4.3　船舶定位器（Make Boats）

船舶定位器可以把物体变成船，可以使物体受到海面的影响，随着海面的起伏而起伏。创建方法和命令菜单：首先创建一个海洋，再创建一个物体，选择物体再加选海洋预览平面执行 Fluid Effects → Ocean → Make boats 命令可以把选择的物体变成船。

3.4.4　创建波浪（Create Wake）

我们可以使用创建波浪工具很容易地在海洋上创建波浪，用来模拟物体掉入海里产生的涟漪，或者小船在海面上行走产生的轨迹。

执行 Fulid Effects → Ocean → Create Wake 命令可以在海洋上添加波浪。

【参数说明】

- Wake size：波浪的大小。
- Wake intensity：波浪的强度。
- Foam creation：泡沫的强度。

3.4.5　小试牛刀——帆船

这是一个帆船在海上漂浮的例子，默认情况下我们创建任何物体是不会漂浮在海洋表面的，只有通过 Make Boats（创建船舶定位器），物体才能漂浮在海面上，再通过 Make Wake 创建拖尾效果，通过本例子我们可以制作各种物体漂浮在海中的效果。

1）控制帆船随海面起伏

现在来模拟一个机动船舶行驶时对海洋影响的效果，可以通过给物体添加船舶定位器使其像船一样在海洋上漂浮。船舶定位器的行态与动态定位器相同，并且在其基础上还会在 X/Z 轴旋转。

1 打开光盘 \Project\3.4.5 Boat\scenes\3.4.5 Boat_base.mb，如图 3-201 所示。

2 创建海洋，并调整 Preview Plane（预览平面）的数值，如图 3-202 所示。

图 3-201 小船模型

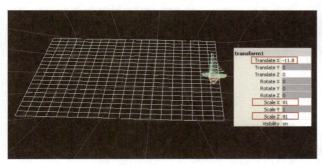

图 3-202 调整预览平面

3 同时选择预览平面和小船，执行 Fluid Effects → Ocean → Make Boats 命令，Maya 会自动创建一个 Locator，并将小船作为 Locator 的子物体，如图 3-203 所示。

图 3-203 创建船舶定位器

2）创建帆船动画

给 Locator1 的位移 K 帧，如图 3-204 所示。

3）创建帆船拖尾

1 选择海洋预览平面，执行 Fluid Effects → Ocean → Make Wake 命令，视窗中会出现一个类似 3D 流体的容器和发射器。如图 3-205 所示。

这个 Fluid Texture 3D（3D 流体纹理）应用 2D 静止网格的高度来模拟水面。它可以在容器内用流体发射器来产生拖尾。当 Density 为负值时，水面会下降。当 Density 为正值时，水面则会上升。水面会被渲染成可以被光线追踪的体积的面。超出流体容器界限的拖尾将被剪切掉。需要注意的是，虽然这个流体纹理看起来是 3D 流体纹理，它会自动将物体投射到

世界坐标上，但它应用的是 2D 解算。

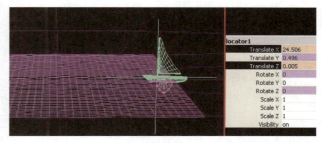

（a）第 1 帧

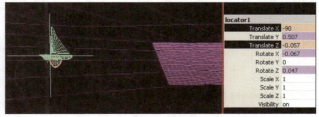

（b）第 80 帧

图 3-204 给 Locator1 的位移 K 帧

图 3-205 创建拖尾

2 调节 fluidTexture3D1 属性，如图 3-206 所示。

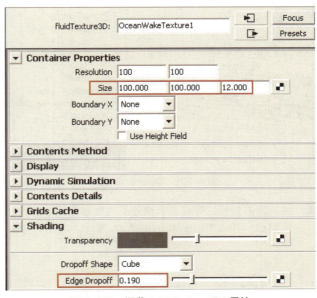

图 3-206 调节 fluid Texture3D1 属性

3 删除 OceanWakeEmitter1，选择 fluidTexture3D1，执行 Fluid Effects → Add/Edit Contents → Emitter 命令为流体纹理添加一个流体发射器，修改发射器属性，如图 3-207 所示。

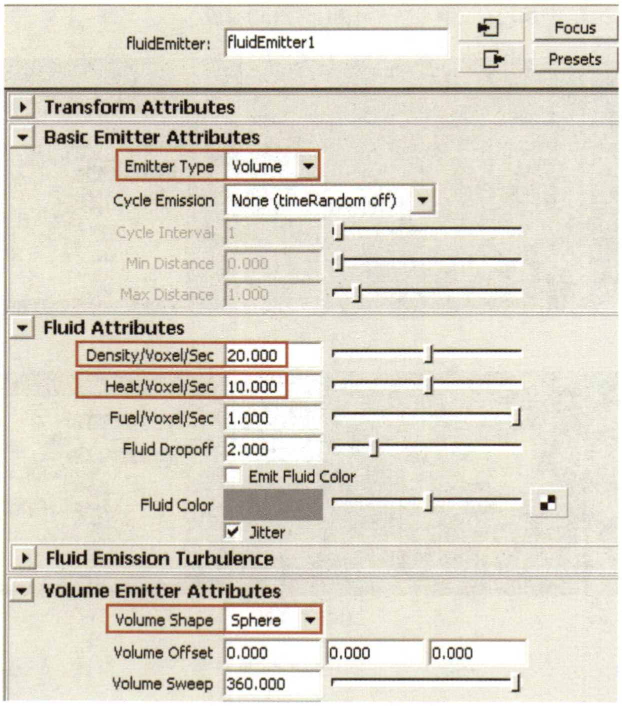

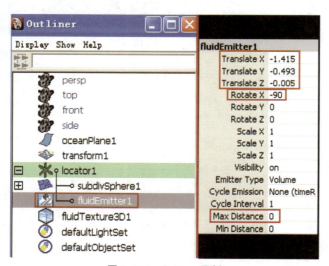

图 3-207 调节发射器属性

4 在 Outliner 中，按住鼠标中键，将 fluidEmitter1 拖到 Locator1 下，如图 3-208 所示。

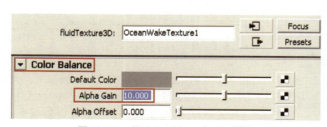

图 3-208 Outliner 面板

5 渲染当前场景，可以看到机动船的海浪拖尾部分不是很明显。修改 fluidTexture3D1 属性，如图 3-209 所示。

图 3-209 修改 fluidTexture3D1 属性

对比一下修改数值前后的效果，如图 3-210 所示。

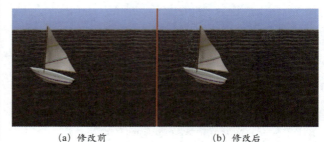

（a）修改前　　　　　　　（b）修改后

图 3-210 修改前后对比

6 定位器将在 Y 轴方向上跟随海洋运动，但还是会在 X/Z 轴方向上旋转，以使船舶可以在海洋中前后颠簸并摇摆。选择船定位器，也就是 Locator1，按【Ctrl+A】键打开船定位器属性，调节 Locator1 的 Extra Attributes 属性，如图 3-211 所示。

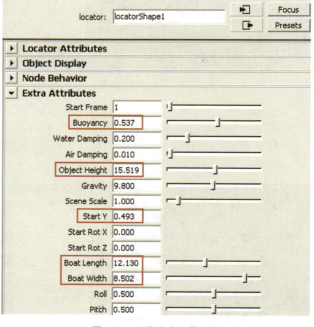

图 3-211 修改定位器属性

按播放键观看当前效果，如图 3-212 所示。

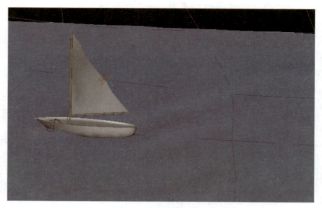

图 3-212 播放效果

7 可以看到船舶后面的拖尾效果在视窗中不明显。选择预览平面，按【Ctrl+A】键打开属性并进行修改，如图3-213所示。

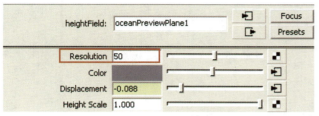

图 3-213　修改预览平面属性

机动船舶制作完成，如图 3-214 所示。

图 3-214　完成效果

3.5　本章小结

（1）Maya 的流体有三种形态，分别为动态流体效果、非动态流体效果及海洋流体效果。动态流体效果是以动力学的自然规律来体现物体如何流动的状态。非动态流体效果是由纹理来创建其外观，并通过对纹理进行动画关键帧的设定来创建流体运动。海洋效果是使用海洋材质来得以实现的。

（2）3D Container 是一个三维的矩形容器，2D Container 是一个二维的矩形容器，所有的动力学流体和非动力学流体只能在容器中生成，并且流体只存在于容器所定义的空间中。

（3）生成流体有以下三种方法：发射器发射流体、添加梯度、绘制流体。

（4）流体的运算精度与动态网格内的分辨率有关。当在场景中创建流体容器后，如需要对其范围进行调整，应进入其属性面板，对 fluidShape 节点下的 ContainerProperties 栏下的 Resolution 和 Size 进行调节（或使用 ExtendFluid 命令对流体的尺寸进行扩展，并保持原有分辨率）。直接使用缩放工具对立方体进行调整，会使得流体特效的分辨率降低。

（5）容器计算方式有 Density（密度）、Velocity（速度）、Temperature（温度）、Fuel（燃料）、Color Method（颜色方式）和 Falloff Method（下降方式）。

（6）调节流体的消散、扩散和涡流属性，能快速实现烟雾飘散的效果。

（7）流体发射器可以控制流体的密度、热度、燃料等属性。

（8）缓存是把流体模拟动作中的每一帧动态属性值储存起来，这样在播放的时候读取的是之前储存的缓存文件，不需要每次播放时都进行模拟计算。

3.6　课后练习

根据图 3-215，用前面学过的知识，解算出下水道冒烟的效果。制作过程中需要注意以下几点。

（1）根据参考图，分析用三维流体还是二维流体。

（2）分析流体用发射器发射还是用物体发射。

（3）注意流体容器的大小尺寸和分辨率的调节，注意大小和模型匹配。

（4）选择合适的容器解算方式。

（5）调节流体的密度、速度等容器属性来控制烟的形态和颜色。

（6）通过调节流体发射器的属性控制流体的形态。

图 3-215　下水道冒烟

刚体与柔体特效

> 了解刚体、柔体的概念及其应用范围
> 掌握刚体的基础知识及其特效的制作方法
> 掌握柔体的基础知识及其特效的制作方法

通过对前 3 章的学习，相信读者对 Maya 的动力学模块已经有了深入的了解。本章我们学习动力学里的刚体和柔体，这两种特效主要用于模拟刚性物体之间的碰撞和柔性物体受到外力变形的效果，这些效果通过粒子或流体很难实现。

Maya 中的物体通常由两部分组成：控制节点及形状节点。控制节点用于控制物体的空间位置，即位移、旋转等；形状节点，顾名思义指的是控制物体形状的变化。动力学中的刚体是通过控制物体的控制节点，模拟物体下落、碰撞、滚动等真实的物体运动，使动画更接近真实。柔体是改变物体的形状节点，模拟物体受到挤压、拉伸等外力影响时产生的自身形状变化。

本章将从刚体和柔体的基础知识讲起，通过实例介绍刚体和柔体的控制方法，以及如何制作常见的刚体和柔体效果。

4.1　刚体基础知识

刚体指形状和尺寸保持固定，不随事件改变而改变的几何体，简单地说，刚体就是坚硬的物体。刚体解算，是在 Maya 中建立一个物理模拟环境，并用它来模拟现实环境中物体在力的作用下运动，或是与其他物体相撞时发生的情景。例如，可以用刚体特效模拟铅球掉在地上的运动效果。

刚体可分为主动刚体和被动刚体两种。一般来说，各种下落的、移动的或者相互碰撞的物体（如篮球、硬币、保龄球等），可以作为主动刚体；地板、墙等可以作为被动刚体。主动刚体受场的影响，会因为碰撞而改变运动，主动刚体不能用关键帧技术制作，即不能直接操作它们，其运动形态是靠自身解算出来的。被动刚体不受场的影响，它是主动刚体的碰撞物体，在参与碰撞时不会发生运动，被动刚体可以用关键帧来移动、旋转或缩放。

刚体运用起来非常简单，例如，创建一个或多个刚体；然后创建一个或多个作用于刚体的力场，设定刚体的初始位置、初始速度及冲击力，播放动画，Maya 动力学解算器在设定的初始信息基础上对刚体的运动进行计算，从而得到逼真的动画效果。

4.1.1　创建主动刚体（Create Active Rigid Body）

我们已经知道主动刚体模拟的是一些运动的物体，Maya 中的 Polygon 物体和 Nurbs 物体都可以作为主动刚体。下面我们来看看如何创建主动刚体。

1 执行 Create → Ploygon Primitives 命令，创建一个 Polygon 盒子，选中 Polygon 盒子执行 Soft/Rigid Bodies → Create Active Rigid Body 命令。

2 创建刚体之后将会产生一个刚体节点，在 Outliner 中可以展开这个节点，如图 4-1 所示，这时球体便被转换成了刚体。

把场景中的任何一个物体转换为刚体后，在该物体的通栏里的历史属性里会出现一个新的属性，这些属性便是主动刚体属性，如图 4-2 所示。

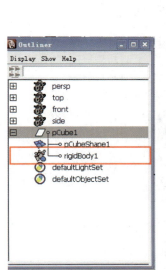
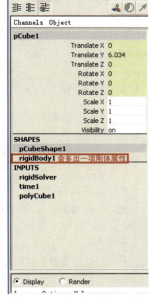

图 4-1　刚体节点　　　图 4-2　主动刚体属性

单击 rigidBody1，弹出刚体的属性窗口，如图 4-3 所示。

初始速度
初始旋转
质量中心（物体的重心）
瞬间力
瞬间力位置
瞬间力旋转
质量
反弹力
阻力
静态摩擦力
动态摩擦力
碰撞层
碰撞类型
激活
粒子碰撞
锁定质量中心
忽略碰撞
力作用在

图 4-3　刚体属性窗口

4.1.2 创建被动刚体（Create Passive Rigid Body）

被动刚体模拟的是一些固定的物体，作为主动刚体的碰撞物体。创建被动刚体的方法非常简单，选择物体执行 Soft/Rigid Bodies Create Passive Rigid Body（创建被动刚体）即可。被动刚体的参数和主动刚体参数基本相同，不同的是 Active 属性未被激活（此属性为"on"时为主动刚体，为"off"的时为被动刚体）。

4.1.3 刚体运动

只创建被动刚体看不到任何的效果，要有主动刚体和被动刚体相互作用才是一个完整的刚体特效。因此，下面就来演示创建完整的刚体运动效果。

1 执行 Create → Ploygon Primitives 命令创建 Polygon 球体，使用移动工具将球体沿 Y 轴正方向移动一段距离，选择球体执行 Soft/Rigid Bodies → Create Active Rigid Body 命令。

2 执行 Create → Ploygon Primitives 命令创建 Polygon 平面，选择平面，执行 Soft/Rigid Bodies → Create Passive Rigid Body 命令。

3 选择球体，执行 Fields → Gravity 命令为主动刚体创建重力场。

4 播放动画，可以看到小球（主动刚体）受到重力场后下落和平面（被动物体）碰撞。这就是一个简单刚体运动的创建过程。

4.1.4 刚体约束

当希望将刚体限制于场景中的某个位置或者另外一个刚体之上的时候，可通过刚体约束实现。

> 📖 **提 示**
>
> 当对场景中的一个物体使用约束时，系统会自动把它转换成刚体。

Maya 中的刚体约束分为：Nail（钉）约束、Pin（销）约束、Hige（铰链）约束、Spring（弹簧）约束和 Barrier（屏障）约束。

1）Create Nail Constraint（创建钉约束）

钉约束可以把刚体固定在场景中的某一个位置，它只对主动刚体起作用，对被动刚体不起任何作用。运用刚体约束可以创建出吊起物体的效果，具体操作步骤如下。

1 在场景中创建一个 Polygon 的方块，如图 4-4 所示。

2 选中这个方块，执行 Soft/Rigid Bodies → Create Nail Constraint 命令。

3 执行 Create Nail Constraint 命令，会在刚体方块的中

心的位置出现一个钉约束的点，按下【W】键把这个点给拖动出来，如图 4-5 所示。

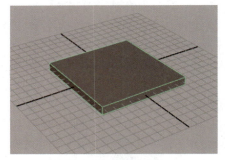

图 4-4　创建立方体

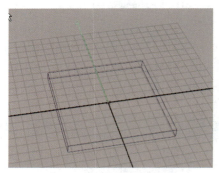

图 4-5　钉约束视图中的显示

4 选择刚体方块添加重力，播放动画，可以看到方块受到重力的影响下落，但被钉约束挂住了，这就是钉约束最基本的效果，如图 4-6 所示。

图 4-6　钉约束最基本的效果

2）Create Pin Constraint（创建销约束）

销约束可以在某一确定的位置上将两个刚体连接在一起，连接的物体可以是两个主动刚体，也可以是一个主动刚体和一个被动刚体，将两个方块连接起来的具体操作步骤如下。

> ⚠️ **注 意**
>
> 销约束必须选择两个物体执行。

1 在场景中创建两个 Polygon 的方块，如图 4-7 所示。

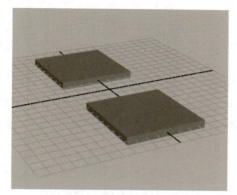

图 4-7 两个 Polygon 的方块

2 选中这两个方块执行 Create Pin Constraint 命令。执行完成后会在两个方块之间产生一条销约束，如图 4-8 所示。

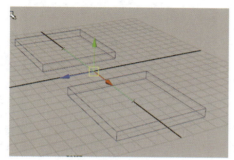

图 4-8 销约束显示

3 为其中一个刚体方块添加重力场，播放动画，会发现销约束把这两个方块连接在了一起，如图 4-9 所示。

图 4-9 销约束播放效果

3）Create Hinge Constraint（创建铰链约束）

铰链约束可以通过铰链沿着某个轴限制刚体的运动，例如，通过铰链约束可以创建门绕门轴旋转或钟表的摆动等效果。创建长方体受到铰链约束的具体操作步骤如下。

1 在场景中创建一个长方体，并在长方体的右上方创建一个球，如图 4-10 所示。

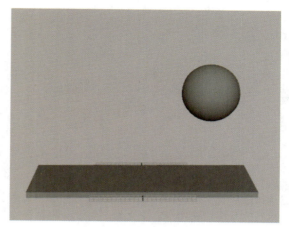

图 4-10 长方体和小球

2 选择长方体执行 Create Hinge Constraint 命令，在长方体的中心位置多出一个铰链约束，如图 4-11 所示。

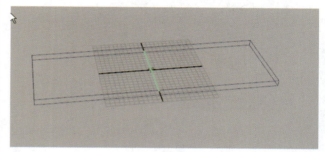

图 4-11 创建铰链约束

3 选择球体，转为主动刚体，并且添加重力。播放动画，可以看到小球受到重力的作用下落砸到长方体上面，而长方体受到铰链约束的作用，以铰链约束为中心做旋转运动，如图 4-12 所示。

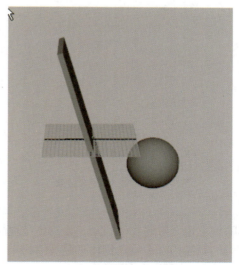

图 4-12 铰链约束播放动画

4）Create Spring Constraint（创建弹簧约束）

弹簧约束主要用于模拟弹性绳索，具体操作步骤如下。

1 在场景中创建两个方块，如图 4-13 所示。

刚体与柔体特效

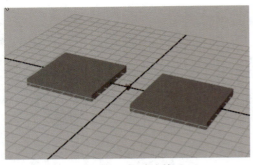

图 4-13　两个方块

2 选择这两个方块执行 Create Spring Constraint 命令，执行完成之后在两个方块之间产生了一条弹簧约束，如图 4-14 所示。

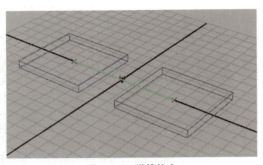

图 4-14　弹簧约束

3 给方块添加重力，选择其中任意一个方块，在其刚体属性里把 Active 改为 off。播放动画，效果如图 4-15 所示。

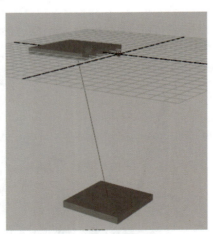

图 4-15　弹簧约束播放效果

5）Create Barrier Constraint（创建屏障约束）

屏障约束用于阻碍物体运动，让物体呈现静止的效果，我们只能为一个主动刚体创建屏障约束，受到约束的主动刚体碰撞到平面时不会反弹。创建屏障约束具体操作步骤如下：

1 在视图中创建一个方块，转为主动刚体并添加重力场，如图 4-16 所示。

2 选择这个方块，执行 Create Barrier Constraint 命令，会在视图中出现一个屏障，如图 4-17 所示。

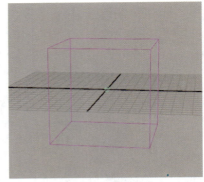

图 4-16　添加重力场

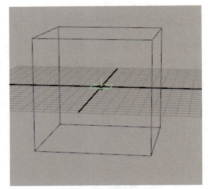

图 4-17　创建屏障约束

3 这个屏障约束可以缩放无穷大，它的作用是使刚体的质量中心不超过这个屏障，从而阻挡了刚体的运动。但不会引起刚体的弹跳，如图 4-18 所示。

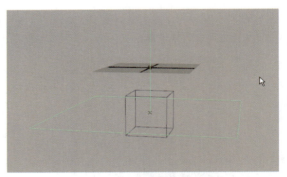

图 4-18　屏障约束效果

4 把屏障往下移动一下，然后播放动画，可以看到屏障阻挡了方块的下落，并且没有任何的弹跳。

4.1.5　设置刚体关键帧

通常我们调整好了刚体参数，得到想要的模拟效果后，可以把刚体运动的动画转换成关键帧动画，这样就不需要每次播放时都进行动力学解算，方便预览而且在渲染时减少解算出错。

刚体设置成关键帧的方法很简单，只要选择刚体物体执行 Edit → Keys → Bake Simulation 命令即可，设置成功后可以看到时间轴上每一帧都有红色的关键帧，如图 4-19 所示。

图 4-19　设置刚体关键帧

4.2　刚体特效

刚体可以真实地模拟现实中存在的物理现象和一些复杂的物理运动效果，我们通过下面的例子来深入地认识和学习刚体特效。

4.2.1　刚体重心——不倒翁

说起不倒翁相信大家并不陌生，无论我们怎么摆弄它，它都不会倒下，但在摇摆的过程中会与地面发生碰撞。为了制作这种效果，需要用到刚体解算。然而，在创建了刚体解算之后并不能实现不倒的效果，不倒翁不倒主要因为它底部比上半部重，这样重心位置就会变得很低，因此在创建刚体解算后还需要设置主动刚体的质量中心位置，下面就让我们来看看具体的制作过程。

首先，打开工程文件：光盘 \Project\4.2.1 Tumbler\scenes\4.2.1 Tumbler_base.ma，如图 4-20 所示。

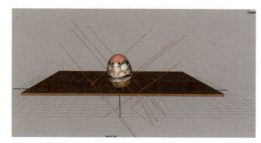

图 4-20　不倒翁模型

1　选择场景内不倒翁的模型，执行 Soft/Rigid Bodies → Create Active Rigid Body 命令，先把不倒翁的模型创建为主动刚体，并且沿不倒翁的 Y 轴将其提高一些。如图 4-21 所示。

2　把不倒翁转换为主动刚体后，选择地面，执行 Create Passive Rigid Body 命令创建被动刚体，如图 4-22 所示。

3　现在播放动画进行观看，但是发现不倒翁并没有落到地面上，所以要为不倒翁创建一个重力，让不倒翁受到重力的影响而下落。选择不倒翁，执行 Fields → Gravity 命令。

> **提示**
>
> 播放动画时发现一个问题，不倒翁落到地面上之后并没有按照正常的形态那样左右摇晃，而是直接倒在了地面上。如图 4-23 所示。

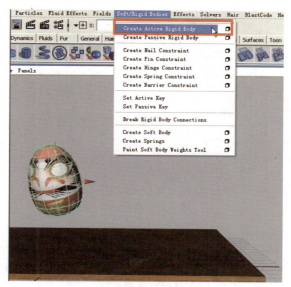

图 4-21　先把不倒翁的模型创建为主动刚体

图 4-22　选择地面创建被动刚体

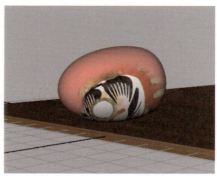

图 4-23　播放动画

这是因为不倒翁的质量中心现在还不是处于底部，所以要修改质量中心的位置。让模型处于线框的显示模式下，可以看到不倒翁的中心处有一个红色的小叉子，这就是不倒翁的质量中心。默认时，刚体的质量中心是在刚体的中心位置处，如图 4-24 所示。

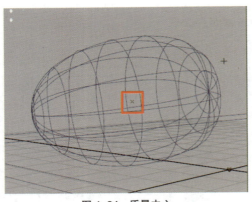

图 4-24　质量中心

4 在视图中选中不倒翁，在其刚体属性中找到 Center Of Mass（质量中心）这个选项，把 Center Of Mass Y 这个数值改为 −1.8，这样不倒翁的质量中心就已经被移动到其底部，如图 4-25 所示。

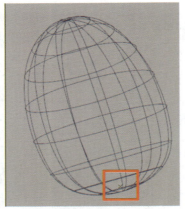

图 4-25　质量中心移到底部

5 播放动画，发现不倒翁落到地面上的时候会有一些弹跳，如果不想让不倒翁的弹跳这么厉害，就要修改刚体属性里面的 Bounciness（反弹力）这个属性，如图 4-26 所示。

图 4-26　修改反弹力

　　Bounciness 属性默认是 0.6，降低这个数值以减小它的弹力，比如改成 0.2。修改完毕之后再次播放动画，可以看到不倒翁在原地来回摆动了，现在不倒翁实例就制作完成了，如图 4-27 所示。

图 4-27　完成效果

4.2.2　刚体碰撞——撞塌铜罐

　　本节的这个例子来完成易拉罐受到小球撞击后倒塌或七零八落的动画，整个碰撞过程场景中的所有物体之间都会发生碰撞，我们知道刚体之间的碰撞需要 Maya 的解算，同一个场景中产生碰撞的物体越多，Maya 解算速度就越缓慢，为了减轻 Maya 的解算压力，需要调整刚体的解算形态优化碰撞过程，并用表达式控制重力场对铜罐的影响。用类似的方法还可以制作保龄球动画效果。

　　打开工程文件：光盘 \Project\4.2.2 Tank\scenes\ 4.2.2 Tank_base.ma，模型如图 4-28 所示。

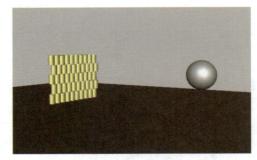

图 4-28　打开模型

1）创建基础动态

1 先选中小球和铜罐，执行 Soft/Rigid Bodies → Create Active Rigid Body 命令，把小球和所有铜罐转为主动刚体；再把地面选中执行 Soft/Rigid Bodies → Create Passive Rigid Body 命令，把地面转为被动刚体，如图 4-29 所示。

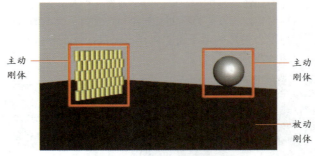

图 4-29　主动和被动物体设置

2 播放动画，发现小球并没有向前移动，此时需要给小球一个初始速度，选中小球，在属性栏中找到小球的 rigidBody51 属性，展开 rigidBody51 属性，修改刚体的初始速度，如图 4-30 所示。

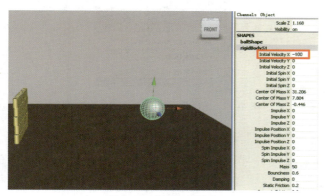

图 4-30　设置初始速度

3 当小球与铜罐发生碰撞就会出现解算很慢甚至卡死的现象，这个时候就需要修改刚体的碰撞形态。选中所有的铜罐，在刚体属性里找到 Stand In，如图 4-31 所示。

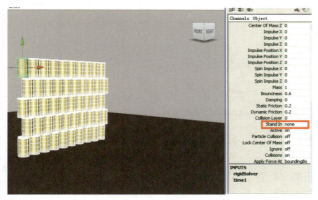

图 4-31　Stand In 命令

4 默认的情况下，Stand In 这个选项是 None 的形态，展开这个属性，如图 4-32 所示。None 表示以物体本身的形态作为碰撞形态去解算碰撞；Cube 表示以盒子的形态做为碰撞形态去解算碰撞；Sphere 表示以球的形态作为碰撞形态去解算碰撞。这里需要把所有铜罐的形态修改为 Cube 形态。修改后播放动画，可以看到刚体的解算明显比不修改碰撞形态解算起来要快了很多。

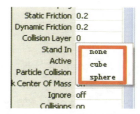

图 4-32　修改为 Cube 形态

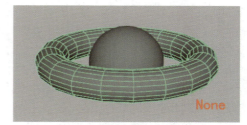

图 4-33　None 模式的碰撞形态

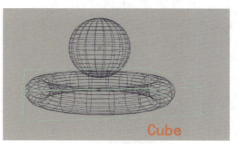

图 4-34　Cube 模式的碰撞形态

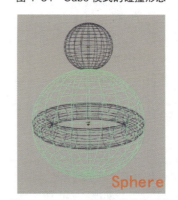

图 4-35　Sphere 模式的碰撞形态

5 现在铜罐已经受到小球的作用被撞飞，如图 4-36 所示。但是小球和铜罐并没有落在地面上，所以现在需要为小球和铜罐添加重力场。选择场景内所有的主动刚体，执行 Fields → Gravity 命令添加重力。

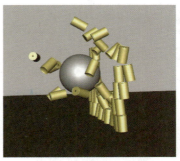

图 4-36　撞飞效果

2 在 Select Filter 选择 By Expression Name 这个选项，如图 4-39 所示。

图 4-39　选择 By Expression Name 选项

3 给 expression1 输入如下表达式：

```
for($i=1;$i<=50;$i++)
  {
if (frame==1)
  {
    connectDynamic -d -f gravityField1
("kele"+$i);
    }
    else
    {
    float $a[]=`getAttr ("rigidBody" +$i+".
velocity")`;
    if (mag(<<$a[0],$a[1],$a[2]>>)>0)
    {
      connectDynamic -f gravityField1
("kele"+$i);
    }
    }
  }
```

如图 4-40 所示。

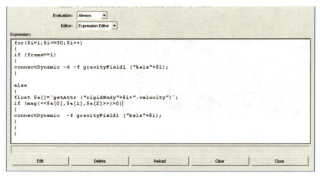

图 4-40　输入表达式

表达式意思为，当场景内所有铜罐的 velocity（速度）属性在没有任何变化时，所有铜罐不会受到重力的作用，一旦铜罐受到小球的撞击有了速度上的变化，那么所有的铜罐就开始受到重力的作用从而下落。

其中，for($i=1;$i<=50;$i++) 为循环语句，if (frame==1) 是判断语句。

> **提 · 示**
>
> 现在出现了两个问题。
>
> 第一个问题，小球碰到铜罐并没有穿过铜罐而是碰撞到铜罐后落了下来。之所以出现这个原因是因为小球的质量太轻了，所以要修改小球的质量，把小球刚体属性中的 Mass 这个属性改为 50。如图 4-37 所示。
>
> 第二个问题，因为刚体在创建的时候它们之间不能有穿插，所以在创建刚体的时候会给它保留一定的间隙。由于现在给所有的铜罐创建了重力，解算的时候，铜罐同样会受到重力的影响下落，那么又会严重影响解算速度，形态上也会发生一些变化。
>
> 因此，要让刚体小球在没有碰撞上铜罐的时候保持原有的形态不受重力的影响；相反，一但小球与铜罐发生了碰撞，就会受到重力的影响。那么就需要用到表达式来控制铜罐何时受到重力的影响。

图 4-37　质量改为 50

2）表达式控制铜罐下落

1 执行 Window → Animation Editors → Expression Editor 命令，打开表达式编辑器。

表达式编辑器窗口如图 4-38 所示。

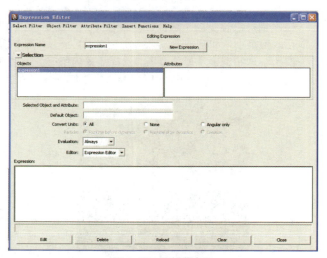

图 4-38　编辑器窗口

场景内一共有 50 个铜罐，所以我们的循环语句就是从 1 一直到 50 为一个循环：

if (frame==1) 当帧数等于 1 时执行下面的表达式：

```
connectDynamic -d -f gravityField1("kele"
+$i);
```

"connectDynamic" 为连接动力学，"-d" 是删除的意思，"-f" 是场的意思，"gravityField1" 是重力场的意思，（"kele"+$i) 这个表示场景内所有的铜罐，其中 "kele" 是铜罐的名字，$i 是一个循环，这个循环就是场景 50 个铜罐的循环。那么如果当帧数不等于 "1" 时，就执行

```
float $a[]=`getAttr ("rigidBody"+$i+".
velocity")`;
```

这句表达式的意思是求出场景内所有刚体的速度值。求出的是场景内所有刚体在空间内的 X、Y、Z 三个坐标的速度，要用到 Mag 语句。Mag 是用来求空间中两点距离的。

if (mag(<<$a[0],$a[1],$a[2]>>)>0) 其中 $a[0] 代表 X 轴向上的速度，$a[1] 代表 Y 轴向上的速度，$a[2] 代表 Z 轴上的速度，最后 >0；那也就是说，一旦 X、Y、Z 三个轴向的速度大于 0 时，就说明它们有了速度，一旦有了速度就要执行最后的语句。

connectDynamic -f gravityField1 ("kele"+$i); 给场景内所有的铜罐添加重力场。

📋 **知识拓展**

场景中之所以刚体能够发生碰撞，正是因为所有的刚体处于同一碰撞层下。在场景内选择任意一个刚体，在其刚体属性里找到 Collision Layer 这项属性，如图 4-41 所示。

Spin Impulse Y	0
Spin Impulse Z	0
Mass	50
Bounciness	0.6
Damping	0
Static Friction	0.4
Dynamic Friction	0.4
Collision Layer	0
Stand In	sphere
Active	on
Particle Collision	off
Lock Center Of Mass	off
Ignore	off
Collisions	on
Apply Force At	boundingBo

图 4-41　Collision Layer 属性

默认的情况下所有创建的刚体碰撞层都是 0，如果把小球的碰撞层改为 1，那么小球就不会跟铜罐和地面发生碰撞关系了，如图 4-42 所示。

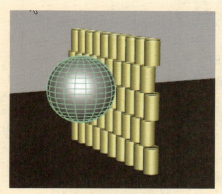

图 4-42　不碰撞

因为其他刚体的碰撞层是 0。那么也就是说不同层之间的刚体是不会发生碰撞的。如果把碰撞层改为 -1，小球又会与场景内所有的刚体发生碰撞，如图 4-43 所示。因为 -1 是万能层，它可以跟任何层的刚体的发生碰撞。

图 4-43　碰撞效果

3）将刚体转换成关键帧

在做完动力学的解算后需要做一项很重要的工作就是输出缓存，只有完成输出缓存，才可以任意拖动时间滑块观看效果，并渲染出运动模糊。

那么刚体要如何做缓存呢？其实刚体是没有缓存的，做完刚体之后需要将刚体转换为关键帧并删除刚体属性，一旦把刚体转换为关键帧就可以随意地拖动时间滑块了。

1 在场景内选择所有的刚体，然后执行 Edit → Keys → Bake Simulation 命令。

2 执行完成之后，会发现在时间线上多出了很多关键帧，如图 4-44 所示。

图 4-44　Bake Simulation 后的关键帧

提 示

做完 Bake Simulation 后还有最后一步要做，就是删除掉所有物体的刚体属性。因为如果还带有刚体属性，那在每次播放动画的时候，Maya 还会再解算一次。

3 选择场景内所有的刚体。在菜单栏 All objects 里面单击鼠标左键，选择 Dynamics，如图 4-45 所示。这样在场景内所框选的物体只会显示动力学的属性，按【Delete】键删除掉所有物体的刚体属性。

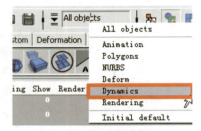

图 4-45　选择 Dynamics

现在，再次播放动画场景内小球撞塌铜罐的动画，制作完成。

4.2.3 刚体约束——力的传递

我们在科技馆会看到这样的东西——牛顿摆，就是挂在类似双杠上面的几个小球，受到力的作用，不停地左右摆动。本案例对模型的要求更高，需把握好小球之间的距离，而且小球是悬在空中的，需通过约束来实现。运用本案例中的方法还可以制作钟摆摆动等效果。

1）制作模型

1 创建模型。在视图中用曲线工具创建线条，如图 4-46 所示。

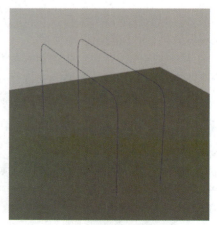

图 4-46　创建线条

2 在视图中创建一个截面曲线，并为这两条曲线执行 Surfaces→Extrude 挤压命令，设置 Extrude 属性，如图 4-47 所示。

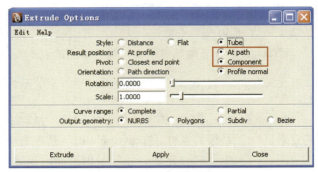

图 4-47　挤压命令选项

执行完挤压命令之后得到效果，如图 4-48 所示。

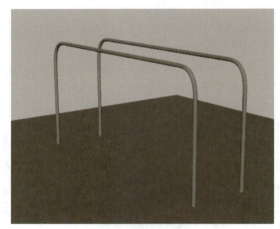

图 4-48　挤压效果

3 现在在场景中创建五个 Nurbs 的小球，如图 4-49、图 4-50 所示。

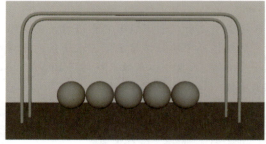

图 4-49　小球正面

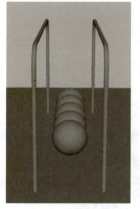

图 4-50　小球侧面

在创建小球的时候，每个小球之间尽量不要有间隙，也不要有穿插，如果有穿插在解算刚体的时候会出错，如果有间隙会影响刚体传递的解算效果。

4 最后创建每个小球与架子之间进行连接的模型，先画出线段然后进行挤压，如图 4-51、图 4-52 所示。

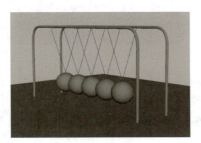

图 4-51　连接效果

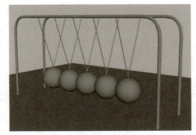

图 4-52　挤压效果

5 修改小球和连接物体的中心点，先来修改小球的中心。按【Insert】键，把所有小球的中心移动到小球的顶部，如图 4-53 所示。

图 4-53　中心移动到小球的顶部

6 依次移动每个连接物体的中心点，把所有的中心点都移动到线段的最上方如图 4-54 所示。

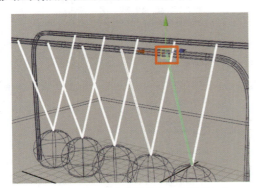

图 4-54　挤压出来物体的中心点移到上方

2）创建约束

小球运动带动了连接物体的摆动，为了完成连接物体的摆动动画，需创建目标约束，实现小球对连接物体的约束。

1 先选择小球，再加选连接物体，如图 4-55 所示。找到动画模块里面的 Constraint → Aim 命令；打开 Aim 后面的属性设置，保证 Maintain offset（保持相对位移）勾选，其余选项默认即可，如图 4-56 所示。

图 4-55　选择小球和挤压物

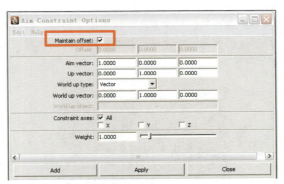

图 4-56　保持相对位移勾选

📝 **提 示**

重复步骤 1 的操作为每个小球的连接物体创建 Aim 约束。

2 在视图中还有一些用来挤压的 CV 曲线选择所有的 CV 曲线隐藏（按【Ctrl+H】快捷键）即可，如图 4-57 所示。

图 4-57　曲线隐藏

3 选择所有的小球执行 Soft/Rigid Bodies → Create Active Rigid Body 命令，将其转换成主动刚体。

4 选中所有刚体小球，调节通道栏中刚体节点 rigidBody 下的 Center Of Mass Y 属性，改变刚体小球的质量中心的 Y 轴位置，如图 4-58（修改前）、图 4-59（修改后）所示。

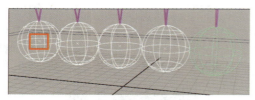

图 4-58　默认的质量中心

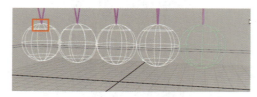

图 4-59　修改完成的质量中心

下面我们需要使用刚体的钉约束，把小球固定在两端的横杆上面。

5 现在选择小球依次执行 Soft/Rigid Bodies → Create Nail Constraint 钉约束命令。

6 选择小球执行钉约束后会在视图中出现一个钉约束的绿框，需要把钉约束移动到曲线中心点的位置，如图 4-60 所示。

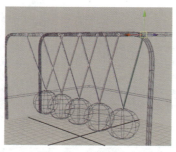

图 4-60　创建钉约束

3）力传递的刚体设置

此时播放动画，小球是静止不动的，需要添加外力，让小球动起来。

1 现在给右边的小球一个 X 轴为 -10 的初始速度让小球运动起来，如图 4-61 所示。

图 4-61　修改初始速度

2 播放动画，小球受到初始速度的影响发生了运动。但

是由于我们没给小球添加重力，所以小球在做 360° 的旋转，如图 4-62 所示。

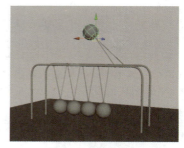

图 4-62　播放动画

3 选择所有的刚体小球，执行 Fields → Gravity 命令添加重力场。

4 再次播放动画，发现小球已经受到了重力的影响并且下落，从而产生力的传递的效果。但是效果不理想，因此需要修改所有刚体小球的参数。

5 为了保证小球的运算符合能量守恒定律的条件，即只有重力和弹力做功。所以选择刚体小球，在通道栏里展开其刚体属性分别修改质量为 10、弹力为 1、静止摩擦力为 0、动力学摩擦力为 0，如图 4-63 所示。

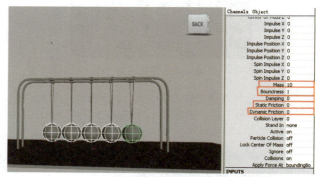

图 4-63　修改刚体属性

6 修改完成之后，把时间改为 500 帧单击播放按钮，现在的效果基本就是理想的效果了。

7 在场景中选择任意一个刚体，按【Ctrl+A】键打开刚体的属性找到 rigidSolver 属性里的 Collision Tolerance（碰撞距离），可以看到默认值为 0.02，适当地增加一些即可，如图 4-64 所示。

图 4-64　修改碰撞距离

8 刚体碰撞距离设置完成后，选择场景内所有刚体小球执行 Edit → Keys → Bake Simulation 命令。这样做的目的是将所有刚体小球的运动轨迹固定，使每次播放的效果都一样。

9 Bake Simulation（烘焙模拟）完成后一定要注意删除刚体小球的刚体属性，否则每次播放的时候还会再次进行动力学解算。

10 为了观看效果更加美观，给场景添加简单的材质，渲染序列图片并合成，得到如图 4-65 所示的效果。

图 4-65　最终效果

4.2.4　刚体解算与动画间的转换——投篮

在现实中投篮动作很容易完成。但是在制作类似动画的时候，需要考虑如何让篮球跟着投篮者的手一起运动，并且准确无误地投入篮筐。Maya 中，这些问题是通过设置关键帧来解决的。只有进入篮筐之后，才能通过解算控制篮球运动。这就涉及到动力学解算和手动设置关键帧的转换问题，具体实现方法如下。

1 打开工程文件：光盘 \Project\4.2.4 Throw Basketball\scenes\4.2.4 Throw Basketball_base.ma，如图 4-66 所示。选中图中所示的地面，转为被动刚体，如图 4-67 所示。

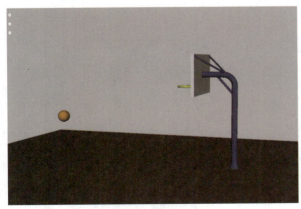

图 4-66　投篮模型

图 4-67　地面转为被动刚体

2 选择篮球，执行 Fields → Gravity 命令，将篮球转为主动刚体并添加重力场。

3 播放动画，篮球已经转为主动刚体受到重力的作用掉落在地面上，选中篮球，在右边通道框里找到 Active（激活）属性，如图 4-68 所示。

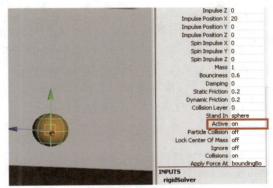

图 4-68　Active 属性

4 给 Active 属性设置关键帧，Active 属性在默认的情况下是 on，也就是说当它为 on 的时候此刚体为主动刚体，当它为 off 的时候此刚体为被动刚体。主动刚体是不能设置关键帧的，只有被动刚体才可以受到关键帧影响。所以，将篮球的 Active 属性在第 1 帧的时候设置为 off 并设置关键帧，如图 4-69 所示，并为篮球的 Translate 属性设置关键帧。

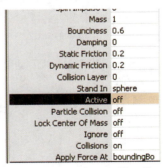

图 4-69　给 Active 属性 K 帧

5 把时间线移动到 40 帧的位置上将篮球的 Active 属性设置为 off 并设置关键帧。并且把小球的位置移动到篮框旁，如图 4-70 所示，并为篮球的 Translate 属性设置关键帧。播放动画，篮球已经在 1 ~ 40 帧有了一个直线的运动。

图 4-70　给小球 K 帧

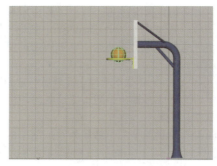

图 4-73　40 帧的位置

图 4-74　最终效果

提　示

　　在这里除了给篮球的 Active 属性设置关键帧以外，还要对篮球的位置设置关键帧。具体方法如下：在第 1 帧，小球离篮框有一定的距离，给小球的位移设置关键帧，如图 4-71 所示；在第 40 帧，小球移到篮球篮里，再给小球的位移设置关键帧，如图 4-73 所示。

6　要模拟投篮，篮球的运动不可能是一条直线，它的运动路径是抛物线的形状，所以在 20 帧左右的位置把篮球向上提一下，并设置关键帧，给篮球的运动添加一个弧度，如图 4-71~ 图 4-73 所示。

8　选择篮球执行 Edit → Keys → Bake Simulation 命令，将刚体的运动转换为关键帧。

4.2.5　综合应用——联动机械

　　在很多广告和电影里，我们会看到一些类似于多米诺骨牌在诱发因素作用下产生连锁反应的动画效果。本节将要讲解的联动机械例子就是一个连锁反应动画，在一个坠落小球的诱发下，整个机械的各部分开始相互作用。而不同于多米诺骨牌的是，装置各部分物体的形状及运动轨迹都不相同，因此就需要根据物体的运动方式，确定运动轨迹，调整重心位置并创建约束等，使整个装置完美地运行起来。

　　打开工程文件：光盘 \Project\4.2.5 Machinery\ scenes\4.2.5 Machinery.ma，如图 4-75 所示。

图 4-71　1 帧的位置

图 4-72　20 帧的位置

7　在 41 帧的时候将篮球的 Active 属性设置为 on，也就是说篮球在 40 帧之前是受到我们手动添加的关键帧影响而运动的，在 41 帧的时候又变成主动刚体了，所以会受到重力场的影响下落，如图 4-74 所示。

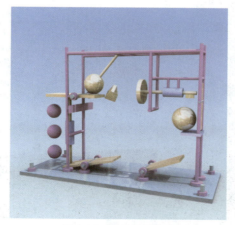

图 4-75　联动机械模型

1 将图 4-76 中所选的物体转为刚体并且添加重力场。

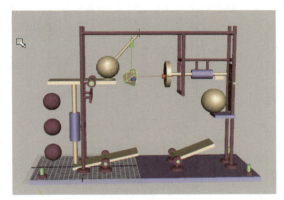

图 4-76　设置刚体

2 对图 4-77 中所选模型执行 Create Hinge Constraint 命令，创建铰链约束。

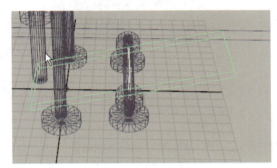

图 4-77　创建铰链约束

⚠ **注　意**

铰链约束的位置在木板的中心。

3 选择地面执行 Soft/Rigid Bodies → Create Passive Rigid Body 命令，将其转换成被动刚体。

📖 **提　示**

可以适当地修改地面的弹力属性。

4 将图 4-78 中所选的物体转为主动刚体并且添加重力场。

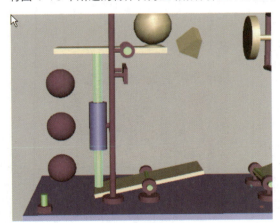

图 4-78　添加重力场

5 将图 4-79 中所选的物体转为被动刚体。

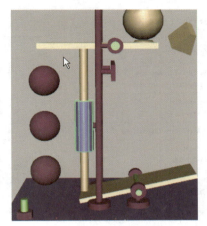

图 4-79　转为被动刚体

6 将图 4-80 中所选的物体转为主动刚体并创建铰链约束，然后调整铰链约束的位置。

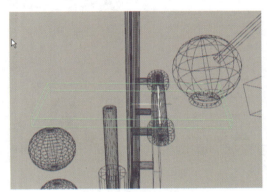

图 4-80　铰链约束

7 将图 4-81 中所选的物体转为被动刚体。

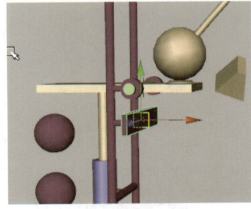

图 4-81　转为被动刚体

8 依次对图 4-82、图 4-83 中所选的小球执行 Create Pin Constraint 命令，创建销约束。

9 选择最上面的小球和小球上面的横板执行 Create Pin Constraint 命令创建销约束，并且调整销约束的位置，如图 4-84 所示。

10 为三个小球添加重力场，可以适当地修改这三个小球的质量。

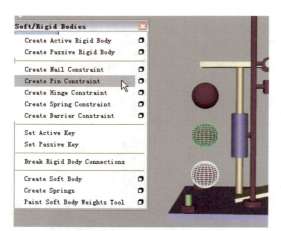

图 4-82　销约束（一）

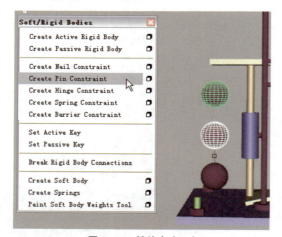

图 4-83　销约束（二）

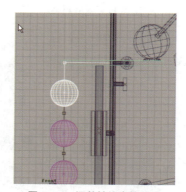

图 4-84　调整销约束的位置

11 对图 4-85 中所选的物体做父子关系（按【P】快捷键）。

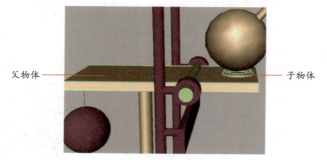

父物体　　　　　　　　　　　　子物体

图 4-85　做父子关系

12 将图 4-86 中所选的物体转为主动刚体，并且添加重力场和铰链约束，调整铰链约束的位置，如图 4-87 所示。

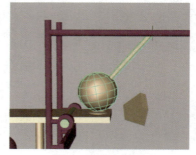

图 4-86　添加重力

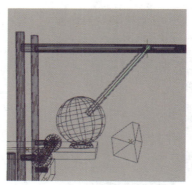

图 4-87　修改铰链约束的位置

13 对图 4-88 中所选的三个物体进行合并，并将物体转为主动刚体。

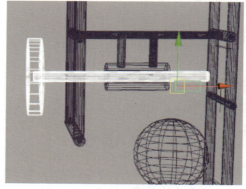

图 4-88　三个物体进行合并转为主动刚体

14 将图 4-89 中所选的物体转为被动刚体。

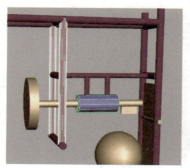

图 4-89　转为被动刚体

15 将图 4-90 中所选模型转为主动刚体，并使用铰链约束，调整铰链约束的位置。

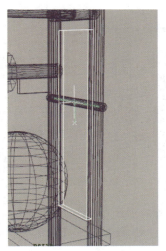

图 4-90　转为主动刚体

16 将图 4-91 中所选模型转为主动刚体并添加重力场。

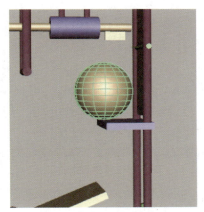

图 4-91　转为主动刚体并添加重力

提示

可以适当地调整一下球体的质量。

17 将图 4-92 中所选模型转为被动刚体。

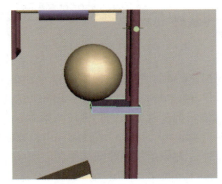

图 4-92　转为被动刚体

18 将图 4-93 中所选跳板转为主动刚体并且修改刚体的 Center Of Mass X（X 轴质量中心）为"4.3"。

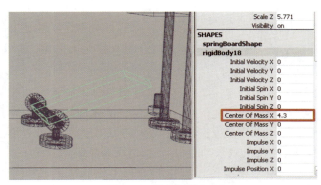

图 4-93　设置质量中心

19 修改完质量中心，给跳板添加铰链约束，如图 4-94 所示，并调整铰链约束的位置。

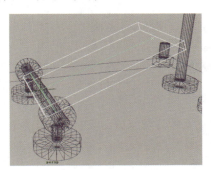

图 4-94　添加铰链约束

20 为跳板添加弹簧约束（Create Spring Constraint），如图 4-95 所示；此时这个跳板同时受到两种不同的约束，一个是铰链约束，一个是弹簧约束。

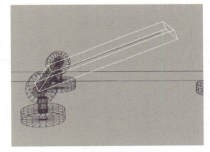

图 4-95　添加弹簧约束

21 调整弹簧约束的属性值，如图 4-96 所示。

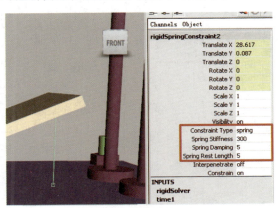

图 4-96　调整弹簧约束的属性值

制作完成，播放动画进行观看。

4.3 柔体

与刚体相反，柔体是指形状或尺寸不固定、随事件改变而改变的几何体。简单说，柔体就是柔软的物体。它用来模拟现实环境中物体在力的作用下运动并且发生形变的效果，例如，充气不足的足球落在地上。

柔体的原理：在物体的顶点上生成粒子，粒子之间靠张力和拉力连接，通过粒子运动控制几何体的形变。

通常，非变形碰撞运动用刚体来完成，运动或碰撞后变形的用柔体来完成。我们可以将柔体当作是粒子系统的扩展，柔体刚好弥补了粒子和流体无法完成的一些动力学特效；而柔体的运动变化完全是靠粒子的运动来控制。

4.3.1 柔体基础知识

在创建柔体特效之前，我们有必要先来了解一下如何创建柔体及场对柔体的影响。

1）创建柔体

与创建刚体类似，创建柔体需要选择物体并执行创建命令，Maya 中的 Polygon 物体和 Nurbs 物体都可以被转换成柔体。与刚体不同的是，创建刚体动画既要有主动刚体又要有被动刚体，而创建柔体动画，只需要将选择的物体创建成柔体即可，之后通过场或者其他物体的影响实现柔体动画。

1 在场景中创建一个 Polygon 球体，选中该球体，执行 Soft/Rigid Bodies → Create Soft Body 命令，将球体创建为柔体。

2 把 Polygon 球体转为柔体后，打开大纲视图，找到球体的节点，在物体的子层级下会多出一个粒子节点，如图 4-97 所示。

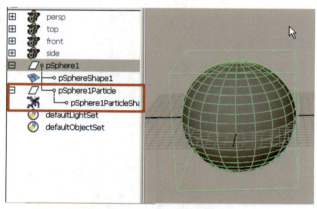

图 4-97 把 Polygon 球体转为了柔体

3 选择粒子节点，在视图窗口中只能看到一个线框却看不到粒子，这是因为粒子的显示模式为点模式。打开

粒子的属性窗口，在 "Render Attributes" 中把粒子的显示模式改为球体，便可以清楚地看到柔体粒子了，如图 4-98 所示。

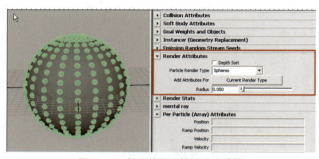

图 4-98 粒子的显示模式改为球体

单击 Create Soft Body 后面的选项盒，打开其属性窗口，如图 4-99 所示。

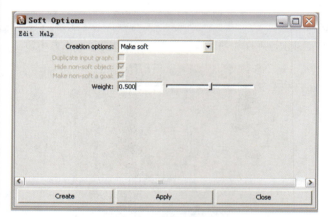

图 4-99 柔体属性窗口

【参数说明】

● Creation options（创建选项）：有三种创建柔体的方式，如图 4-100 所示。

图 4-100 创建柔体的三种方式

➢ Make soft：把原始物体创建为柔体。

➢ Duplicate, make copy soft：复制原始物体，把复制出来的物体转为柔体。

➢ Duplicate, make original soft：复制原始物体，把原始物体转为柔体。

● Duplicate input graph：复制输入图表。

● Hide non-soft object：把不是柔体的物体隐藏。

● Make non-soft a goal：把不是柔体的物体做为目标。

只有当 Create options 不为 Make soft 时，以上 3 个选项才可以被修改。

- Weight：目标的权重值。

2）场对柔体的影响

和刚体、粒子一样，柔体也会受到场的影响，可以给柔体加入不同的场，从而得到不同的效果。

1 在场景中创建一个球体，并把球体转为柔体后显示出柔体粒子，如图 4-101 所示。

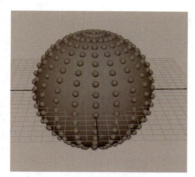

图 4-101　把球体转为柔体

2 在大纲里选择这个球体的粒子并给这个粒子添加 Vortex（漩涡场），如图 4-102 所示。

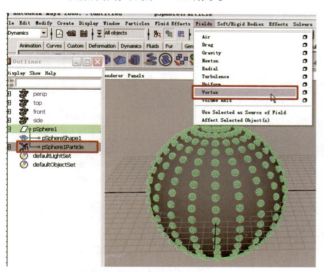

图 4-102　添加 Vortex

3 播放动画，球体发生了形变，如图 4-103 所示。

图 4-103　球体形变

那么为什么球体会受到场的作用而形变呢？是因为柔体粒子在起作用，也就是说场控制着柔体粒子而柔体粒子又控制着球体，所以球体就发生了形变。

4.3.2　柔体权重

柔体权重和蒙皮权重一样，都用于修改控制力的大小，加过权重后，我们可以更好地控制柔体的动态效果。修改柔体权重的方式有两种：整体修改或局部修改。

方法 1　整体修改

1 在场景中创建一个球体并给它转为柔体，创建模式选择"Duplicate, make original soft"，如图 4-104 所示。

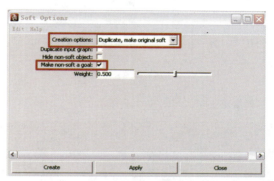

图 4-104　柔体选项

2 把复制出来的球体移动到原始物体的左侧，播放动画，可以看到移出来的物体又被吸回到原始位置上并与原始物体吻合，如图 4-105 所示。

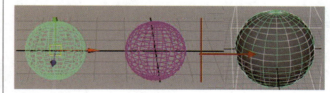

（a）复制出的球体　　（b）原始球体　　（c）播放动画后

图 4-105　播放动画

3 这是因为柔体的权重值在起作用，默认的情况下创建完的柔体权重值是 0.5。可以对已经创建完的柔体权重进行修改。在大纲里选择柔体粒子，属性栏里会显示出该粒子的属性，如图 4-106 所示。

4 修改 Goal Weight（目标权重）的数值，由 0.5 改为 1，再次播放动画，可以看到小球一瞬间就被吸引过来了。也可以把 Goal Weight（目标权重）的数值改为 0.1，然后再次播放动画，可以看到小球虽然是受到原始物体的影响而移动，但影响远没有权重为 1 的时候强烈；也就是说，当权重值为 1 的时候是完全吸引，为 0 的时候完全不吸引。

方法 2　局部修改

除了上述方法可以修改柔体权重外，还可以使用 Paint Soft Body Weights Tool（绘画柔体权重工具）修改柔体的局部权重。

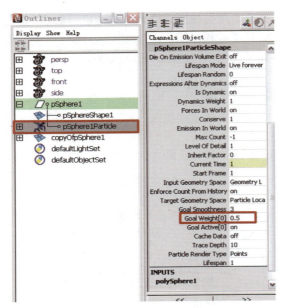

图 4-106　柔体权重值 0.5

1 选择柔体小球,如图 4-107 所示。

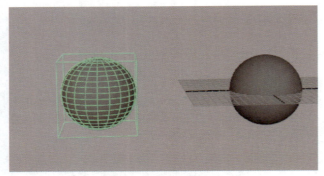

图 4-107　选择柔体小球

2 执行 Soft/Rigid Bodies → Paint Soft Body Weights Tool 命令。单击该命令后面的选项盒,打开工具设置属性窗口,如图 4-108 所示。

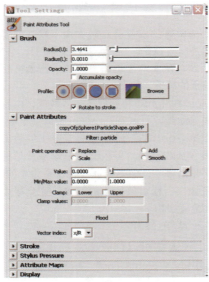

图 4-108　工具设置属性窗口

选择柔体小球执行 Paint Soft Body Weights Tool 命令后,可以看到柔体小球变成了纯白色,并且鼠标变成了笔刷的样式,如图 4-109 所示。

图 4-109　小球变成了纯白色

3 用笔刷工具刷一下小球,可以看到被刷到的部位变成了黑色,如图 4-110 所示。

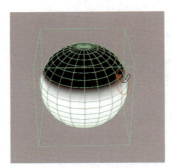

图 4-110　被刷到的部位变成了黑色

如果在刷的时候发现球体没有变化,那么就要找到 Paint Soft Body Weights Tool 命令里面的 Value 属性,如图 4-111 所示。

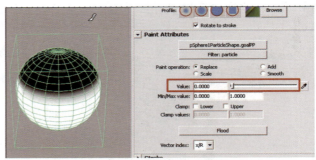

图 4-111　Value 属性

当 Value 值为 0 的时候刷出来的是黑色,当值为 1 的时候刷出来的是白色。刷完之后播放动画,被刷成黑色的部分没有受到目标球体的吸引,如图 4-112 所示。

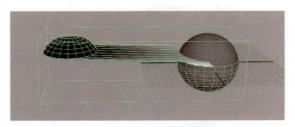

图 4-112　刷完之后播放效果

Maya动力学

也就是说，现在黑色部分的权重值为0，当权重值为0的时候是不会受到目标物体的吸引，为白色的时候权重值为1，完全受到目标物体的吸引。

4.3.3　柔体弹簧约束

柔体中的弹簧约束，可以将特定的粒子集合进行关联控制或将粒子和几何体进行连接。通常在使用柔体模拟液态或柔软表面时，都会用到弹簧约束，它能让柔体的粒子之间产生弹性影响，实现力的波形传递。

执行 Soft/Rigid Bodies → CreateSprings 命令后可以发现，弹簧有3种类型：MinMax、All、Wireframe，如图4-113 所示。

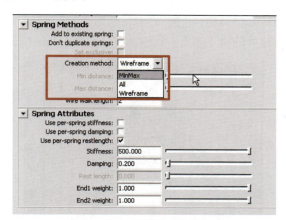

图 4-113　弹簧的3种方式

【参数说明】

● MinMax（最小最大距离）：通过计算粒子之间的距离来构成网络链。由于场景中的距离比较难确定，所以操作起来比较困难，不过可以节省资源。常用于制作比较随机的黏性变形，如水洼地。

● All（所有）：在每个粒子之间形成网络链。如果选择粒子和几何体，并勾选 SetExclusive，则只有粒子和几何体之间才形成网络链，粒子之间没有任何联系。

● Wireframe（线框）：在柔体边线上的粒子之间形成网络链，只能用于单个柔体本身。

弹簧具有以下两个常用属性。

【参数说明】

● Stiffness（硬度）：弹簧的硬度。如果我们将弹簧的刚度设置得太高，弹簧可能被过分地拉伸和压缩。通过改变刚性属性，可以调整碰撞柔体的弹跳。

● Damping（阻尼）：弹簧的阻尼。高的阻尼值，使弹簧的长度变化很慢，低的阻尼数值可以使弹簧的伸缩加快。我们可使用低的阻尼数值和高的弹力数值来创建柔体的颤动效果。

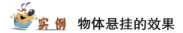　**实例**　**物体悬挂的效果**

1 在场景中创建两个 Polygon 的 Cube，如图4-114 所示。

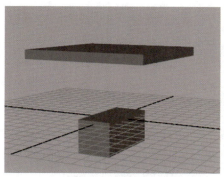

图 4-114　创建 Polygon 的 Cube 模型

2 选中下面的 Cube 转为柔体，具体属性设置，如图4-115 所示。

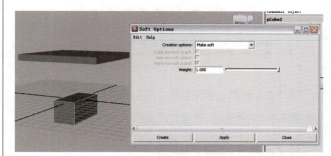

图 4-115　Cube 转为柔体

3 为两个 Cube 之间添加弹簧，先选择转为柔体的方块其中的一个点，同时再加选与另外一个方块的相对应的那个点，如图4-116 所示。

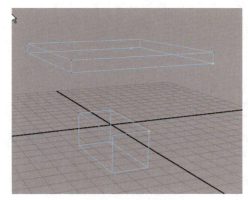

图 4-116　点模式

4 给其添加弹簧，添加弹簧命令。在这里使用 All（全部）模式。创建完成之后会在两个物体点之间出现一根弹簧，弹簧的形状与现实中的有所不同，在 Maya 里面显示为一条虚线，如图4-117 所示。把其余的三个角都连上弹簧，如图4-118 所示。

5 选择柔体方块，创建 Wireframe（线框）模式的弹簧，并给这个物体添加重力。

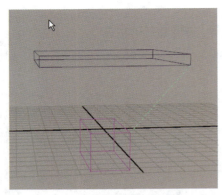

图 4-117　弹簧显示一条虚线

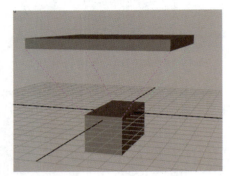

图 4-118　三个角都连上弹簧

要适当地修改下弹簧参数，如图 4-119 所示。

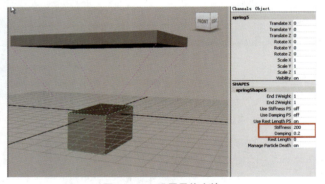

图 4-119　设置柔体方块

为最上面的物体设置一个位移动画，这样下面的柔体就会受到弹簧的作用跟随上面的物体移动。

4.4　柔体特效

前面章节中我们已经学习了粒子、流体、刚体等动力学特效，这些特效均不能实现模型自身形状改变的效果，例如瘪的皮球掉落或滚动等，实现这样的动画效果需要用到柔体特效。我们将在本节通过魔镜和魔幻水杯两个实例，巩固柔体创建、弹簧应用、场对柔体粒子的影响及关联粒子发射器发射柔体粒子等知识的实际应用。

我们还可以将这些知识扩展为更多生活中常见的效果，例如水面荡漾、布料飘动、生长动画等效果。

4.4.1　弹簧（Springs）——魔镜

在一些科幻电影中，我们会看到这样的镜头：镜子表面产生水波一样的扰动，然后出现一个扭曲的人脸，或者冒出某种怪异的物体。我们在本节中的魔镜案例就来模拟这种效果。

使用非线性变形器及柔体都能制作这种涟漪，相对于前者用柔体制作出的效果更加逼真、自然。使用柔体制作这个案例时，首先要将镜面转换为柔体，并创建弹簧，让柔体粒子之间产生类似弹簧的拉力，再通过编辑权重，并在其他物体的影响下，产生涟漪的效果。

首先，打开工程文件：光盘 \Project\4.4.1 Mirror\scenes\4.4.1 Mirror_base.ma，如图 4-120 所示。场景中有建好的镜子模型，镜面前有一个小三角的模型。

图 4-120　魔镜模型

1 创建柔体，选择镜面，打开 Soft/Rigid Bodies → Create Soft Body 右面的选项框，属性设置为 Duplicate，make copy soft，如图 4-121 所示。

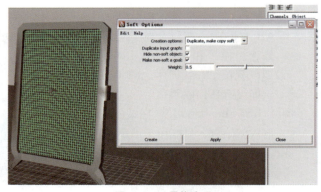

图 4-121　柔体选项

2 转为柔体后会生成属性 copyOfnurbsPlane1，对此属性的 NURBS Surface Display（曲面显示）进行修改，Curve Precision（曲线的精度）修改为 15，Divisions U、DivisionsV 均改为 3，如图 4-122 所示。

3 创建弹簧，选择 copyOfnurbsPlane1 物体为其创建弹簧，弹簧方式选择 Wireframe，弹簧硬度改为 50，阻力为 1，如图 4-123 所示。

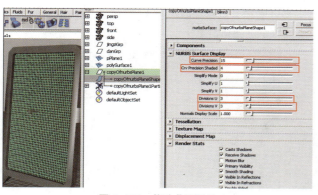

图 4-122　修改曲面显示

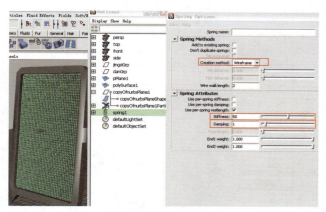

图 4-123　修改弹簧选项

4 创建完弹簧后，在粒子模式下，选择与 pCone1 相对应的粒子，如图 4-124、图 4-125 所示。

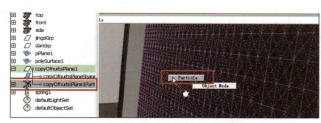

图 4-124　选择与 pCone1 相对应的粒子

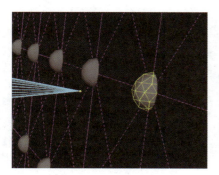

图 4-125　放大显示

📖 **提　示**

如果不好选择弹簧上的粒子，可以把粒子的显示模式由点模式改为球形。

5 让小三角模型通过弹簧和镜面做链接，选择 pCone1 顶点与粒子创建弹簧，弹簧选择 All（所有）的方式，会在每个粒子之间形成网络链，如图 4-126 所示。

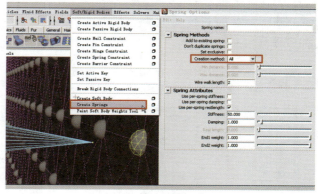

图 4-126　弹簧选项

6 让小三角模型通过弹簧把镜面拽起来，给大纲里面的 spring2 这个弹簧的 Stiffness 属性 Key 动画，在第 0 帧的时候 Stiffness 值 K 为 1000，在第 45 帧的时候 Stiffness 值 K 为 0。如图 4-127 所示。

图 4-127　Stiffness 属性 K 帧

7 让镜面四周没有浮动的效果，使用 Paint Soft Body Weights Tool（绘画柔体权重工具），将 copyOfnurbsPlane1 四周画白，如图 4-128 所示。

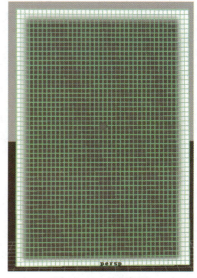

图 4-128　绘制权重

提 示

如果在绘制权重时候发现魔镜全部都是白色的，那么就先将柔体画笔工具的 Value 改变为 0.3，单击 Flood 按钮使镜面变黑，再将 Value 改回 1，然后再刷。

8 选择 copyOfnurbsPlane1Particle，添加场 Turbulence（扰乱场），如图 4-129 所示。

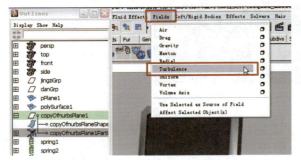

图 4-129 添加扰乱场

重新播放观看最终效果，如图 4-130 所示。

图 4-130 最终效果

4.4.2 连接发射器——魔幻水杯

我们经常在电影或者动画片中看到镜头中凭空变出一个物体，好像魔术一样，这个效果其实是通过粒子发射器发射柔体来实现的。

打开工程文件：光盘 \Project\4.4.2 Magic Cup\scenes\4.4.2 Magic Cup_base.ma，如图 4-131 所示。

图 4-131 杯子模型

1 要让粒子发射器发射出这个杯子，第一步需要将这个杯子转为柔体，图 4-132 所示。

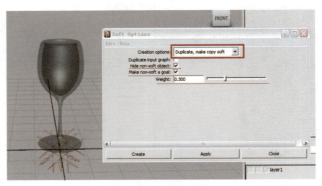

图 4-132 转为柔体

2 在大纲中选择柔体粒子，按【Ctrl+A】键展开柔体粒子的属性面版修改属性，如图 4-133 所示。

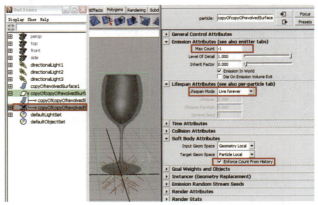

图 4-133 修改粒子属性

需要修改的属性要求如下。

MaxCount（最大粒子数）：当前杯子有 247 个 CV 点，所以把它改为 247。

Lifespan Mode（粒子的生命值）：改为 Constant 并且把 Lifespan 改为 0，也就是出生即死。

Enforce Count From History：如果勾选，粒子为了维持模型的原有状态，会一直存在，取消勾选。

都修改完成后如图 4-134 所示。

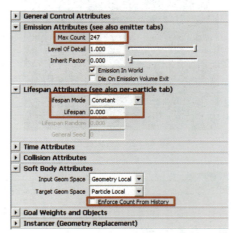

图 4-134 修改粒子属性

播放动画，粒子生命为0，因此物体消失。

3 给柔体粒子设置初始状态，在大纲中选择粒子，执行 Solvers → Initial State → Set for Selected 命令，如图 4–135 所示。

图 4–135　设置初始状态

4 在场景中创建粒子发射器，执行 Particles → Create Emitter 命令。

5 创建完粒子发射器后，会默认创建出粒子，需要手动删除这个粒子，如图 4–136 所示。

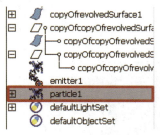

图 4–136　删除粒子

6 还需要修改发射器的类型，如果创建完的发射器是体积发射器，就要将其修改为全局发射器，如图 4–137 所示。

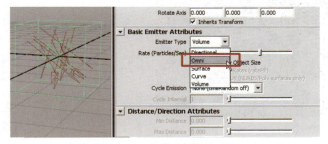

图 4–137　修改为全局发射器

7 创建完发射器后，打开动力学关联命令执行 Window → Relationship Editors → Dynamic Relationships 命令，将柔体粒子连接给发射器，如图 4–138 所示。

8 连接完发射器后，修改粒子的生命值，如图 4–139 所示。

9 修改柔体粒子的 Conserve 继承属性，如图 4–140 所示。将 Conserve 继承属性由 1 改为 0.5，再次播放动画，可以注意到玻璃杯已经被发射出来了，如图 4–141、图 4–142 所示。

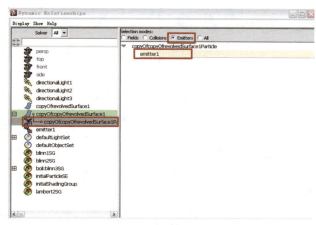

图 4–138　柔体粒子连接给发射器

图 4–139　修改粒子的生命值

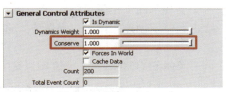

图 4–140　修改 Conserve 继承属性

图 4–141　播放效果

图 4–142　最终效果

4.5　本章小结

（1）刚体分主动刚体和被动刚体：主动刚体模拟的是一些运动的物体；被动刚体模拟的是一些固定的物体，作为主动刚体的碰撞物体。

（2）刚体约束用于限制刚体的运动状态，将刚体限制于场景中某个位置或者另外一个刚体上。刚体约束分为5种：Nail（钉约束）、Pin（销约束）、Hinge（铰链约束）、Spring（弹簧约束）和 Barrier（屏障约束）。

（3）通常我们调整好了刚体参数，得到想要的模拟效果后，可以把刚体运动的动画转换成关键帧动画。这样就不需要每次播放时都进行动力学解算，方便预览而且在渲染时降低解算出错的几率。

（4）柔体的原理是在物体的顶点上生成粒子，粒子之间通过张力和拉力连接，通过粒子的运动来控制几何体的变形。

（5）场控制着柔体粒子，而柔体粒子又控制着物体，物体由此发生形变。

4.6　课后练习

观察如图 4-143 所示的下雨时雨滴在水面溅起涟漪的效果，运用本章学过的知识制作完成，制作过程中需要注意以下几点。

（1）雨水用粒子来模拟，使用平面 surface 的方式发射 streak 类型的粒子。

（2）粒子要和水面创建碰撞事件。

（3）给水面模型创建柔体时，弹簧方式选 Wireframe。制作起伏表面或涟漪效果，选用 Wireframe 是最佳方式。

（4）调节柔体的 GoalWeight 数值和弹簧的 Stiffness 和 Damping 数值。

图 4-143　案例效果

5

自带特效 (Effects) 的应用

> 了解Maya自带特效的种类

> 能够灵活运用Maya自带特效制作出需要的效果

经过前面章节的学习，我们知道，通过对粒子、流体、刚体、柔体等进行设置，可以做出很多特效。为了方便用户快速制作一些常用的效果，可运用 Maya 自带的特效，切换到 Dynamics（动力学）模块，按【F5】快捷键，单击 Effects 菜单下的命令，就轻松地创建火、烟尘、烟花等效果，如图5-1 所示。

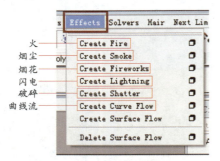

图5-1　特效命令

需要说明的是，正因为这些效果是预置的，虽说可以通过参数调节颜色、动态等，效果仍比较固定，精度也不是太高。如果想突破给定参数的局限，增添别的效果，就需要对 Maya 的语言有一定的了解，否则将无法实现。所以在实际制作时还是要先考虑下项目的周期精度要求，再决定是否使用 Effects。

5.1　火

Maya 自带的特效火虽然没有用流体制作得真实，但是可以快速生成火焰，在画面要求不高的时候能够大大提高工作效率。

5.1.1　创建

在场景中创建一个 NURBS 或者 Ploygone 物体，找到 Effects 命令后选择物体，执行 Effects 里面的第一个命令 Create Fire（创建火）。播放动画，可以看到刚才选择的物体已经有火焰产生了，如图5-2、图5-3 所示。

图5-2　渲染前　　　　图5-3　渲染后

5.1.2　基本属性设置

单击 Create Fire 命令后面的选项盒按钮，如图5-4 所示。

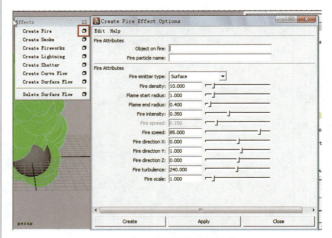

图5-4　创建火焰命令及属性窗口

【参数说明】

- Fire emitter type：火焰发射器类型（本章5.1.3节详细讲解）。
- Fire density：火焰的密度。
- Flame start radius：粒子火焰开始半径。
- Flame end radius：粒子火焰结束半径。
- Fire intensity：火焰强度（取值范围在 0 ～ 1 之间）。
- Fire spread：粒子火焰的发射角度。
- Fire speed：粒子火焰的速度。
- Fire direction X：X 轴方向的火焰。
- Fire direction Y：Y 轴方向的火焰。
- Fire direction Z：Z 轴方向的火焰。
- Fire turbulence：火焰的扰乱。
- Fire scale：火焰的体积缩放。

> **提示**
>
> 默认状态下 Fire Density（火焰密度）是 10，密度越高，火越密集。密度为 10 与密度为 50 的效果分别如图5-5、图5-6 所示。

不同火焰强度的效果对比如图5-7、图5-8 所示。
不同轴向的火焰方向，如图5-9、图5-10、图5-11 所示。

> **提示**
>
> 如果 X、Y、Z 三个轴向的数值是正数，那么火焰的方向就是轴向正方向，相反如果是负数就是轴向的负方向。

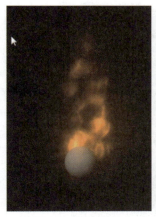
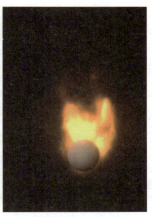

图5-5 密度为10　　　　图5-6 密度为50

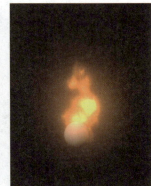

图5-7 强度为0.35　　　图5-8 强度为1

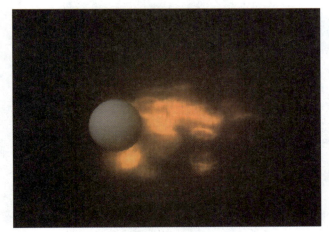

图5-9 X轴方向

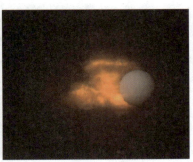

图5-10 Y轴方向　　　　图5-11 Z轴方向

如果特效火创建出来以后需要修改的话，可以在特效火的右侧属性通道栏里修改，如图5-12所示。

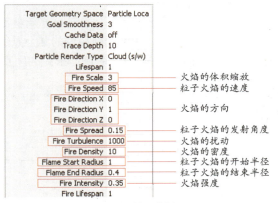

Target Geometry Space	Particle Loca
Goal Smoothness	3
Cache Data	off
Trace Depth	10
Particle Render Type	Cloud (s/w)
Lifespan	1
Fire Scale	3	—— 火焰的体积缩放
Fire Speed	85	—— 粒子火焰的速度
Fire Direction X	0
Fire Direction Y	1	—— 火焰的方向
Fire Direction Z	0
Fire Spread	0.15	—— 粒子火焰的发射角度
Fire Turbulence	1000	—— 火焰的扰动
Fire Density	10	—— 火焰的密度
Flame Start Radius	1	—— 粒子火焰的开始半径
Flame End Radius	0.4	—— 粒子火焰的结束半径
Fire Intensity	0.35	—— 火焰强度
Fire Lifespan	1

图5-12 属性通道栏

5.1.3 发射器类型

为了逼真地模拟不同物体燃烧时的不同状态，Maya提供了多种火焰发射器类型，如图5-13所示。

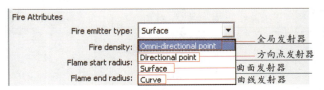

图5-13 火焰发射器的类型

5.2 破碎

在动画制作中，经常需要制作物体碎裂的效果，例如，玻璃杯摔在地上、房屋倒塌、山崩地裂等，我们将这类效果称之为破碎。实现这类效果需要对模型进行破碎，使用Create Shatter（创建破碎）命令能够把NURBS或者Polygon模型碎开。

> **提 示**
>
> （1）使用Create Shatter前需要将模型坐标冻结并删除历史；
>
> （2）在创建破碎的时候，每次碎的块数不能太多，如数量太多，容易出现解算错误；
>
> （3）在执行破碎命令的时候最好用Polygon物体，因为NURBS物体破碎起来时间会很长而且极易造成算死的情况。

创建一个Polygon物体后清除历史，然后找到Effects → Create Shatter（破碎），不要选择物体直接执行该命令，该命令的属性窗口打开，如图5-14所示。

从图5-14可以看出，破碎有三种，分别是：Surface Shatter（表面破碎）、Solid Shatter（实体破碎）

和 Crack Shatter（裂痕破碎）。使用 Surface Shatter 命令破碎完的模型在默认情况下是没有任何厚度的物体，且不带任何材质；使用 Solid Shatter 命令，物体会以实体的方式进行破碎，并且自动填充新材质；使用 Crack Shatter 命令，需要选择模型的某个点进行碎碎。下面我们来详细了解这 3 种破碎形式的区别。

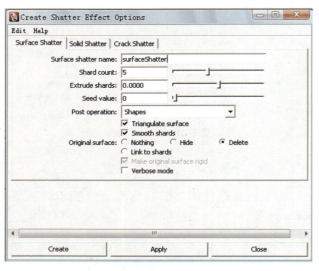

图 5-14　破碎的属性窗口

5.2.1　Surface Shatter（表面破碎）

所谓表面破碎，是把模型表面碎裂开，模型里面是空的。这种碎裂方法是按模型的拓扑碎裂的，所以边缘是齐的，效果不是很真实，因此破碎精度要求不高的情况下可以使用表面破碎方式，通常用于作为外壳的物体碎裂，例如，蛋壳、乒乓球、果皮等。

Surface Shatter 的属性如图 5-15 所示。

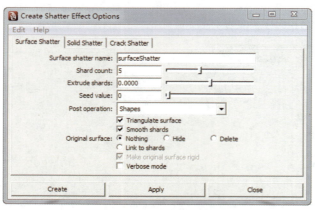

图 5-15　表面破碎属性窗口

【参数说明】

● Surface shatter name（面破碎名称）：破碎完成后被破碎的物体会自动生成一个组，如图 5-16 所示，这个选项用于设置这个组的名称。

图 5-16　破碎后的物体生成一个组

● Shard count：破碎块数，设置物体一次能被破碎成几块，默认情况下是 5 块。

> **提　示**
>
> 　　建议这个数值不要设置太大，数值太大可能导致破碎失败，可以降低数值多破碎几次。

● Extrude shards（碎片挤压的厚度）：破碎完成后的物体在默认情况下是没有任何厚度的，可以使用该属性来设置碎片的厚度，如图 5-17、图 5-18 所示。

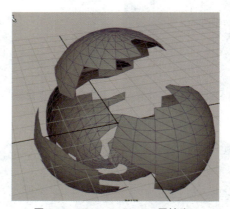

图 5-17　Extrude Shards 属性为 0

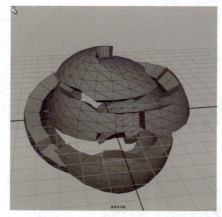

图 5-18　Extrude Shards 属性值为 0.3

> **注　意**
>
> 　　Extrude Shards 这个属性值如果为正数就是向外面挤压，如果 Extrude Shards 为负数就是向里面挤压。

- Seed value（破碎的随机值）：默认情况下是0。这个参数的取值范围是0和正整数，每一个数字都代表一种破碎形态，0表示每次破碎的形态都不一样。其他数值每一个数值代表一种破碎的样式，不管破碎几次，结果都是一样的。该参数为0和5分别破碎2次的效果如图5-19、图5-20所示。

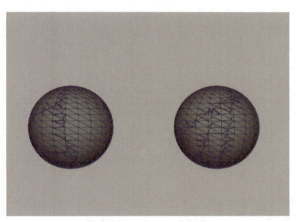

图 5-19 （Seed Value 属性为 0）

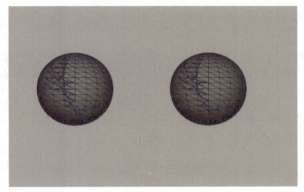

图 5-20 （Seed Value 属性为 5）

- Post operation：控制物体被破碎之后所进行的操作。

展开这个属性的下拉菜单，如图5-21所示。

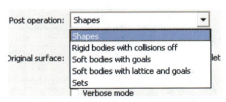

图 5-21 被破碎之后的操作选项

> Shapes：形态。
> Rigid bodies with collisions off：不带碰撞的刚体。
> Soft bodies with goals：带目标的柔体。
> Soft bodies with lattice and goals：带目标晶格的柔体。

> Sets：创建一个集合。
- Triangulate surface（三角曲面）：控制破碎完成后的物体是否是三角面。
- Smooth shards（光滑碎片）：能使破碎出来的模型边缘光滑，一般来说会保持这个命令勾选。
- Original surface（原始曲面物体）：这个属性是针对于原始物体的，共有四个选项，分别是Nothing、Hide、Delete、Link to Shards。
  > Nothing：破碎后原始物体不做任何改变。
  > Hide：破碎后原始物体隐藏。
  > Delete：破碎后删除原始物体。
  > Link to shards：连接到碎片。

5.2.2 Solid Shatter（实体破碎）

实体破碎是破碎制作中最常用的，默认情况下破出来的模型是实体的，如果勾选 Remove interior ploygon 命令，则破碎后的模型就会和面破碎一样有厚度同时空心。这种破碎方法可以调节边缘锯齿，效果比较真实。

Solid Shatter（实体破碎）的属性如图 5-22 所示。

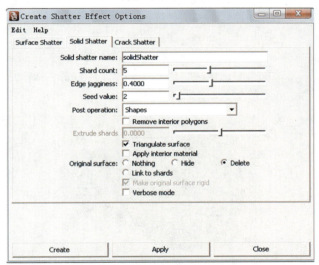

图 5-22 实体破碎属性窗口

提 示

这里有些属性与表面破碎的属性相同，就不再重复了，此处只讲解不同的属性。

【参数说明】
- Edge jagginess（边缘锯齿形状）：默认值为0，即没有任何边缘锯齿。取值范围 0～1，建议数值不要太大，否则容易造成破碎出错。没有边缘锯齿和有边缘锯齿对比如图 5-23、图 5-24 所示。

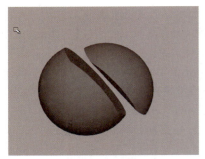

图 5-23　没有边缘锯齿（属性值为 0）

图 5-24　有边缘锯齿（属性值为 0.6）

- Remove interior polygons（移除内部物体）：如果勾选这个选项，那么破碎完成后的物体没有任何厚度，和面破碎一样。
- Extrude shards：挤压曲面。
- Apply interior material（给破碎物体添加材质）：如果勾选此项，破碎出的每个碎片都会添加固定的材质，如图 5-25 所示。

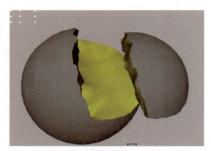

图 5-25　破碎后物体添加上了材质

注　意

如果勾选 Apply interior material 选项，那么破碎出来的物体会有材质，但是如果还想继续破碎应该选择要破碎的碎片赋予新的材质。

5.2.3　Crack Shatter（裂痕破碎）

裂痕破碎通常用来制作以一个点为中心的发散式破碎，比如石子打碎玻璃等效果。裂痕破碎属性如图 5-26 所示，有些属性与上两种破碎命令相同，就不再重复了，只讲解裂痕破碎的特有属性。

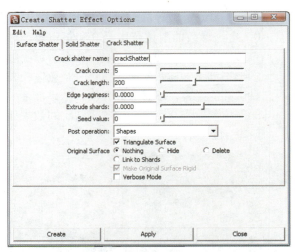

图 5-26　裂痕破碎属性窗口

【参数说明】

- Crack length（裂痕的长度）：定义产生裂痕的长度。

提　示

使用裂痕命令时，需要进入到模型的点模式下，选择模型上任意一个点执行该命令。

5.3　烟尘

使用 Create Smoke（创建烟尘）命令可以创建烟囱冒烟、汽车尾气排放等效果，这些效果是通过 Maya 预设的粒子精灵贴图实现的。

5.3.1　基本属性设置

单击 Effects → Create Smoke 命令后面的选项盒按钮，可以在如图 5-27 所示的属性窗口中进行属性设置。

图 5-27　创建烟尘属性窗口

5.3.2 创建烟雾特效

1 准备一组烟尘的序列图片，50 张左右。

2 把烟尘的序列图片复制到工程项目中，如图 5-28 所示的 sourceimages 文件夹下。

图 5-28 工程项目

3 对 Create Smoke 命令进行属性设置，把精灵粒子图像的名称复制到"Sprite Image Name"属性中，把烟雾粒子名称复制到"Smoke Particle Name"属性中。

4 单击【Create】按钮，创建简单的粒子烟尘，完成之后的效果，如图 5-29 所示。

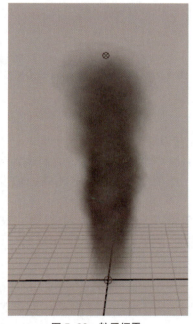

图 5-29 粒子烟雾

提 示

如果创建完成后，按【6】键发现并没有烟雾生成，表示精灵粒子没有读取烟雾贴图，需要到材质编辑器中重新指定该贴图。

5.4 烟花

使用 Create Fireworks（创建烟火）命令可以创建 Maya 预设的烟花效果，该效果通过多套粒子和粒子替代实现。

5.4.1 基本属性设置

单击 Effects → Create Fireworks 命令后面的选项盒按钮，可以在属性窗口中进行属性设置。

【参数说明】

● Rocket Attributes（烟花属性）：此属性包括的各选项如图 5-30 所示。

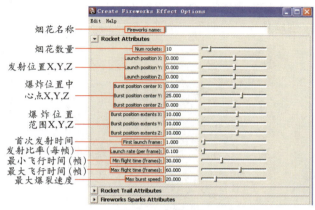

图 5-30 烟花属性

● Rocket Trail Attributes（烟花轨迹属性）：此属性包括的各选项如图 5-31 所示。

图 5-31 烟花轨迹属性

● Rocket Trail Color Attributes（烟花轨迹颜色属性）：此属性包括的各选项如图 5-32 所示。

图 5-32 烟花轨迹颜色属性

● Fireworks Sparks Attributes（烟火火花属性）：此属性包括的各选项如图 5-33 所示。

图 5-33 烟火火花属性

● Fireworks Colors Attributes（烟火颜色属性）：此属性包括的各选项如图 5-34 所示。

设置颜色
创建程序
颜色创建程序
火花颜色数量
火花颜色扩散
辉光强度
白炽强度

图 5-34　烟火颜色属性

5.4.2　创建烟花特效

Create Fireworks（创建烟花）命令用法非常简单，不用修改任何参数数值直接单击 Create 命令就可以创建最基本的烟花，如图 5-35、图 5-36 所示。

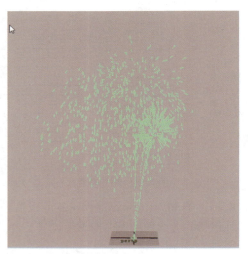

图 5-35　烟花效果

图 5-36　渲染效果

5.5　曲线流

Create Curve Flow（创建曲线流）命令可以用来完成 Maya 预设的粒子沿着路径运动的效果，类似于为粒子制作了路径动画。执行此命令后播放动画，粒子会沿着设定好的路径曲线发射。使用此命令可以制作很多效果，例如，鱼群游动、成群的蚊子飞来飞去等。

5.5.1　基本属性设置

单击 Effects → Create Curve Flow 命令后面的选项盒按钮，可以在属性窗口中进行属性设置。属性窗口如图 5-37 所示。

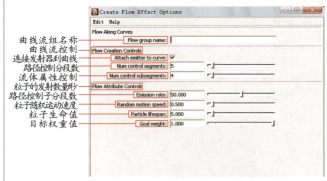

曲线流组名称
曲线流控制
连接发射器到曲线
路径控制分段数
流体属性控制
粒子的发射数量/秒
路径控制子分段数
粒子随机运动速度
粒子生命值
目标权重值

图 5-37　Create Curve Flow 命令属性

5.5.2　创建曲线流特效

Maya 预设好的粒子按曲线方向流动，创建时需要先创建一根 CV 或者 EP 曲线，再该曲线的基础上单击创建，播放动画会有粒子沿着曲线发射出来的效果。

1　在视图中创建一根 CV 或者 EP 曲线，曲线创建完成后，单击 Effects → Create Curve Flow 命令创建曲线流，如图 5-38 所示。

图 5-38　创建曲线流

2 曲线变成曲线流，播放动画，看是否有如图5-39、图5-40所示的粒子沿着曲线发射出来的效果。

图5-39　曲线流

图5-40　曲线流发射粒子

3 在大纲中选择创建出来的 Flow 的组，如图5-41所示。

图5-41　Flow 的组

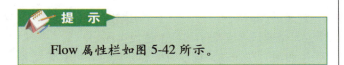

提　示

Flow 属性栏如图5-42所示。

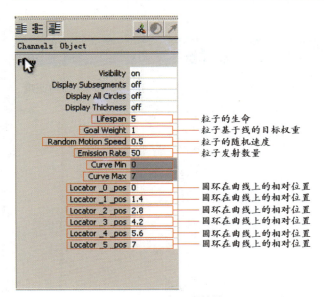

图5-42　Flow 属性栏

4 选择视图中的粒子，将粒子形态转为 Blobby surface 融合面模式，并且适当地修改其融合半径。

5 给粒子赋予水的材质进行渲染就可以看到向上流动的水的效果。

5.6　闪电

使用 Create Lightning（创建闪电）命令可以制作暴风雨时的闪电效果，该效果是 Maya 预设好的。

提　示

创建闪电时需要在场景中创建任意两个或多个 NURBS 或 Polygon 物体。

5.6.1　基本属性设置

单击 Effects → Create Lightning 命令后面的选项盒按钮，可以在属性窗口中进行属性设置。属性窗口如图5-43所示。

图5-43　Create Lightning 属性窗口

5.6.2　创建小球发电特效

我们在一些科普节目中会看到，两个圆球电极放电时会产生类似闪电的电弧，下面就来制作这种效果。

1 如果想在视图中创建闪电，需要在场景中创建两个或者多个物体，如图5-44所示。

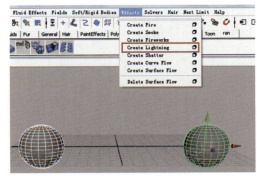

图5-44　两个球体

2 执行 Effects → Create Lightning 命令，两个小球之间会出现闪电元素，如图 5-45、图 5-46 所示。

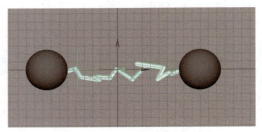

图 5-45　渲染前

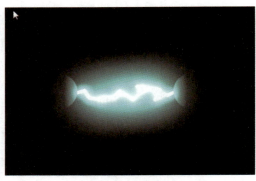

图 5-46　渲染后

3 在视图中选中闪电，修改属性设置，可以修改的属性在通道栏里显示，如图 5-47 所示。

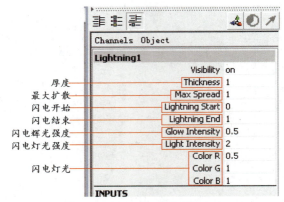

图 5-47　Lightning 属性通道

> **提　示**
>
> （1）属性设置与否根据实际需要确定。
> （2）在视图中修改小球的位置，闪电也会随之改变。
> （3）可以同时选择多个物体创建闪电。

5.7　本章小结

（1）Create Fire（创建火）命令用来创建火的特效，是通过 Maya 预设的粒子云实现的。在制作要求不高的情况下，该方法可以大大提高工作效率；如果要求比较高，建议还是用流体来做。

（2）Create Shatter(创建破碎）用来把 NURBS 或者 Polygon 模型碎开。在不用插件的前提下，Maya 做破碎效果只能用这个方法。要配合刚体制作动态效果。

（3）Create Smoke（创建烟尘）命令用来创建烟尘特效，是通过 Maya 预设好的粒子精灵贴图实现的。

（4）Create Fireworks（创建烟火）命令用来创建烟花特效，是通过多套粒子和粒子替代实现的。

（5）Create Curve Flow（创建曲线流）命令能够让粒子按曲线方向运动，创建时需要先创建一根 CV 或者 EP 曲线。

5.8　课后练习

利用 Create Curve Flow 曲线流命令，制作出鱼群在海底游动的效果。要求鱼群动态逼真，鱼游动的速度、彼此之间的距离以及动作的随机性贴近实际。感受一些参数的细微调整对鱼群动态变化的影响。

Hair（头发）特效

> 了解Maya中有关"Hair"的创建思路
> 掌握创建头发和约束的常用命令
> 熟悉头发的动力学解算

头发是角色不可或缺的部分，它不仅起到基本的造型作用，而且能赋予角色特定的气质和美感。Maya 的 Hair 特效提供了一套完整的动力学解决方案。本章主要学习 Hair 的基本创建命令、约束工具和动力学解算方式，并通过实例操作，灵活地掌握头发的创建方法。

6.1　Hair简介

Hair 系统由 hairSystem（头发动力学节点）、Follicle（毛囊节点）、hairSystemOutputCurves（动力学输出曲线节点）构成。如果算上渲染部分，则还包含 pfxHair（笔刷特效节点）。其中，hairSystem 节点是头发行为的总控制节点，除了头发的各种行为参数，新增力场也以该节点为对象进行控制。

Follicle（毛囊节点）：头发生长的基部，除了可对单条动力学曲线进行额外控制，还记录着头发受到的约束或碰撞情况。

hairSystemOutputCurves（动力学输出曲线节点）：动力学解算后的最终曲线形态，尽管 Maya 的 hair 系统可以不包含初始态或结束态的曲线，但是我们应按规范至少完成初始态的建立，让输出曲线和 Follicle 进行关联，方便控制。

pfxHair（笔刷特效节点）：通过笔刷特效节点完成头发的渲染，是 Maya 特有的笔刷系统的一部分，可通过调节特定功能下的笔触参数，实现丰富的效果渲染。

> **提 示**
>
> paintEffect 笔刷特效包含植物笔刷、卡通线条、头发笔刷、生长笔刷、特效笔刷等。

本节我们要学习在头发创建过程中的一些常用命令，并且了解命令中的各项属性，只有弄清了每个属性的意思，才能准确地创建出理想的发型，并有效地对头发运动进行控制。

6.1.1　创建方式

Maya 为 Hair 系统提供了两种创建方式：Create Hair（创建头发）命令创建、Paint Hair Follicles（绘制毛囊）创建，如图 6-1 所示。我们可以根据不同的需要创建 Hair 系统。如果头发比较整体，可以用 Create Hair 命令创建；如果头发分布不均匀，或者比较个性的时候，我们可以用 Paint Hair Follicles 创建，Paint Hair Follicles 比较灵活。

1）Create Hair（创建头发）

使用 Create Hair 命令可以很方便地为物体创建头发，使用这个命令只需要选择物体执行命令即可，这种创建方式根据模型的 UV 信息，在模型面上自动分配头发的生长区域，创建头发命令可以同时创建出 Hair 系统、毛囊及输出曲线。

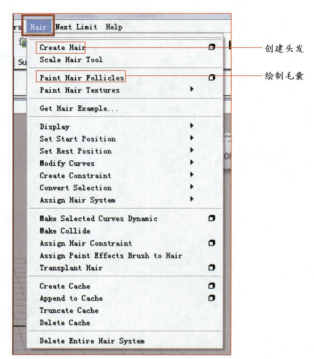

图 6-1　创建 Hair 的方式

1 执行 Create → Polygon Primitives → Sphere 命令创建一个球体，如图 6-2 所示。

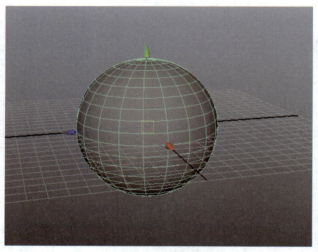

图 6-2　创建球体

2 在球体上单击鼠标右键，从弹出的菜单中选择 Face（面），进入物体面级别，选择球体上一部分面，按【Delete】键删除得到如图 6-3 所示的结果。

3 在 Dynamic 模式下单击 Hair → Create Hair 命令，创建头发，创建后的效果如图 6-4 所示。

4 单击播放按钮如图 6-5 所示，可以看到头发初步的动力学计算效果，如图 6-6 所示。

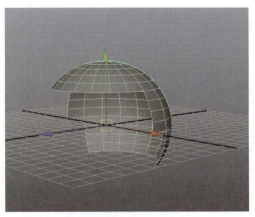

图 6-3 删除面后的 Polygon Sphere

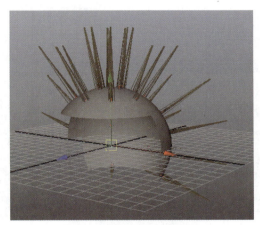

图 6-4 头发创建后的效果

图 6-5 播放

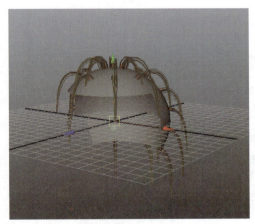

图 6-6 头发经过动力学计算后的效果

2) Paint Hair Follicles（绘制毛囊）

用绘制毛囊的方式创建头发，可以根据需要在模型上任意绘制头发的分布区域，并在绘制区域创建 Hair 系统、毛囊及输出曲线。

1 执行 Create → Polygon Primitives → Sphere 命令创建 Polygon Sphere，如图 6-7 所示。

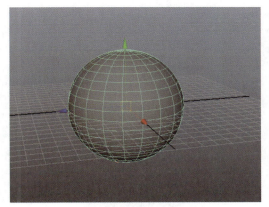

图 6-7 创建球体

2 选择球体，在 Dynamic 模式下找到 Hair 菜单命令，单击 Paint Hair Follicles 绘制毛囊工具，在模型上绘制头发，如图 6-8 所示。

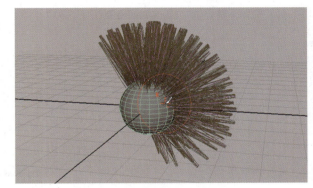

图 6-8 绘制出的头发

3 单击播放按钮（图 6-9），可以看到头发初步的动力学计算效果，如图 6-10 所示。

图 6-9 播放按钮

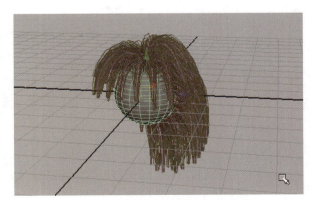

图 6-10 头发经过动力学计算后的效果

6.1.2 基本属性

Hair 菜单如图 6-11 所示，该菜单各命令的功能或属性如下。

图 6-11　Hair 基本命令菜单

1) Create Hair（创建头发）

单击 Hair → Create Hair 后面的选项盒按钮，可以在如图 6-12 所示的属性窗口中进行属性设置。

2) Scale Hair Tool（缩放头发工具）

整体缩放头发的长度。

3) Paint Hair Follicles（绘制毛囊）

单击 Hair → Paint Hair Follicles 后面的选项盒按钮，可以在如图 6-13 所示的属性窗口中进行属性设置。

4) Paint Hair Textures（绘制毛囊纹理）

能够用画笔来绘制头发的光秃、颜色及高光反射颜色。

执行 Hair → Paint Hair Textures 命令，可以看到该命令的基本属性，如图 6-14 所示。

5) Get Hair Example（获取头发案例）

能够直接获取 Maya 自带的头发效果。

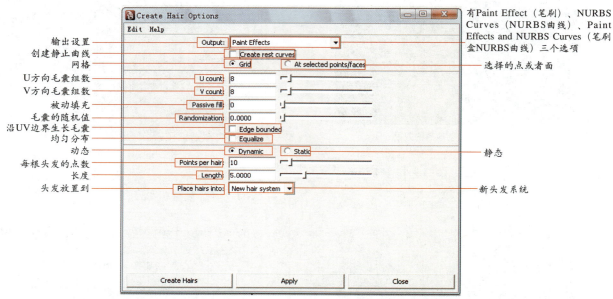

图 6-12　Create Hair（创建头发）属性窗口

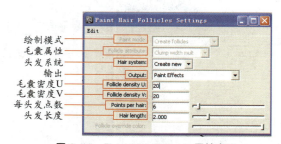

图 6-13　Paint Hair Follicles 属性窗口

6) Display（显示）

显示头发的在各种情况下的形态。

执行 Hair → Paint Hair Textures 命令，可以看到该命令的基本属性，如图 6-15 所示。

图 6-15　Display 菜单

7) Set Start Position（设置开始位置）

将头发在某一帧的形态设置成第 1 帧的状态，如图 6-16 所示。

图 6-14　Paint Hair Textures（绘制毛囊纹理）菜单

图 6-16　设置开始位置菜单

8）Set Rest Position（设置静止位置）

将头发在某一帧的形态设置成头发静止时的状态，如图 6-17 所示。

图 6-17　设置静止位置菜单

9）Modify Curves（修改曲线）

对头发曲线的形态进行编辑，如图 6-18 所示。

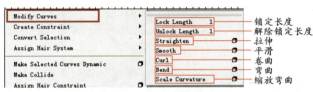

图 6-18　修改曲线菜单

10）Create Constraint（创建约束）

将头发中的一些头发按照一定的形态进行调整，如图 6-19 所示。

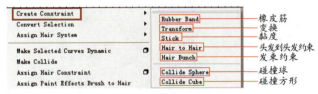

图 6-19　创建约束菜单

11）Convert Selection （转换选择）

方便我们选择头发，设置了直接要选择的状态，如图 6-20 所示。

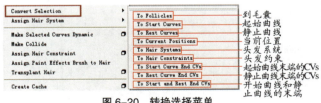

图 6-20　转换选择菜单

12）Assign Hair System （指定头发系统）

此命令如图 6-21 所示。

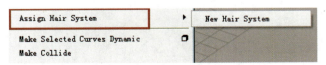

图 6-21　指定头发系统菜单

13）Make Selected Curves Dynamic（为选择的曲线创建动力学）

把 CV 或者 EP 曲线设置成动力学曲线，如图 6-22 所示。

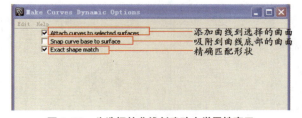

图 6-22　为选择的曲线创建动力学属性窗口

14）Make Collide（创建碰撞）

设置动力学曲线和物体的碰撞。

15）Assign Hair Constraint （指定头发的约束）

此命令的属性如图 6-23 所示。

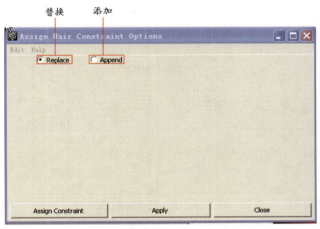

图 6-23　指定头发约束属性窗口

Assign Paint Effects Brush to Hair 指定笔刷特效到头发。

16）Transplant Hair （移植头发）

把已经创建好的头发移植到另一个模型上，属性如图 6-24 所示。

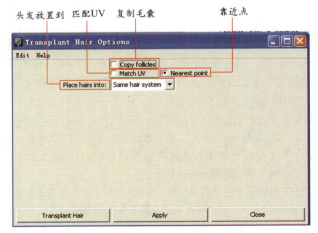

图 6-24　移植头发属性窗口

17）Create Cache（创建缓存）

给头发创建缓存，属性如图6-25所示。

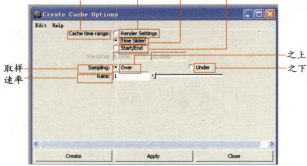

图6-25 创建缓存属性窗口

18）Append to Cache（添加缓存）

此命令属性如图6-26所示。

图6-26 添加缓存属性窗口

19）Truncate Cache（剪切缓存）

删除某一段时间内的缓存。

20）Delete Cache（删除缓存）

删除所有时间内的缓存。

21）Delete Entire Hair System（删除整个头发系统）

将整个头发系统删除。

6.1.3 Display（显示切换）

Display栏目下面的各项命令用来控制头发的显示或隐藏，以方便编辑。显示Start Position（开始位置）后，视图中多了一些直立的蓝色线，这些都是NURBS曲线，每根曲线控制一束头发的大体动态。

1 在场景中创建一个NURBS小球，选择小球，执行Hair → Create Hair命令，属性默认即可，如图6-27所示。

2 创建完成之后播放动画可以看到毛皮自动受到重力的影响下落，如图6-28所示。

3 在大纲列表中选择hairSystem1Follicles（毛囊）节点，执行Hair → Display命令，熟悉各项属性的应用。

① 单击Start Position（开始位置），可以看到当单击完成之后场景中的头发不见了，只保留了头发的曲线。

如图6-29所示。

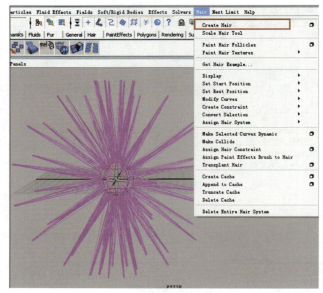

图6-27 创建头发

图6-28 播放动画

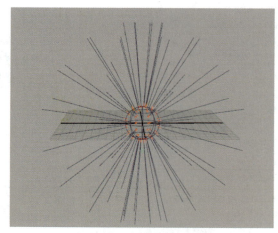

图6-29 开始位置效果

② 如果想再次显示头发系统就需要在选中 hair System1 Follicles 节点同时单击 Current Position（当前位置），效果如图 6-30 所示。

图 6-30　当前位置

③ 在大纲中继续选择 hairSystem1Follicles 节点同时点选 Rest Position（静止位置），效果如图 6-31 所示。

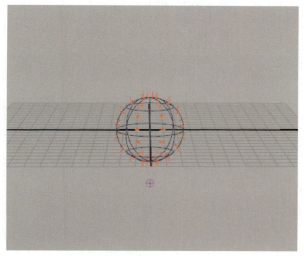

图 6-31　静止位置效果

⚠ **注　意**

可以发现当单击 Rest Position（静止位置）后所有的头发都不见了，如果还想让其显示出来，就需要再次单击 Current Position（当前位置）命令，这样头发又会显示出来。

📝 **提　示**

必须先设置 Rest Position（静止位置），再设置 Rest Position（静止位置），才会显示出头发曲线。

④ 在选择 hairSystem1Follicles 节点后单击 Current and Start（当前和开始）命令，可以看到头发和头发曲线同时出现了，如图 6-32 所示。

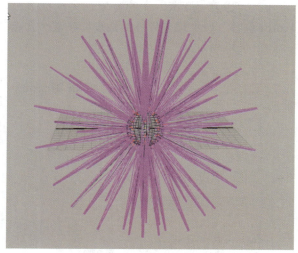

图 6-32　显示当前和开始

⑤ 如果想让头发曲线不显示，只需要单击 Current and Rest 命令即可，如图 6-33 所示。

图 6-33　不显示头发曲线

All Curves（全部曲线）命令与 Current and Start）命令的意思相似，就不再演示了。

6.1.4　Create Constraint（创建约束）

在 Hair → Create Constraint 命令下面有多个约束能够将一些头发按照一定的形态进行调整。下面来看看头发和物体约束后的效果，图中由约束产生的虚线表示力的作用。几种约束的不同之处在于虚线在动画中的表现不同，也就是力的作用形式不同。约束的种类如图 6-34 所示。

1）Rubber Band（橡皮筋约束）

Rubber Band 与橡皮筋的作用一样，选择头发单击 Rubber Band 命令，会在视图中出现一个 Locator

（定位器），这个 Locator 把选择的头发用虚线链接起来。虚线表示力的作用，在橡皮筋约束里虚线相当于有弹性的皮筋，Locator 和头发之间用有弹性的皮筋拉着，可以移动 Locator 的位置，头发也会跟着 Locator 位移，好像被有弹性的橡皮筋牵着头发走一样，如图 6-35 所示。

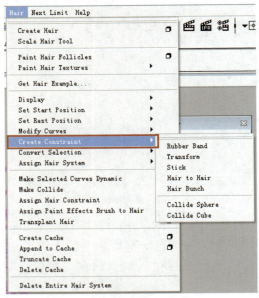

图 6-34　约束菜单位置及种类

图 6-35　橡皮筋约束

2）Transform（变换约束）

执行 Hair → Transform 命令，和橡皮筋约束一样会在视图中出现一个 Locator，不同于橡皮筋约束的是，刚创建出来的虚线是没有弹性的，头发被没有弹性的线撑着，但可以单击 Locator 修改约束的 Stiffness（硬度），数值越小，虚线越有弹性，越有拉伸效果，Stiffness 数值越大，虚线越僵硬，分别如图 6-36、图 6-37 所示。

3）Stick（黏度约束）

执行 Hair → Stick 命令，和前面的约束一样，同样创建出了虚线和 Locator，移动 locator 向外拽头发，我们看到的效果同 Rubber Band（橡皮筋）一样产生拉力，当向相反的方向移动 Locator，距离变近时，

也会产生向外的推力，所以虚线长度不变，约束物体始终距离被约束点有一定的距离，如图 6-38 所示。

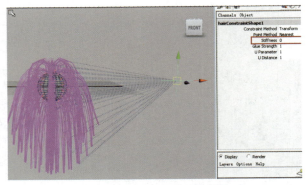

图 6-36　Stiffness 为 0 的时候

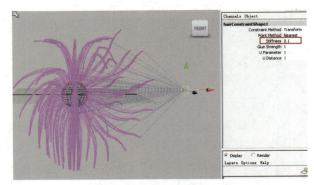

图 6-37　Stiffness 为 0.1 的时候

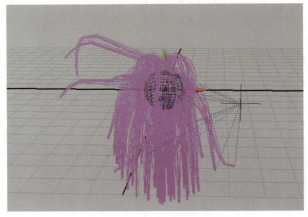

图 6-38　黏度约束

4）Hair to Hair（头发到头发约束）

执行 Hair → Hair to Hair 命令，头发和头发之间会产生虚线，Locator 和头发之间不会产生虚线，移动 Locator 可以控制虚线的位置。此约束与 Transform 类似，不同的是这是发束彼此之间的约束，可以用来固定发型，以免在头发动画中抖散（比如麻花辫），如图 6-39 所示。

5）Hair Bunch（发束约束）

执行 Hair → Hair Bunch 命令，可以看到和 Hair to Hair 一样，此约束也是在头发之间创建出了虚线，不同的是，发束约束是有弹性、有拉伸效果的。与橡

皮筋约束一样的是，在动画中可以用来模拟某种发型的头发在运动中的碰撞效果，但效率更高，且能够消除头发之间的穿插，如图6-40所示。

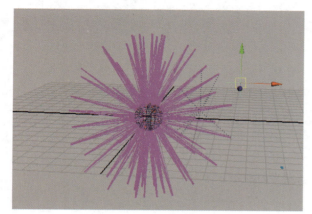

图6-39　头发到头发约束

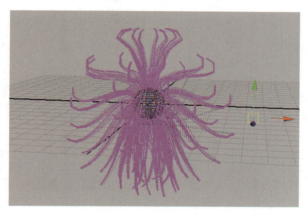

图6-40　发束约束

6）Collide Sphere （碰撞球）

执行 Hair → Collide Sphere 命令后，会在视图中创建一个球型的约束，适当缩放这个球形约束，得到的解算结果如图6-41所示。

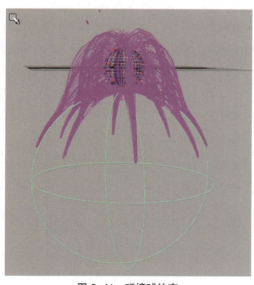

图6-41　碰撞球约束

7）Collide Cube （碰撞方块）

使用方法与 Collide Sphere 一样。最终效果如图6-42所示。

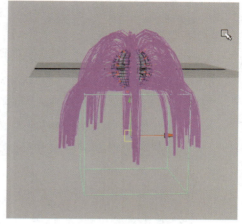

图6-42　碰撞方块

6.2　Hair应用

前面介绍了 Hair 的创建、基本属性和多种约束的创建，但是单靠这些知识难以完全掌握 Hair 特效的创建方法，还需要多加练习，在实践中逐步体会与提高。需要指出的是，Hair 不仅可以做人物的头发，还可以用来实现不少以前不容易实现的效果，例如帘子、铁链等。

6.2.1　小试牛刀——头发

浓密的卷发、飘逸的长发等可以使用 Hair 特效来创建。下面介绍如何用 Hair 来给角色模型创建头发，本实例用到了前面学习的 Hair 的基本属性，熟练掌握这些属性后，可根据实际需要进行细致调节。

1 将制作好的人头模型（光盘 \Project\6.2.1Hair\scenes\6.2.1Hair.ma 文件）导入到 Maya 里，如图6-43所示。

图6-43　制作好的人头模型

2 由于我们只需要让头顶部分生长出头发，所以需要复制出一个人头模型，把不需要创建头发的面删掉，然后对头皮部分模型进行微调，以符合角色需要的头发生长区域，如图6-44所示。但是要注意新模型要与原人头模型基本一致，以保证做出的头发与人头匹配。

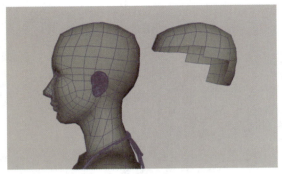
（a）侧面图

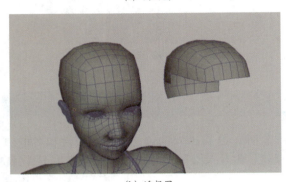
（b）透视图

图6-44　人头模型与头发生长区域

3 为制作完成的头皮模型展UV，UV一定要均匀，如图6-45所示。这决定了之后头发分布是否均匀，否则会出现"斑秃"。

图6-45　头皮模型展UV

4 展好UV后将UV点放在UV编辑器的右上角，也就是U方向0～1，V方向0～1的区域内，如图6-46所示。此区域之外的UV不会产生毛囊。

5 单击Dynimac→Hair→Create Hair命令右边的选项盒按钮，把Output输出类型改变为第三项"Paint Effects and NURBS curves"，如图6-47所示。它可以将Paint Effects笔刷和控制曲线一起显示。

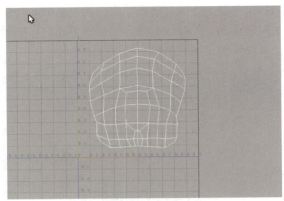
图6-46　UV点放置区域

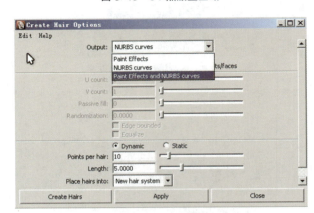
图6-47　选择Create Hair输出的类型

6 将U count，V count数值改为至少20以上，它将决定毛囊在UV范围内平均分布的数量。数量越多，头发的可调性越强，NURBS的控制曲线越多，不过想得到理想效果，工作量也自然会加大。所以U count，V count数值不是越多越好，要根据事先设计的头发造型及项目精度的要求来决定。建议一般角色U count和V count数值至少保证在20以上，这样既可以保证塑造出基本的发型，又可以节约工作量，还可以保证头发把头皮覆盖住（不会出现露出头皮的现象），毛发的长度Length值改为"3"，其他参数保持默认即可，如图6-48所示。

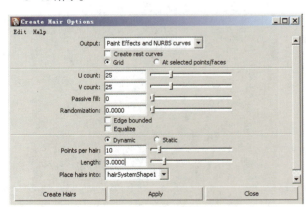
图6-48　Create Hair属性设置

7 创建出头发后单击播放，头发会自然下落直到静止，如图6-49所示。

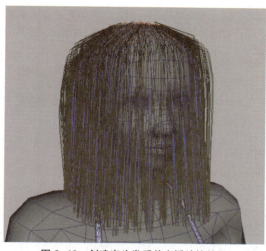

图 6-49 创建出头发后单击播放的效果

8 调节参数加快播放速度。播放过程中我们发现速度很慢，这是由 hairSystemShape1 里的 Display Quality 和 Hairs Per Clump 两个属性决定的。Display Quality 为显示精度，数值低播放速度就快，与渲染无关。Hairs Per Clump 为每个毛囊头发的数量，它决定渲染时头发的多少。在制作过程中两个值最好都调小一点，有助于更快地观看动画造型，渲染时把 Hairs Per Clump 值调大即可，如图 6-50 所示。

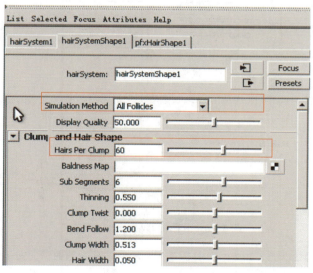

图 6-50 修改数值

9 调整发梢效果。播放效果显示发梢部分很不自然，因为每簇头发的末端太整齐了，调节 Thinning 数值为 0.1，如图 6-51 所示，能够让头发末端看起来参差不齐（有些类似日常理发中"削薄"的效果）。数值越大，参差不齐的效果越明显。数值大小还是要根据角色的设定来调节。调节前后对比如图 6-52 所示。

10 调节 Bend Follow 数值为"0.314"，改变头发的蓬松度。数值越大看起来越蓬松越厚，反之则看起来越薄越贴头皮，调节 Sub Segments 数值为"10"，使头发看起来更加柔顺，属性设置及播放效果分别如图 6-53、图 6-54 所示。

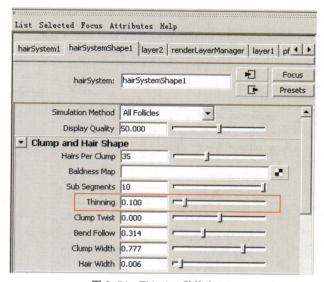

图 6-51 Thinning 数值为 0.1

（a）调整前

（b）调整后

图 6-52 调节 Thinning 数值前后对比

11 调节 Clump Width 数值为"0.777"，如图 6-55 所示，改变每个毛囊产生的一簇头发的粗细，数值较小时每簇头发看起来像单根的辫子，数值较大时各簇头发可以较好地融合成"一头秀发"。

图 6-53　调节 Clump and Hair Shape 属性设置

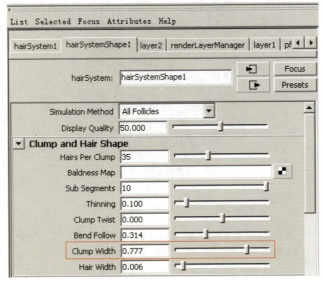

图 6-54　播放效果

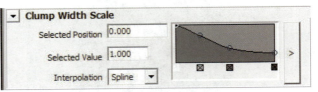

图 6-55　Clump Width 数值为 0.777

12 调节 Clump Width Scale 图表，左边为每簇头发发根的粗细，右边为每簇头发发稍的粗细，如图 6-56 所示。

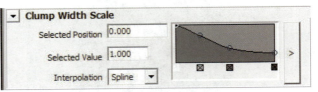

图 6-56　调节 Clump Width Scale 图表

13 调节 Hair Width 数值为 0.006，如图 6-57 所示，改变每根头发的粗细。

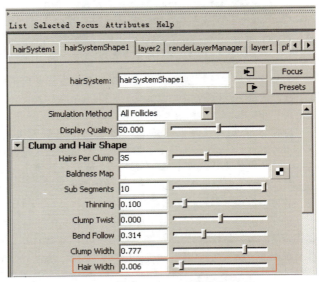

图 6-57　调节 Hair Width 数值为 0.006

14 调节 HairWidthScale 图表，左边为每根头发发根的粗细，右边为每根头发发稍的粗细，如图 6-58 所示。

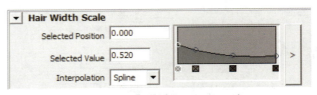

图 6-58　调节 HairWidthScale 图表

15 调节 Clump Curl 图表，它决定了头发的曲率，左边为每簇头发发根的曲率，右边为每簇头发发稍的曲率，头发的正常曲率为 0.5，数值增大或减小都会使头发弯曲。在这个例子中，设定 Selected Value 为 0.57，可以用来制做波浪发的效果，如图 6-59 所示。

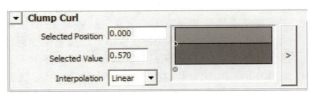

图 6-59　调节 Clump Curl 图表

16 创建碰撞球防止头发穿插到模型内部。播放动画，可以发现一些头发穿插到了角色的头部模型中。可以选

Maya动力学

择大纲中的 hairSystem1OutputCurves 组（包含了控制头发动态的动力学曲线），执行 Hair → Create Constraint → Collide sphere 命令，创建一个碰撞球，把碰撞球的大小调整到和人物头部模型大小相似，可以比模型略大一点，这个碰撞球可以防止头发穿插到模型内部，如图 6-60 所示。

（a）创建碰撞球

（b）创建后播放效果

图 6-60　创建碰撞球后

播放动画到头发静止，头发已经被碰撞球顶在外面，不会穿插，但是整个脸部都被头发遮挡住，需要将面部的头发分开。

17 选择大纲中的 hairSystem1OutputCurves 组，执行 Hair → Create Constraint → Collide Sphere 命令，创建一个碰撞球，把碰撞球缩放成细长的形状，放到人物模型需要头发分缝的位置，如图 6-61 所示。播放动画到头发静止，发现头发会沿着新建的碰撞球自然分布于脸两侧，如图 6-62 所示。

18 如果对当前形状大致满意（暂不考虑头发的长短，后面细调，大形满意即可），选择大纲中的 hairSystem1OutputCurves 组，执行 Hair → Set Start Position → From Current 命令，把当前的头发形态设置成初始状态，这样时间回到起始帧后依旧会保留调整好的状态。

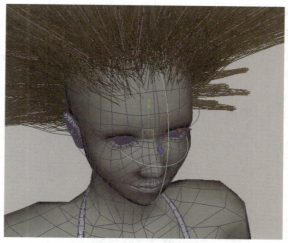

图 6-61　创建一个碰撞球

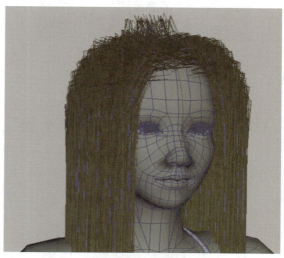

图 6-62　播放动画

19 对头发的形态进行更细致的调整，选择大纲中的 hairSystem1 头发系统，执行 Hair → Display → Start Position 命令，显示开始控制曲线，如图 6-63 所示。这样就可以分别对每根曲线的长短和形态进行调节，有必要的话还可以增加或删减曲线上的控制点或者重构曲线。

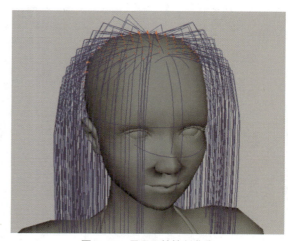

图 6-63　显示开始控制曲线

20 在工具栏过滤选择中屏蔽其他选项，只选择曲线（图 6-64），然后框选所有头发控制曲线，如图 6-65 所示。

图 6-64　屏蔽其他选项

图 6-65　框选所有头发

21 在选择层级模式中选择子物体模式为点类型（图 6-66），如图 6-67 所示。

图 6-66　选择子物体模式

图 6-67　点类型

22 删除一些较长曲线的点，完善角色的发型，如图 6-68 所示。

图 6-68　删除较长曲线的点

23 选择大纲中的 hairSystem1OutputCurves 组，执行 Hair → Set Start Position → From Current 命令，再次把调整好的曲线设置成初始状态，如图 6-69 所示。

图 6-69　再次设置初始状态

📝 **提示**

　　如果还需要调整，可以继续选择大纲中的 hair System1 头发系统，执行 Hair → Display → Start Position 命令，显示开始控制曲线，如图 6-70 所示。分别对每根或者每几根曲线的长短和形态进行调节，还可以增加／删减曲线上的控制点或者重构曲线。经过数次对形态的手动修改后，可以将曲线调整到满意的形态。

图 6-70　显示控制曲线

24 选择大纲中的 hairSystem1OutputCurves 组，执行 Hair → Set Start Position → From Current 命令，再次把调整好的曲线设置成初始状态，把 Hairs Per Clump（每个毛囊的头发数量）降低为 35，如图 6-71，播放效果如图 6-72 所示。

25 打两盏灯光，把主灯的阴影打开，渲染效果如图 6-73 所示。

26 找到 hairSystemShape1 → Shading → Hair Color 属性，调整头发的颜色，如图 6-74 所示。

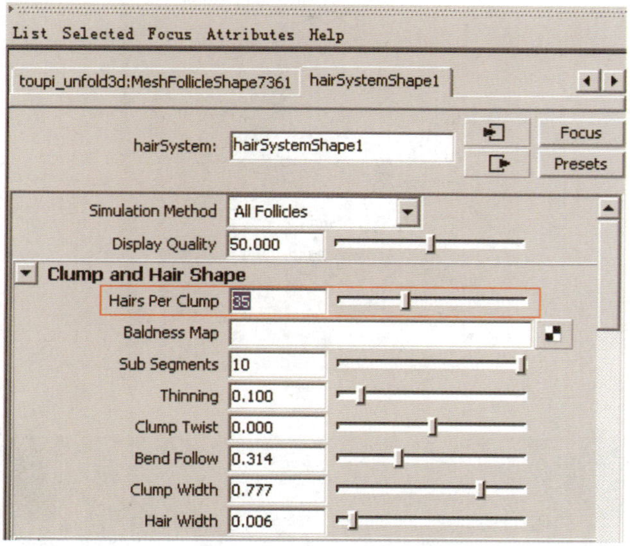

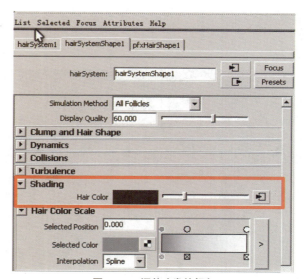

图 6-71 Hair Per Clump 数量调整为 35

图 6-72 播放效果

图 6-73 渲染效果

图 6-74 调整头发的颜色

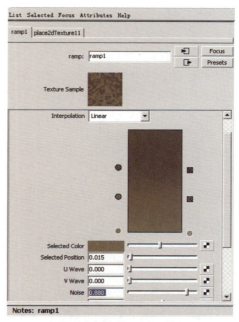

图 6-75 调整 Ramp 贴图

27 如需制作挑染的效果，可以在 Hair Color 里加张 Ramp 贴图，对颜色和 Noise 进行调整，如图 6-75 所示。调整后的效果，如图 6-76 所示。

图 6-76 调整后的效果

28 在渲染设置中选择 mental ray 渲染器，并将 Raytrac-ing（光线追踪）打开，最终渲染的效果，如图 6-77 所示。

图 6-77　最终渲染效果

6.2.2　小试牛刀——帘子

　　Hair（头发）特效除了可以为角色制作头发外，还可以应用到绑定、动画等环节。接下来，我们要完成的实例巧妙运用了 Hair 的动力学曲线和 NURBS 的圆环挤压出帘子的模型，然后和物体碰撞，最终实现帘子和物体碰撞的效果。

1）利用Hair创建帘子模型

1 打开光盘 \Project\6.2.2 Curtain\Scencs\6.2.2 Curtain_base.ma 文件，如图 6-78 所示。

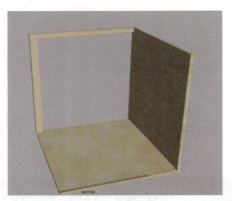

图 6-78　场景文件

　　如果打开工程文件后发现贴图丢失，可在材质编辑器中重新指认贴图。贴图放在工程文件的 sourceimages 文件夹中。

2 选中图中所示物体并且选择相应的面，如图 6-79、图 6-80 所示。

3 单击 Create Hair 命令后面的选项盒按钮，进入到该命令的属性设置中进行设置，如图 6-81 所示。修改完成之后单击【Create Hairs】按钮，如图 6-82 所示。

4 在场景中创建一个 NURBS 的圆环曲线，并在场景中依次选择每一根曲线执行 Surface → Extrude 命令。

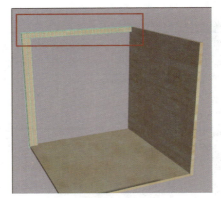

图 6-79　选择物体

图 6-80　选择面

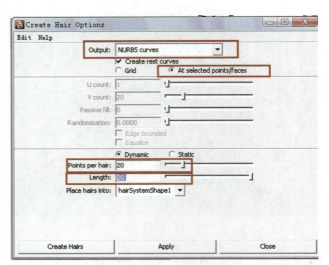

图 6-81　创建头发属性设置

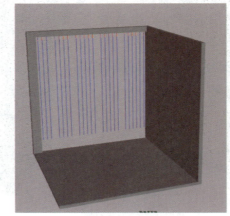

图 6-82　创建头发

5 全部挤压完成之后，适当地调整 NURBS 圆环的大小。如图 6-83 所示。

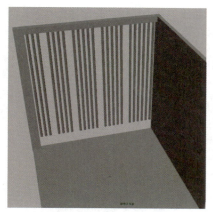

图 6-83　调整圆环大小

2）制作帘子的碰撞

完成上述操作之后，可以播放动画预览一下，可以看到垂帘已经开始下垂，并产生了柔顺的摆动，NURBS 模型可以跟着头发动了。现在为垂帘添加碰撞。

给头发添加碰撞共有以下两种方法。

方法 1　自碰撞

1　在场景中创建一个 Polygon 的球体，给小球做个位移动画让小球穿过垂帘，如图 6-84、图 6-85 所示。

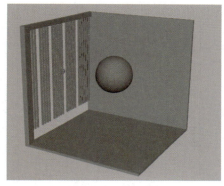

图 6-84　第 1 帧

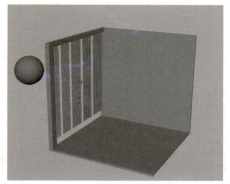

图 6-85　第 100 帧

2　选择小球加选大纲中的 hairSystem1Follicles 节点，执行 Hair 菜单中的 Make Collide 命令。

3　播放动画，可以看到小球已经对场景中的 Hair 产生了影响。如图 6-86 所示。

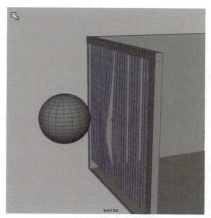

图 6-86　碰撞后的效果

> ⚠️ **注　意**
>
> 这种碰撞会有一些穿插，这是避免不了的。

方法 2　碰撞约束

1　删除场景中的小球。在大纲中选择 hairSystem1Follicles 节点执行 Hair → Create Constraint → Collide Sphere，如图 6-87 所示。

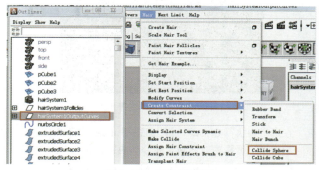

图 6-87　创建碰撞约束

2　创建完成之后在场景中就出现了一个碰撞球，适当地放大这个碰撞球并且给其做位移动画，完成之后播放即可。如图 6-88 所示。

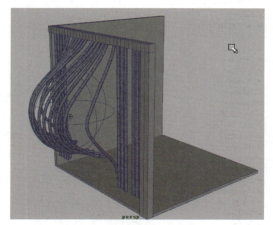

图 6-88　碰撞约束的效果

3　给碰撞球做位移动画，就可以实现挑动帘子的效果了。

6.2.3 小试牛刀——铁链

铁链是生活中常见的物品，在 Maya 中让铁链动起来，可以通过绑定的方式给铁链模型添加控制器，再由动画师制作动画。但是通过这种方式创建的铁链动画不仅生硬，而且费时费力。如果使用动力学解算的方式完成铁链的绑定，就可以省去动画师制作动画的时间了，并且动画效果更加逼真。本例把 CV 或 EP 曲线，通过 Make Selected Curves Dynamic 命令，转换为动力学曲线，由此来制作铁链。使用这个方法还可以制作柳条飘动、尾巴摆动等柔软运动的效果。

1 打开光盘 \Project\6.2.3 Ironchain\scenes\6.2.3 Iron-chain_base.ma 文件，如图 6-89 所示。

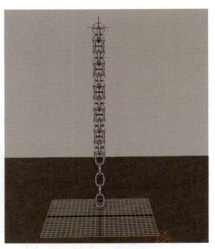

图 6-89　模型文件

2 在场景中执行 Show → NURBS Surfaces 命令，把铁链的模型进行隐藏以便为骨骼添加曲线，如图 6-90 所示。

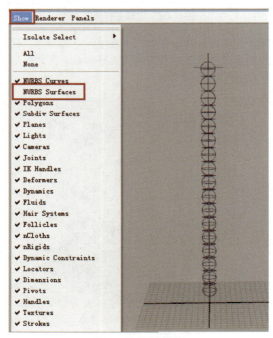

图 6-90　隐藏模型

3 用创建曲线工具为图中的骨骼添加曲线，CV 或者 EP 都可以，需要依次由上至下添加曲线，如图 6-91 所示。

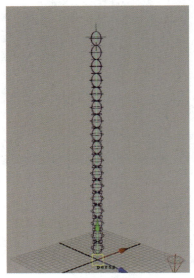

图 6-91　由上至下创建曲线

4 选中视图中的 CV 曲线，执行 Hair → Make Selected Curves Dynamic 命令，将选择的曲线转换为动力学曲线。

5 在大纲中选择 hairSystem1Follicles 节点，用中键拖拽给大纲中的 locator1 节点，如图 6-92 所示。

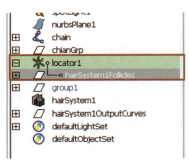

图 6-92　父子关系

6 选择 hairSystem1Follicles 节点的子物体 follicle1（毛囊）节点，修改其属性。如图 6-93 所示。

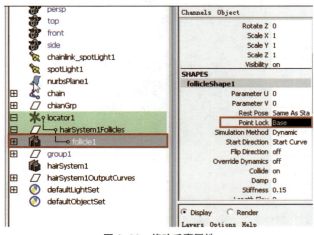

图 6-93　修改毛囊属性

将 Point Lock 属性由默认情况下的 BothEnds 改为 Base，如图 6-94、图 6-95 所示。

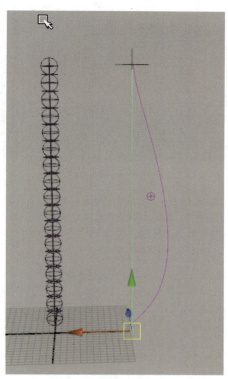

图 6-94　Point Lock 属性为 BothEnds 的效果

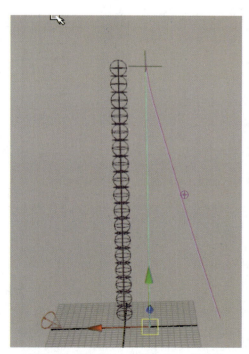

图 6-95　Point Lock 属性为 Base 的效果

从上两幅截图中可以看到修改 Point Lock 属性的结果。

7　为场景中的曲线做样条 IK，现在场景中有两条曲线，应该选择浅蓝色的曲线（播放时会有动画），也就是图中最右侧的那条，如图 6-96 所示。

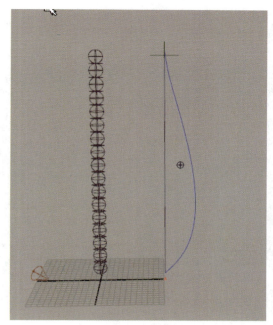

图 6-96　右侧是动力学曲线

8　在动画模块中找到线条 IK 命令，并修改其属性。如图 6-97、图 6-98 所示。

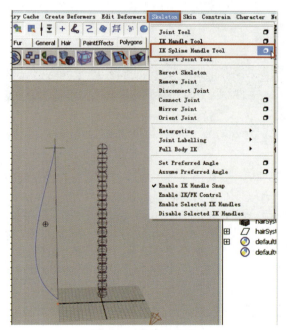

图 6-97　曲线 IK 菜单

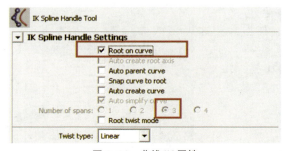

图 6-98　曲线 IK 属性

9 修改完成之后，依次在视图中点选骨骼开始端、结束端以及 Hair 曲线（浅蓝色），如图 6-99、图 6-100 所示。

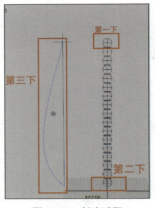 

图 6-99　创建过程　　　　图 6-100　创建后

10 让铁链以及地面的模型显示出来并播放动画，如图 6-101 所示。

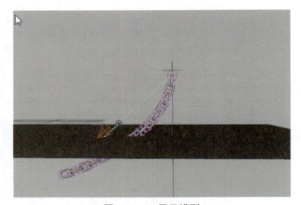

图 6-101　显示模型

可以看到铁链穿过了地面，并没有和地面发生碰撞。所以现在要为地面创建碰撞，方法很简单。

11 在大纲中选择 hairSysrem1 节点同时加选 nurbsPlane1（地面）节点，执行 Make Collide 命令，如图 6-102 所示。执行完成后播放动画，可以看到铁链虽然与地面发生了碰撞，但也发生了穿插，这是我们不愿意看到的。如图 6-103 所示。

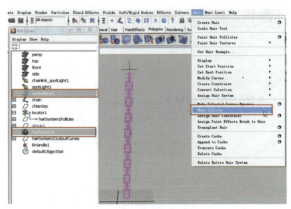

图 6-102　创建碰撞

图 6-103　碰撞穿插

12 现在解决铁链与地面穿插的问题。在大纲中选择 hairSystem1 节点，在右侧通道栏中找到 Collide Width Offset（碰撞偏移值）这项属性，将其值由 0 改为 0.5 即可。如图 6-104 所示。

图 6-104　修改碰撞偏移

13 播放动画进行观看。如果还有穿插，就再次修改这项属性，直到不穿插为止，如图 6-105 所示。

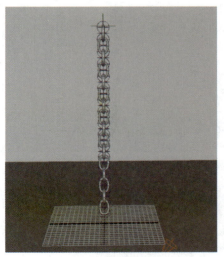

图 6-105　播放动画进行观看

6.3 本章小结

（1）创建头发有两种方法：Create Hair（创建头发）命令，Paint Hair Follicles（绘制毛囊）。

（2）视图中一些直立的蓝色线是 NURBS 曲线，每根曲线控制一束头发的大体动态。当单击 Rest Position（静止位置）后所有的头发都不见了，如果还想让其显示出来就需要再次单击 Current Position（当前位置）命令，这样头发又会显示出来。

（3）可以用画笔来绘制头发的光秃、颜色及高光反射颜色。

（4）约束有 Rubber Band（橡皮筋约束）、Transform（变换约束）、Stick（黏度约束）、Hair to Hair（头发到头发约束）、Hair Bunch（发束约束）5 种。约束能够将头发按照一定的形态进行调整。

（5）碰撞有两种方式：Collide Sphere（碰撞球），Collide Cube（碰撞方块）。

（6）除了可以利用 Hair 特效为角色制作头发外，我们还可以利用 Hair 系统中的动力学曲线来制作发辫、动物的尾巴、柳条等摆动的动画效果。

6.4 课后练习

观察图 6-106，充分运用之前学到的知识，将图中角色的头发用 Maya 的 Hair 系统制作出来。制作过程中需要注意以下几点。

（1）只需要让头顶的头皮部分生长出头发，把头皮部分模型复制出来，把制作完成的头皮模型展 UV。

（2）图中角色的头发是扎起来的两个小辫子，选择合理的创建方式，调节相应的属性。

（3）调节头发的显示精度、每个毛囊的头发数量及头发的颜色。

图 6-106　作业参考

nCloth（布料）特效

> 了解nCloth系统的基本属性
> 掌握nCloth物体和被动碰撞物体的创建与编辑方法
> 掌握nucleus解算器的属性含义及使用方法
> 掌握n约束和n缓存的创建方法及调节方法

布料是生活中常见的物体，它具有一定的刚性，又可以发生形变，特性上既不同于刚体，也不同于柔体。本章将重点介绍 nCloth 物体解算应用，并结合实例学习布料约束和布料缓存的创建及调节方法。

7.1　nCloth简介

穿在身上的衣服，家里餐桌上的桌布，飘扬的红旗等，都是柔软的织物，这些物品的质地柔软，很容易发生形变。现实生活中的这些织物是用各种不同的原材料编织而成的，在 Maya 中将这类物品称之为布料，并且提供了一种制作布料的方式——nCloth（布料）解算。

nCloth 是一个快捷稳定的动态布料解决系统，其基于粒子系统的解算方式能够模拟可变化的曲面，例如面料服装、充气气球、碎裂表面和变形对象。nCloth 不仅可以快速模拟各种不同质感的布料，而且可以计算布料与其他物体的连接方式、与其他物体的碰撞及布料自身的碰撞，由此来模拟真实布料的运动效果。

> **提　示**
>
> "碰撞"是 nCloth 中的一个专门词汇，在后面会详细介绍，简单说就是相互作用，例如手拖拽窗帘就是物体与布料的碰撞，窗帘慢慢堆积就是布料自身的碰撞。

7.1.1　基础属性

金刚石可以切割玻璃，因为金刚石的硬度比玻璃大；钢丝不像铁丝那样容易折弯，因为钢丝的弹性比铁丝大；红砖比青砖更容易拍碎，因为红砖的脆性比青砖大……可见，不同的材料，它们的硬度、脆性、延性、弹性、展性、韧性等方面各不相同。布料也是如此，不同质地的布料具有不同的属性，例如，丝绸比棉布柔软，棉布比麻布柔软，说的是布料的硬度；麻布比丝绸结实，丝绸比棉布结实，这里说的是布料的韧性。

在 Maya 中制作布料时，应考虑不同的材料、不同的质地会出现哪些不同的效果。把握准确，就可以做出想要的效果。当我们创建好一个 nCloth 物体后，选择这个 nCloth 物体，进入它的属性通道栏。在 nClothShape 标签下，展开 Dynamic Properties 窗口。这个窗口中的属性可以控制布料的机械强度。调节这些基础属性，可以改变布料运动时的形态，属性窗口如图 7-1 所示。

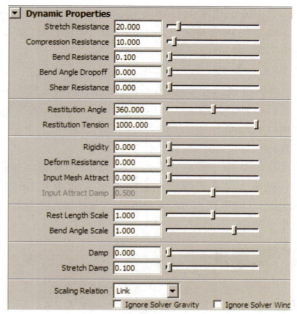

图 7-1　Dynamic Properties 属性窗口

【参数说明】

- Stretch Resistance（抗拉伸强度）：默认值是20，该值越大，布料越难拉伸。
- Compression Resistance（抗压缩强度）：默认值是 10，该值越大，布料越难压缩。
- Bend Resistance（抗弯曲强度）：默认值是 0.1，该值越大，布料越难弯曲。
- Rigidity（刚性）：默认值是 0，即无刚性。该值越大，布料越坚硬，越难发生形变。该值越小，布料越柔软，越容易发生形变。该属性可为负值，以此让布料更柔软。
- Deform Resistance（抗变形强度）：默认值是 0，即形变无阻力。该值越大，形变阻力越大，越难发生形变，越容易保持当前状态。
- Input Mesh Attract(输入网格吸引)：默认值是0，即无吸引。该值越大，nCloth 物体越容易受到原始物体的吸引，越容易保持原始物体的形态。当该值达到或超过 1 时，nCloth 物体完全受到原始物体的吸引，完全保持原始物体的形态。
- Input Attract Damp（输入吸引阻尼）：默认值是 0.5。输入吸引的衰减。该值越大，吸引力衰减地越快。当该值为 0 时，吸引力不衰减。

7.1.2　Collider（碰撞）

衣服穿在身上——这是再普通不过的事情了，而在进行布料解算的时候，如果只是将衣服制作成布料，不对角色的身体模型做任何设置的话，衣服就会穿过身体掉落在地上，实现身体模型对衣服的支撑作用就要用到 Collider。

Collider 是发生在 nCloth 物体和其他物体、或 nCloth 物体内部不同部分之间的相互作用，碰撞的发生会影响布料的空间形态和动态效果。

1）分类

nCloth 碰撞分为两种：外部碰撞、自身碰撞。

（1）外部碰撞。一个运动的钢球撞击到软垫上，球所具有的冲力会引起软垫的形变。这种 nCloth 物体与其他物体之间的碰撞属于外部碰撞。

在场景中，可以由任何一个多边形模型创建被动碰撞物，并且可以给它指定与 nCloth 物体相同的 Nucleus（解算器），使 nCloth 物体与该被动碰撞物产生交互作用。

> **提 示**
>
> 被动碰撞物可以与 nCloth 物体产生交互作用，但是 Nucleus 解算器的属性和外部作用力（如：风场）对它没有任何作用。

创建外部碰撞的方法：选择作为被动碰撞物体的模型，执行 nCloth → Create Passive 命令即可。

创建被动碰撞物时，在场景视图中，一个被动碰撞物的手柄将出现，并且在属性编辑器中，nRigidShape 标签将出现。通过调节 nRigidShape 标签下的参数，可以修改碰撞的属性。

被动碰撞物可以用来创建布与非布物体之间的互动。例如，如果你有一个穿着 nCloth 衬衫的人物角色，可以将这个人物角色的身体作为被动碰撞物。在动画期间，当人物角色弯曲肘部时，nCloth 衬衫会与人物角色的身体有一个很好的交互效果。

（2）自身碰撞。当扇帘被慢慢拉开时，平展的窗帘会左右摇摆并产生褶皱；当风力逐渐减弱时，飘扬的旗帜会下垂并出现褶皱；当长裙舞者变换舞姿时，飘动的长裙会出现褶皱。这些褶皱效果就是布料的自身碰撞产生的。

同一个 nCloth 物体不同位置的相互碰撞，便是自身碰撞。自身碰撞对于模拟布料内部的相互作用是必要的，它可以有效地避免穿插。

自身碰撞不需要创建，在将模型转换成 nCloth 物体的同时，便默认创建了自身碰撞。我们可以通过设置自身碰撞下拉列表中的参数，来提高或降低 nCloth 物体自身碰撞的质量。

2）属性

当我们创建好一个 nCloth 物体后，选择这个 nCloth 物体，进入它的属性通道栏。在 nClothShape 标签下，展开 Surface Properties 属性窗口，如图 7-2 所示。这个窗口中的属性可以控制布料的碰撞形态。

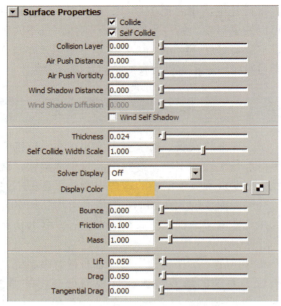

图 7-2　Surface Properties 属性窗口

【参数说明】

- Collide（碰撞）：默认状态勾选。勾选上，开启碰撞。
- Self Collide（自身碰撞）：默认状态勾选。勾选上，开启自身碰撞。
- Thickness（碰撞厚度）：默认值与场景有关，不确定。它是 nCloth 物体与被动碰撞物之间的碰撞间距。该值越大，碰撞间距越大。
- Self Collide Width Scale（自身碰撞宽度系数）：默认值为 1，即自身碰撞厚度为碰撞厚度的 1 倍。该值越大，自身碰撞厚度越大。
- Bounce（弹力）：碰撞反弹强度。默认值为 0，即碰撞后不反弹。该值越大，碰撞后反弹越明显。
- Friction（摩擦力）：接触阻力强度。默认值为 0.1，较小。该值越大，nCloth 物体与被动碰撞物之间的接触阻力越大。
- Mass（质量）：运动惯性。默认值为 1，较小。该值越大，nCloth 物体的运动惯性越大。

> **提 示**
>
> （1）控制外部碰撞调节 nRigidShape 标签下的属性（图 7-3），这些属性控制的是被碰撞物体的碰撞属性，这些属性与自身碰撞基本相同，只是不涉及自身解算，所以没有自身碰撞属性以及质量等属性，详细参数解释参考自身碰撞属性。
>
> （2）想要得到好的碰撞效果，需要同时调节布料本身的碰撞属性及被动碰撞物体的属性，这样能够做到事半功倍。如果只调节一方面的属性，不仅效率低，而且可能得不到预期的效果。

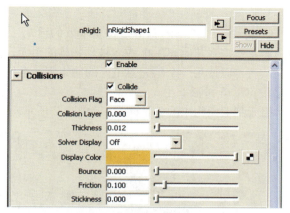

图 7-3　外部碰撞属性窗口

7.1.3　nucleus（解算器）

创建完布料后，可以通过 nClothShape 标签页下的属性，调整布料的自身质感，还可以为布料添加碰撞及调节自身碰撞。要制作较为真实的布料效果只完成这些设置是不够的，还需要对影响布料的外部环境进行设置，例如风力、风向、重力、地面设置以及时间空间设置等，布料的这个外部环境是通过 Nucleus 实现的，通过对 nucleus 属性的设置进一步完善布料效果。

选择 nCloth 物体，进入它的属性通道栏，切换到 nucleus 标签。这个标签下的属性就是布料的解算器属性，如图 7-4 所示。

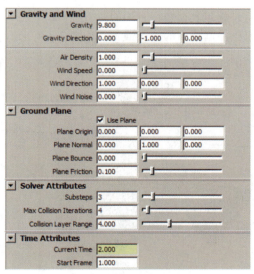

图 7-4　布料的解算器的属性窗口

【参数说明】

（1）Gravity and Wind（重力与风）。

- Gravity（重力场场强）：默认值为 9.8，为地球上的重力加速度。该值越大，nCloth 物体下落时的加速度越大。
- Gravity Direction（重力场方向）：默认值为 <<0，–1，0>>，竖直向下。

- Air Density（空气密度）：默认值为 1。该值越大，空气越浓稠，空气对 nCloth 物体的影响力越大。
- Wind Speed（风速）：默认值为 0，即无风。该值越大，风速越快。
- Wind Direction（风向）：默认值为 <<1，0，0>>，X 正方向。
- Wind Noise（风噪波）：默认值为 0，即均一恒定的气流。该值越大，气流越紊乱。

（2）Ground Plane（地平面）。

- Use Plane（使用地面）：默认状态不勾选。勾选上，使用虚拟地面。
- Plane Origin（地面原点）：默认值为 <<0，0，0>>，即虚拟地面的空间方位。
- Plane Normal（地面法线）：默认值为 <<0，1，0>>，即虚拟地面正面（碰撞面）向上。
- Plane Bounce（地面弹力）：虚拟地面碰撞反弹强度。默认值为 0，即碰撞后不反弹。该值越大，碰撞后反弹越明显。
- Plane Friction（地面摩擦力）：虚拟地面接触阻力强度。默认值为 0.1，较小。该值越大，nCloth 物体与虚拟地面之间的接触阻力越大。

（3）Solver Attributes（解算属性）。

- Substeps（解算子步数）：将一帧的时间分为指定步数进行解算。默认值为 3，即将一帧的时间分为 3 步进行解算。该值越大，解算的结果越细腻，但解算时间会加长。
- Max Collision Iterations（最大碰撞插值运算次数）：在每一解算子步中进行不超过指定次数的碰撞插值运算。默认值为 4，即在每一解算子步中进行不超过 4 次的碰撞插值运算。该值越大，解算的结果越细腻，但解算时间会加长。
- Collision Layer Range（碰撞层范围）：确定两个对象在距离上必须有多近才能互相碰撞。

（4）Time Attributes（时间属性）。

- Start Frame（起始解算帧）：默认值为 1，即从第 1 帧开始解算。
- Current Time（当前时间）：以帧为单位，显示解算的当前时间。

> **提示**
>
> nCloth 解算是一个包含多模块的系统，综合前几节所讲内容可以发现，想要表现预期的布料效果需要对布料质感（Dynamic Properties 属性）、碰撞（nRigidShape 属性、Collider 属性）、外部环境（nucleus 属性）这 3 个方面进行设置。

7.1.4 Constraint（约束）

生活中我们拉窗帘时，窗帘是固定在挂钩上的。然而 Maya 动画毕竟是一个计算机模拟现实的过程，nCloth 不可能直接固定在作为挂钩的模型上，因此两者之间就需要用一种方式连接起来，这种方式就是——Constraint（约束）。

nCloth 的约束通过限制 nCloth 物体的运动或者将它固定在其他物体上，来调整 nCloth 的形态。例如，将服装的肩带附着在人物的肩部；还可以使用粘连约束撕裂 nCloth，或将不同 nCloth 布料合并在一起。

当需要为 nCloth 物体创建约束时，可以通过 nCloth 模块主菜单中 nConstraint（n 约束）菜单下的命令来完成，如图 7-5 所示。

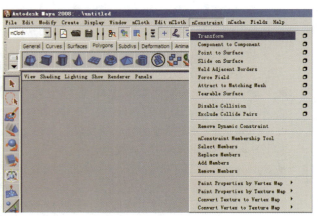

图 7-5　约束菜单

1）Transform（变换约束）

Transform 通过把点固定在定位器上来保持点的原始位置或移动它们。这个定位器可以建立父级关系，可以做动画或被其他物体驱动。例如，你可以对一个已经做过变换约束的丝巾定位器做动画来控制它的运动。

变换约束效果演示，如图 7-6 所示。

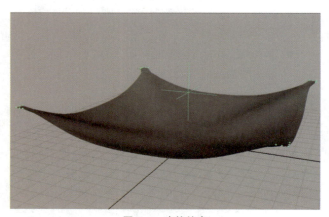

图 7-6　变换约束

2）Component to Component（组元到组元约束）

Component to Component 是将 nCloth 的组元（点、边、面）连接到其他 nCloth 或者被动物体的组元，例如，读者可以使用一个组元对组元的约束将一个纽扣固定在 nCloth 衬衫上。

组元到组元约束的效果演示，如图 7-7 所示。

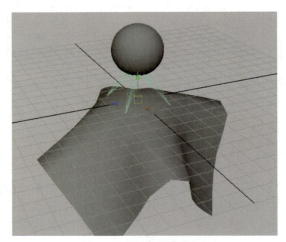

图 7-7　组元到组元的约束

3）Point to Surface（点到曲面约束）

Point to Surface 是将 nCloth 的组元（点、边、面）连接到一个目标曲面（一个 nCloth 曲面或被动碰撞物）上。当需要将一个 nCloth 物体的局部（如衬衣的袖口）固定在一个多边形网格（如角色的手腕）上时，这种约束类型是很有用的。

点到曲面约束的效果演示，如图 7-8 所示。

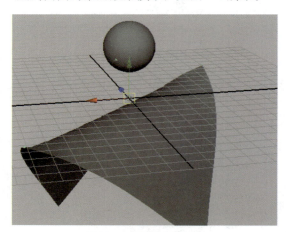

图 7-8　点到曲面的约束

4）Slide on Surface（表面附着约束）

Slide on Surface 是将 nCloth 的组元（点、边、面）连接到一个目标曲面（其他 nCloth 曲面，或被动碰撞物）上，并允许被约束组元沿曲面移动或滑动。表面附着约束是点到曲面约束的变种。这种约束类型可用于代替碰撞，且多数情况下解算快于碰撞。

表面附着约束的效果演示，如图 7-9 所示。

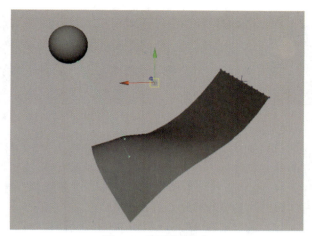

图 7-9 表面附着约束

5) Weld Adjacent Borders（连接相邻边约束）

Weld Adjacent Borders 拉断或合并被选择 nCloth 上的最近边。当需要分裂一个 nCloth 网格却让它们看起来像一个单一的 nCloth 物体时，这种约束类型是很有用的。

连接相邻边约束的效果演示，如图 7-10 所示。

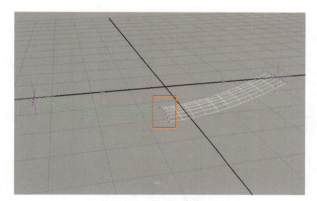

图 7-10 连接相邻边约束

6) Force Field（力场约束）

Force Field 推动 nCloth 组元或物体远离约束中心，而该约束具有一个球形体积边界的放射场。当创建一个力场约束时，场景中出现一个力场定位器。定位器的大小、形状和位置表示力场的大小、形状和位置。

可以使用一个力场约束来调整排斥物或个别顶点的穿插。例如，你可以通过一个设置在肘部的力场约束将布料夹在角色肘部关节的部分拉出。拉出 nCloth 使肘内得到一个字符联合卡放置一个力场的共同约束；反之，可以在约束范围内用它来吸引或控制 nCloth。

一个力场约束可以应用到一个物体上，并且可以定位顶点。使用 dynamicConstraint 节点上力量，强度和强度衰减属性决定了力场的能量。正值会使力场产生推出效果，而负值会使力场产生吸引效果。

力场约束的效果演示，如图 7-11 所示。

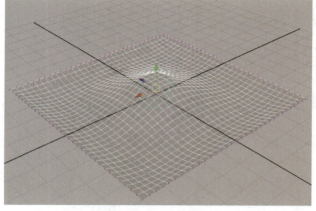

图 7-11 力场约束

7) Attract to Matching Mesh（吸引到匹配网格约束）

Attract to Matching Mesh 这个约束是把布料约束到指定的一个物体或布料上，并使布料的形态尽量保持约束的目标物体的形态。把蓝色的布料约束到红色的布料形态上，这样蓝色布料就和红色布料有了一样的动态了，如图 7-12 所示。

(a) 约束前　　　　　　(b) 约束后

图 7-12 吸引到匹配网格约束

例如，使用这种约束为角色衣服脱落达到指定形状或者指定方向来创建一个具体的终止形状。使用 dynamicConstraint 节点上强度属性决定了 nCloth 物体与目标网格的相似度。

8) Tearable Surface（撕裂表面约束）

Tearable Surface 通过分离 nCloth 的面，产生新的边和点，合并 nCloths 的点，软化 nCloths 的边，强制 nCloths 的点或边在一起使用连接约束的方法使 nCloth 物体撕裂或碎裂。当你想使创建的 nCloth 曲面与被动碰撞物或其他 nCloth 物体碰撞后产生撕裂或碎裂效果时，这种约束类型是很有用的。dynamicConstraint 节点上黏合强度的属性决定了 nCloth 物体有多容易撕裂或者碎裂。

撕裂表面约束的效果演示，如图7-13所示。

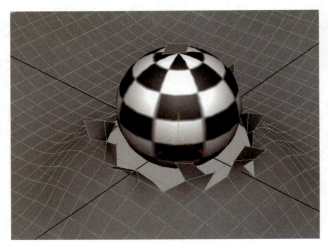

图 7-13　撕裂表面约束

9）Disable Collision（取消碰撞约束）

Disable Collision 可以阻止 nCloth 物体、被动碰撞物体、nCVs 点之间的碰撞，创建此碰撞只需要选择相应的元素（如：nCloth 物体），执行 Disable Collision（取消碰撞约束）命令。碰撞创建后此 nCloth 物体将不在于任何物体产生碰撞。

10）Exclude Collision Pairs（排除成对碰撞约束）

Exclude Collision Pairs 于 Disable Collision 相似，也可以阻止 nCloth 物体、被动碰撞物体、nCVs 点相对应元素之间的碰撞，创建此碰撞需要同时选择相应的元素（如 nCloth 物体及被动碰撞物体），执行 Exclude Collision Pairs 命令。碰撞创建后 nCloth 物体不再与同时选择的被动碰撞物体产生碰撞，但是与其他物体依旧会产生碰撞。

7.1.5　Cache（缓存）

当播放或渲染包含 nCloth 物体的场景时，又想降低 Maya 运行的计算量时，可采用 Cache 技术。Cache 可以帮助你按照自己的经验以非线性方式管理、配置、编辑 nCloth。

1）简介

Cache 是特殊的 Maya 文件，存储 nCloth 点的数据，并可以将其保存到服务器或本地硬盘。Cache 在 nCloth 系统中，也可以连接到 nucleus 节点上，这使得做过缓存和没有做过缓存的 nCloth 物体间可以相互影响。

Cache 具有如下好处。

（1）通过缓存一套 nCloth 系统（衬衫、夹克和裤子）来增强性能。当创建过缓存的布料再次播放动画时，Maya 将直接读取缓存信息，不再重新解算，这样可以节约解算的时间，节省资源。

（2）通过创建与融合 nCloth 的缓存文件来增强控制，并管理一个 nCloth 物体的形态。

2）创建

选中某个 nCloth 物体，执行 nCache → Create New Cache 命令，可以对其创建一个新的 Cache。

如果你选择了多个 nCloth 物体，则会对每一个选中的 nCloth 物体都创建 Cache，并且可以设置创建缓存的方式（方式一，为选中的每个物体创建单独的缓存文件；方式二，为所有选中的 nCloth 物体集体创建一个缓存文件）。

可以在"Create nCloth Cache Options"窗口中对想要创建的缓存进行名称、类型和保存路径等方面的设置，如图7-14所示。

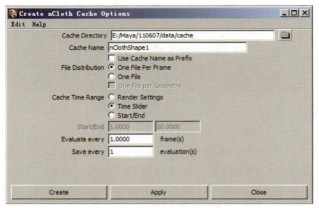

图 7-14　nCloth 缓存设置窗口

【参数说明】

- Cache Directory（缓存目录）：在服务器或本地硬盘上指定 nCloth 缓存的保存位置。

  如果场景已被保存到磁盘上，那么 nCloth 缓存文件都用默认保存到以下路径 \Maya\projects\default\data\。如果场景从来没有被保存，可以将 nCloth 缓存文件保存到以下路径 \Maya\projects\default\data\cache 默认路径。

- Cache Name（缓存名字）：对想要创建的缓存指定名称。

- File Distribution：文件分布
  - One File Per Frame（每帧一个文件）：在指定的缓存时间范围内，每帧创建一个nCloth缓存文件。如果选择多个nCloth物体，那么对所有的nCloth，每帧都创建一个nCloth缓存文件。
  - One File（一个文件）：在指定的缓存时间范围内，创建一个nCloth缓存文件。如果选择多个nCloth物体，那么对所有的nCloth创建一个nCloth缓存文件。
  - One File per Geometry（每一个几何体一个文件）：在指定的缓存时间范围内，当此属性打开时，对于每一个选中的nCloth物体，创建一个nCloth缓存文件（如果一个文件被打开）或一个nCloth每帧缓存文件（如果一个每帧文件被打开）。

    在指定的缓存时间范围内，当此属性关闭时，对于所有选中的nCloth物体，创建一个nCloth缓存文件（如果一个文件被打开）或一个nCloth每帧缓存文件（如果一个每帧文件被打开）。

    此选项仅当多个nCloth物体被选中时有效。
- Cache Time Range：缓存时间范围
  - Render Settings（渲染设置）：当前指定的渲染设置决定缓存时间范围。
  - Time Slider（时间滑块）：在时间滑块上当前指定的播放范围决定缓存时间范围。
  - Start/End（开始/结束）：指定开始和结束时间的帧范围决定缓存时间范围。
- Start/End（开始 / 结束）：这一字段对于缓存时间范围允许你指定一个开始和结束时间。
- Evaluate every ☐ frame(s)：指定在 nCloth 缓存创建期间的采样频率。例如，在缓存时间范围内，该值为 2 表示每隔一帧采样一次。
- Save every ☐ evaluation(s)：指定在 nCloth 缓存创建期间哪一个样本被保存。例如，在缓存时间范围内，该值为 2 表示每隔一个样本保存一次。

> **提 示**
>
> 创建好 Cache 后，可以在 "Attribute Editor" 或 "Trax Editor" 窗口对它们进行编辑。

7.1.6 设置初始状态

人们习惯于使用整齐划一的模型或场景展开制

作，但是在实际工作中，一个镜头或一个片段的开始往往是从一种自然状态或随机状态开始的，并非是从整齐划一的状态开始。比如，用 nCloth 系统制作旗帜随风飘扬的效果时，在制作之前，准备好的旗帜模型一般都是平整的平面，但所制作的动画，从一开始旗帜就有一个姿态，并非平整的平面。如果，让旗帜从平整的平面逐渐过渡到随风飘扬的姿态，那么将会很机械、不自然，也没有必要。所以在进行 nCloth 制作的过程中，可以让 nCloth 物体先进行解算。当解算到某一状态时，可以将这一状态作为动画的起始状态，即初始状态。如果 nCloth 物体有了初始状态，那么它可以以这一状态为起点，继续动画。

当我们想为 nCloth 物体创建初始状态时，可以通过执行 Edit nCloth → Initial State → Set From Current 命令来创建，如图 7-15 所示。当一个 nCloth 物体存在初始状态时，如果想去除它的初始状态，可以通过执行 Edit nCloth → Initial State → Clear Initial State 命令来清除。

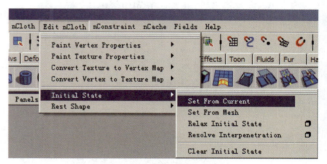

图 7-15　创建初始状态

7.2 小试牛刀——桌布（布料基础应用）

本节通过制作桌布来帮助大家加深对 nCloth 的理解。在完成桌布的过程中，重点学习 nCloth 的创建方法和基本属性及为 nCloth 添加场和碰撞的方法。案例最终效果如图 7-16 所示。

图 7-16　桌布最终效果

7.2.1 创建布料并添加碰撞

在开始创建 nCloth 之前,需先创建用来模拟桌子和桌布的模型,如图 7-17 所示。

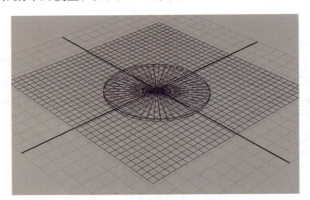

图 7-17 桌子和桌布的模型

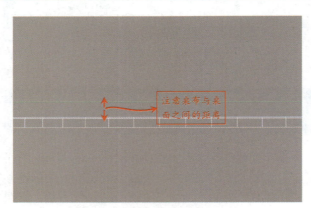

注意桌布与桌面之间的距离

图 7-18 桌布和桌子之间的距离

创建布料并添加碰撞的具体操作如下。

1 进入到 nCloth 模块下,将要分别为桌布和桌子生成布料和碰撞物体,如图 7-19 所示。

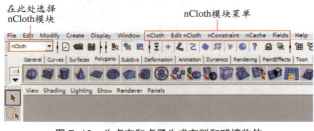

在此处选择 nCloth模块
nCloth模块菜单

图 7-19 为桌布和桌子生成布料和碰撞物体

2 选中用于模拟布料的桌布模型,然后执行 nCloth 菜单下的 Create nCloth(创建布料)命令,如图 7-20 所示,这样就可以把一个多边形的模形生成为布料进行解算了。

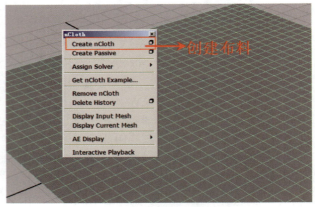

图 7-20 创建布料命令

3 执行 Window → Settings/Preferences → Preferences 命令,打开 Preferences 窗口,在左侧属性栏里面选择 Timeline,然后把右侧的 Playback speed 播放模式改为 Play every frame,这时播放动画,发现布料掉落下去,并穿过了桌面。如图 7-21 所示。

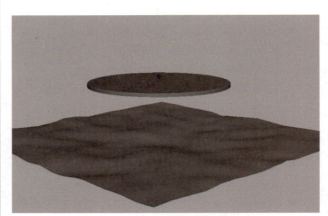

图 7-21 播放动画效果

4 为桌面生成碰撞物体,在保证桌面被选中的状态下(不要选择不与布料发生碰撞的物体),执行 nCloth → Create Passive 命令,这样就把桌子生成为碰撞物体了。如图 7-22 所示。

再次播放动画观看,这时下落的布料在碰到桌面后产生碰撞效果了。如图 7-23 所示。

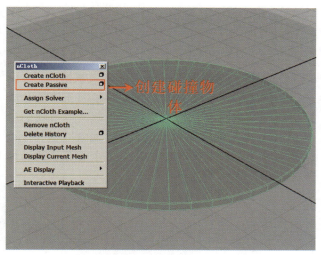

图 7-22　创建碰撞物体

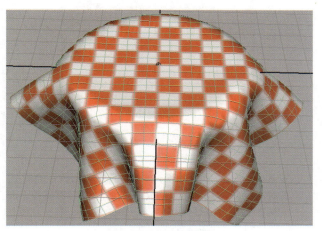

图 7-23　播放动画

7.2.2　解决布料与桌面的碰撞穿插

接下来对布料进行属性的调节，使效果更加真实。

选中布料，按【Ctrl+A】键，打开属性窗口，通过 Thicknes 和 Self Collide Width Scale 这两个参数来调节布料与桌面、布料和布料之间的穿插问题。

如果布料和碰撞物体之间出现了穿插，可以把 Thickness 数值适当加大。如果布料自身出现了穿插，可以把 Self Collide Width Scale 的数值适当调大。同时可以通过 Solver Display（解算显示）来显示 Thickness、Self Collide Width Scale 的厚度。如图 7-24 所示。

> ⚠ **注　意**
>
> 碰撞物体也有 Thickness（碰撞距离）参数，也要对其进行适当调节，才能实现布料与物体之间的正确碰撞。

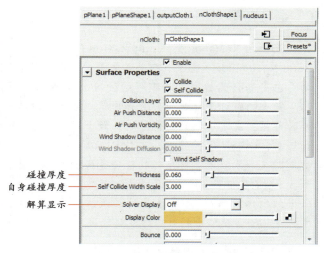

碰撞厚度——Thickness　0.060
自身碰撞厚度——Self Collide Width Scale　3.000
解算显示——Solver Display　Off

图 7-24　布料本身碰撞距离属性

7.2.3　调整布料形态

布料的解算效果不是很理想，看上去并不像布料，没有布料那种柔软的感觉。接下来对布料的形态进行细致的调节。

1 选中布料，按【Ctrl+A】键，打开它的属性窗口，在 Dynamic Properties 卷展栏下调节 Stretch Resistance（布料拉伸抗性）为 10，Compression Resistance（布料收缩抗性）为 5，Bend Resistance（布料褶皱抗性）为 0.001，Rigidity（刚性）为 –5，如图 7-25 所示。

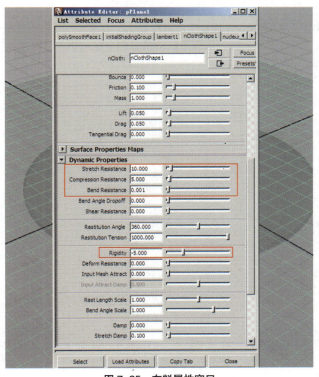

图 7-25　布料属性窗口

Stretch Resistance, Compression Resistance, Bend Resistance。这3个参数主要是控制布料形态的，它们的数值越大，对布料的抗性也就越明显，相应做出的布料也就越硬。例如皮革、麻布等硬质地的布料；反之它们的数值越小，做出的布料也就越轻柔，例如丝绸、纱等。另外 Rigidity（布料的硬度）这个参数也是对布料的软硬进行控制的重要参数，为正数值时，数值越大布料硬度也就越大（可以模拟刚体效果）；为负数值时，数值越小布料硬度也就越小，模拟出的布料也就越轻柔。

最后调节完成，可以播放动画观察模拟的布料效果，如图7-26所示。

图7-26　播放动画观看效果

2 在 Polygons 模块下，执行 Mesh → Smooth 命令将布料光滑一级，这样布料的褶皱部分就会细腻了，如图7-27所示。

图7-27　多边形光滑

3 选择布料，执行 Fields → Turbulence 命令，为布料添加扰动场，使布料出现随机的摆动效果。
桌布布料到此制作完成。

7.3　小试牛刀——红旗飘动（多重布料解算）

我们知道，旗帜可以在旗杆上随风飘扬，一方面是因为旗子的质地轻柔，另一方面是因为旗子和旗杆之间有一条线将它们连接在了一起。本节我们就用 nCloth 来模拟红旗飘动的效果，如图7-28所示。通过本例重点掌握 nCloth 约束及多个解算器的运用方法。

图7-28　红旗飘动效果

7.3.1　创建布料并添加碰撞

1 先用 polygons（多边形）工具创建旗帜和旗杆的模型。旗帜的段数不宜过多，以免影响布料的解算速度；但也不要太少，面数过少的话会影响布料的形态不够细腻。如图7-29所示。

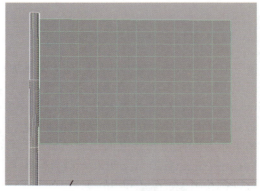

图7-29　旗帜和旗杆的模型

2 选中旗帜，执行 nCloth → Create nCloth 命令。这样就把多边形的旗帜转化成布料了，如图7-30所示。

3 再选中旗杆，执行 nCloth → Create Passive 命令。这样就把旗杆转化成能与布料进行碰撞的物体了。如图7-31所示。

4 选择布料物体，进入点级别，选择靠近旗杆处纵向的一排点（图7-32），执行 nConstraint → Transform 命令，创建变换约束，并将变换约束的 Locator 与旗杆做父子关系，将旗子的一端固定在旗杆上。

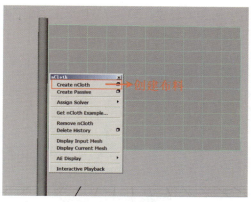

图 7-30　创建布料

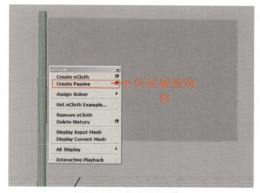

图 7-31　创建碰撞物体

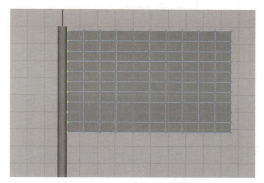

图 7-32　创建变换约束

这时播放动画看效果，发现旗帜落到了旗杆上，完全没有风吹红旗飘的感觉。如图 7-33 所示。

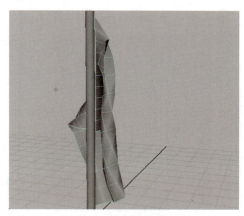

图 7-33　播放动画看效果

提　示

这是因为布料只受到默认重力的影响，而没有受到风的影响。所以要对布料添加能使其飘动起来的风场。有以下两种方法可以为旗帜添加风场效果：一种是直接为旗帜添加 Fields 菜单下的风场（Fields 菜单下的所有场都能为选中的布料产生力场的影响效果）；另一种是在布料属性中的 nudeus 属性栏下，激活布料自带模拟的风场如图 7-34 所示。

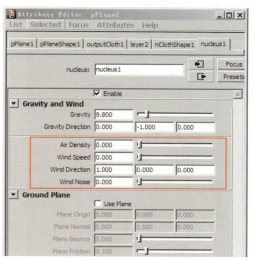

图 7-34　布料自带模拟的风场属性

7.3.2　调节 nCloth 自带的风场效果

1　打开布料的属性设置，在 nucleus1 选项卡下找到 Gravity and Wind（重力和风）属性，调节 Wind Speed（风场速度），播放动画，可以看到现在的旗帜已经有了飘扬的效果了，如图 7-35 所示。

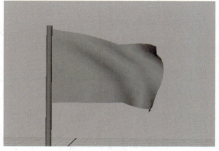

图 7-35　调节风场速度

提　示

默认情况下刚生成的布料，Wind Speed 的数值是 0，即，没有风速，无论 Air Density（风场强度）多大布料也不会有风吹的效果。所以要想使布料的风场起作用，就应把 Wind Speed 的数值调大（改为非 0 的正数值）。

2 为了更真实地模拟风的效果，需要进一步调节参数，Air Density 修改为 5.620 ，Wind Speed 修改为 11.158，Wind Direction（风场的方向）X 轴修改为 1，Wind Noise（风场的扰动）修改为 1，如图 7-36 所示。

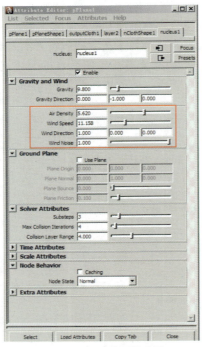

图 7-36　风场的属性设置

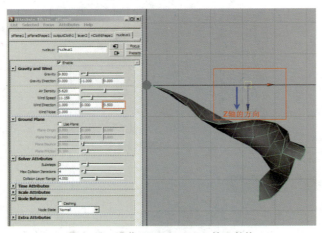

图 7-37　调节 Wind Direction 的 Z 数值

7.3.3　调整布料拉伸

　　经过调整，旗帜的基本动态已经调节好了，但旗帜会出现拉伸的现象，如图 7-38 所示。接下来，需要对布料拉伸进行调整。

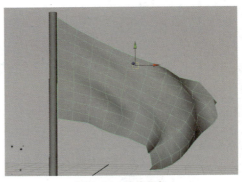

图 7-38　拉伸现象

1 进一步对旗帜的布料参数进行调节，来解决拉伸的效果。这就要用到在桌布实例中讲到的布料基本形态属性了。Stretch Resistance（布料拉伸抗性）改为 5，Compression Resistance（布料收缩抗性）改为 2.5，Bend Resistance（布料褶皱抗性）改为 0.005。

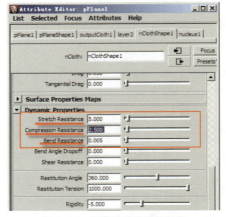

图 7-39　调整拉伸的属性设置

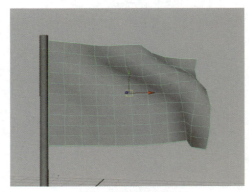

图 7-40　播放效果

2 修改旗帜更加柔软，可以给布料属性下的 Rigidity（布料的硬度）数值改 –50。如图 7–41 所示。

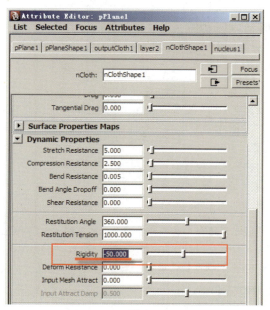

图 7–41   调节布料的硬度

全部调节完成后，基本上就把一个飘动的旗帜的效果模拟出来了。

7.3.4   使用不同的布料解算

为了对布料的 nudeus 进一步加深理解，我们再做两面旗帜。为每面旗帜创建不同的 nudeus 节点。

1 选中建立出来的两面旗帜，并执行 nCloth → Create nCloth（创建布料）命令。

> **提示**
>
> 在建立第一面旗帜时，Create nCloth 命令的属性窗口里 Slover 下的选项，用的是默认的 Create NewSolver。这样，系统也就默认为第一面旗帜建立了 nudeus1 的解算，也就是说，nudeus1 下的所有参数都能对在它的解算下的布料产生效果。
>
> 而在建立第二面旗帜的时候 Create nCloth 命令的属性窗口里，Slover 下默认的应该是在建立第一面旗帜时所建立的 nudeus1，如果不对其进行任何选项修改就直接生成布料的话，那么之前的 nudeus1 里的所有参数将都会对新建立的两面旗帜起到作用。现实中后建立的两面旗帜和第一面旗帜的动向应该有所不同，这样看起来比较自然。要想实现生活中的效果，就要注意为后两面旗帜执行 Create nCloth 令时，要在属性窗口里的 Slover 选项里重新选择 Create NewSolver，这样系统就按着顺序为后面的两面旗帜新建立了 nudeus2 的解算，如图 7-42 所示。

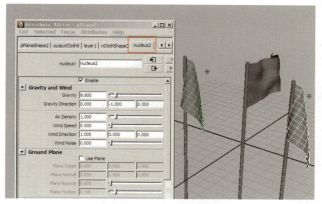

图 7–42   nudeus2 的属性窗口

2 调节 nudeus2 下的各项参数（要与 nudeus1 下的参数有所区别）。再播放动画，比较下第一面旗帜和第二面旗帜的动态区别（这里为了便于看出效果），把 Wind Direction 下的 X 轴改为负值。这样正好与第一面的 X 轴方向相反，如图 7–43、图 7–44 所示。

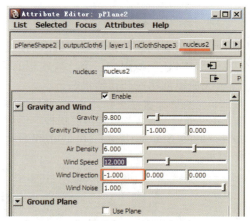

图 7–43   风场的方向

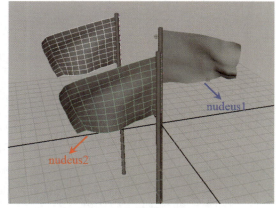

图 7–44   播放效果

> **提示**
>
> 因为具有相同属性并且受到相同的 nudeus 影响的布料，它们的动态形象是一样的，这样会感觉动作都一致，不符合实际情况。如图 7-45 所示。

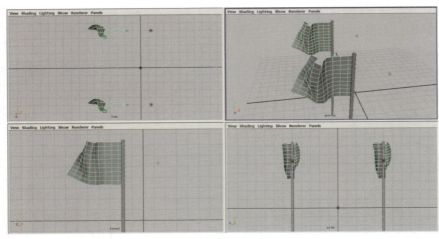

图 7-45　播放效果

所以今后在解算布料的时候，尽量在生成布料时先考虑好多个布料之间是用单独的 nudeus 控制动态，还是共用一个 nudeus 来控制动态。

7.3.5　创建布料的初始状态和缓存

当把旗帜的所有动态效果都模拟好以后，想要在旗帜的开始动画时让旗帜保持一个比较理想的形态的话，就需要为旗帜创建一个初始状态。

1　播放动画，选好想要成为初始状态的时间然后停止动画。在保证三面旗帜都在选择的状态下。执行 Edit nCloth → Initial State → ISet From Current 命令。如图 7-46 所示。

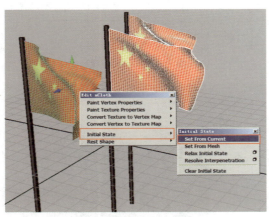

图 7-46　设置初始状态

> **提示**
>
> 　　成功为布料创建了一个初始的状态后，在回到动画的起始帧时，旗帜仍然保持设置初始状态时的形态。如果对之前设置的初始状态的形态不满意，可以选中布料来执行 Edit nCloth → Initial State → Clear Initial State 来清除不满意的初始状态，然后再重新设置想要的初始状态即可。

2　生成布料缓存。选中要生成缓存的布料，执行 nCache → Create New Cache 命令，并打开 Create New Cache 的属性栏，进行一定的设置。

> **提示**
>
> 　　这里先讲解几个基本设定的属性，其他一些将在下面的课程里有详细的讲解。
> 　　(1) Cache Directory：缓存的存储位置。
> 　　(2) Cache Name：缓存的名字。
> 　　(3) Cache Time Range：缓存解算时间范围。

如图 7-47 所示。

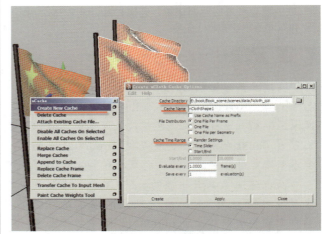

图 7-47　创建布料缓存

7.4　小试牛刀——晾晒衣服（约束）

通过以上学习 nCloth 的基础属性和约束等知识，这节我们来做晾晒衣服的例子。为衣服和绳子添加布料并修改其属性，使衣服和绳子保持自身形态，以及它们的互相碰撞关系。在这个案例中衣服和绳子都将作为布料进行解算，需要多个布料之间的互动，并且为了固定绳子和衣服，使用了多种约束。最终效果如图 7-48 所示。

图 7-48　晾晒衣服效果

制作晾晒衣服效果之前，创建出一根绳子、一件衣服以及两根挂绳子的柱子，如图 7-49 所示。

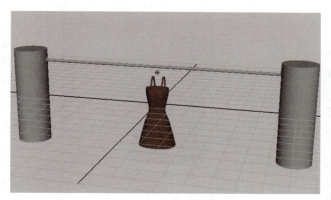

图 7-49　晾晒衣服模型

模型建立完成后先来模拟挂衣服的那根绳子的效果。

1　选中绳子模型，执行 nCloth → Create nCloth 命令。这样就把绳子转为布料了，如图 7-50 所示。

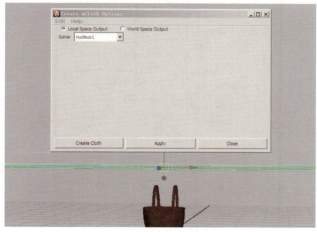

图 7-50　创建布料

提　示

这时播放动画会出现什么效果？大家通过之前对旗帜的学习，应该很明确地想到绳子会一直往下掉。如图 7-51 所示。

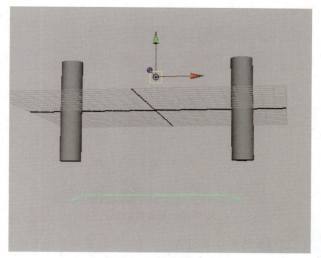

图 7-51　播放动画

提　示

应该让绳子的两端固定在两个柱子上，而不是从柱子上掉下来。所以必须为绳子和柱子两者之间做约束来使绳子的两端钉到柱子上。而 Transform（变换约束）、Compontent to Compontent（元素到元素约束）以及 Point to Surface（点到曲面约束）这三个约束都能实现想要的效果。可以从中挑选任意一种约束方式来完成效果。推荐使用 Transform，这是最方便的方法。

2　选择绳子两端的点，再选择两根柱子，并执行 Transform 命令。这样就为绳子和柱子之间做了约束。播放动画，看看这时的绳子效果，如图 7-52 所示。

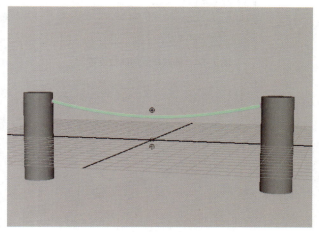

图 7-52　绳子效果

提　示

　　这样绳子就和现实生活中的基本相似了。但还发现了一个很不应该出现的问题——绳子虽然大体的动态是有了，但其自身的粗细会发生变化。如图7-53所示。

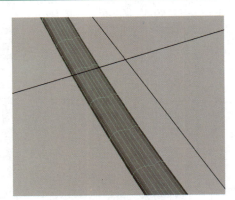

图7-53　粗细发生变化

3　这样的效果是不符合现实的，所以要保证绳子无论怎么动都能保持本身的形态。需要调节布料自身属性，Stretch Resistance（布料拉伸抗性）改为400，Resistance（布料收缩抗性）改为200，Bend Resistance（布料褶皱抗性）改为10，来解决绳子自身变形的问题。如图7-54、图7-55所示。

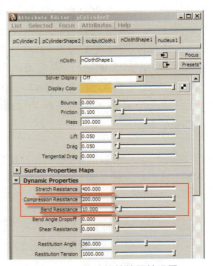

图7-54　修改抗性的属性设置

图7-55　播放效果

提　示

　　把Stretch Resistance、Compression Resistance、Bend Resistance这三个属性的数值调大，相应地弱化了绳子的布料拉伸、收缩和褶皱的效果。

　　绳子基本做好，接下来要把衣服转为布料了，衣服生成布料的方法和绳子的一样。衣服生成布料后要解决衣服如何挂在绳子上面的问题。如果是衣服夹，要夹住衣服并挂在绳子上，就要考虑用约束来把衣服约束到衣服夹上。而Compontent to Compontent（元素到元素约束），Point to Surface（点到曲面约束）这两个约束都能解决这个问题。这里是直接把衣服的吊带挂在绳子上的，所以不需要用到约束，直接给衣服和绳子做碰撞就可以了。这里要注意的是衣服吊带与绳子之间一点要留出一定的距离，用于解算碰撞。

　　播放动画看效果，如图7-56所示。

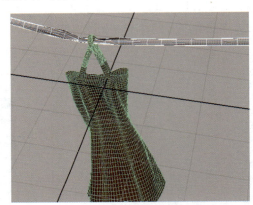

图7-56　播放动画效果

4　发现这时又出现绳子自身变形的问题了。这是因为由于布料和绳子发生碰撞而产生的，所以需要把绳子属性里的质量加大，如图7-57所示。

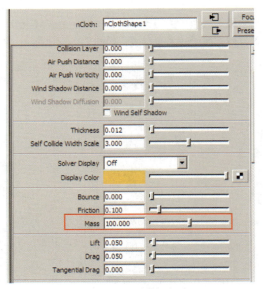

图7-57　质量加大

这时，在播放动画看到变形的问题已经解决了，绳子无论怎么动或者和衣服之间无论怎么碰撞都能保持自身形态而不发生变形了，如图7-58所示。

图 7-58　播放动画

7.5　小试牛刀——挑开窗帘（碰撞）

通过对前面几个例子的学习，我们对布料碰撞有了一定的了解，但是并不全面，本节通过挑开窗帘的例子，进一步学习布料碰撞。在现实中挑开窗帘或者用手拉开窗帘非常简单，只要拖拽窗帘，窗帘布拖拽窗帘钩在滑道上运动便可以顺畅地拉开窗帘，温暖的阳光便会照到屋里。在 Maya 中制作这个案例的过程正好是反过来的，要先制作窗帘钩的动画，然后带动窗帘布运动，最后添加一个物体与窗帘布碰撞，模拟物体的挑动，案例效果如图7-59所示。

图 7-59　窗帘效果

7.5.1　制作模型

首先，需要根据场景创建出所有的模型。

> **提　示**
>
> 后面的制作会对窗帘进行布料解算，在为其做镂空时，一定要保证镂空边与模型的 UV 段数边相接，如图7-60所示。

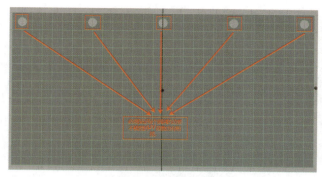

图 7-60　窗帘模型

如果镂空的圆洞边与模型的 UV 段数边不相接，模型将无法做布料的解算，如图7-61所示。

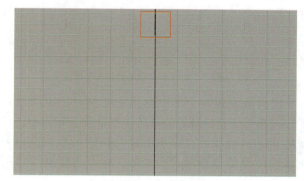

图 7-61　镂空的圆洞

7.5.2　制作窗帘与吊环间碰撞和约束

布料与吊环之间的碰撞可以用两种方法来实现：简单的一种，是直接把吊环生成布料，调好动画直接和窗帘做碰撞就可以；另一种是执行 nConstraint → Attract to Matching Mesh 命令。为了更好地理解 Attract to Matching Mesh 命令，这里讲解的是第二种方法。

1 把吊环一一对应复制一套，这套用于以后的动画约束，如图7-62所示。

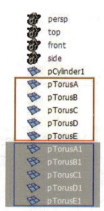

图 7-62　把吊环一一对应复制一套

2 复制完后，复制出来的吊环做好真实拉窗帘时吊环堆积在一起的动画。

先不要把窗帘和吊环生成布料，如果生成布料后再调整动画，那样每帧都要解算布料，会影响播放的速度，不利于动画的调节。

对复制出的吊环进行动画后，再根据实际情况分别生成布料解算和布料碰撞，如图7-63所示。

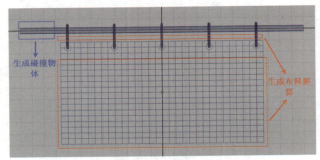

图7-63　分别生成布料解算和布料碰撞

这时就要用到之前复制出来并调好动画的吊环了。因为生成布料解算的吊环主要是用来和窗帘进行碰撞用的，但如果直接用生成布料的吊环和窗帘来做碰撞解算是很费时、费劲的，所以这里就要运用Attract to Matching Mesh这个约束命令。

3 在大纲视图里分别按对应的顺序，把已经生成布料的吊环以及复制出来并做完动画的吊环单独选择，并执行nConstraint → Attract to Matching Mesh命令，如图7-64、图7-65所示。

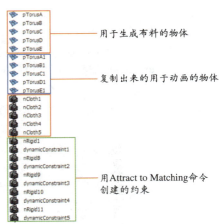

图7-64　连接约束到指定物体

图7-65　视图效果

7.5.3　调整窗帘与吊环

做完约束后，播放动画观看效果。如果感觉生成布料的吊环，与复制出来做动画的那套非布料吊环的动画不是很紧凑，可以在大纲视图里选中约束节点在右边的属性通道栏里修改其参数。如图7-66所示。

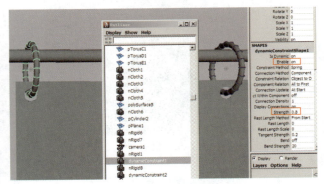

图7-66　调节约束节点属性设置

（1）Enable：约束开关，主要用来控制约束是否起作用。1（on）时约束起作用，0（off）时约束不起作用。

（2）Strength：约束影响力的大小，它的数值越大约束的影响力就越大，反之数值越小约束影响力也就越小，为0时没有约束的效果。

这时播放动画看效果，发现窗帘是慢慢地合拢上了，但还缺少被拉动合拢的效果，并且到后面没有那种碰撞到墙壁合拢的效果。如图7-67～图7-70所示。

图7-67　墙壁合拢的效果

图7-68　墙壁合拢的效果

图 7-69　墙壁合拢的效果

图 7-70　墙壁合拢的效果

因为这里做的是模拟真实房屋里的拉开窗帘的效果，所以必须把窗帘模拟出如图 7-75 所示的这种效果。

7.5.4　模拟窗帘被挑开

可以用约束来模拟以上所分析的效果，但那样需要做大量的参数调节和大量的解算测试，费时费力。这里介绍一个省时省力的方法来更快、更好地模拟碰撞合拢的效果。这种方法实际生产工作中会有很大帮助。

先做模拟拉窗帘的效果，在开始拉的一边做一个挑杆的物体（用来模拟手或挑开窗帘的杆子），并为它做一个模拟拉窗帘的拉动动画。

> **提示**
>
> 在调动画时最好把窗帘布料效果关掉，动画做好后，再将其勾选，这样在制作动画时布料将不会解算，使动画制作的过程更顺畅。

1　执行 nCloth → Create Passive 命令。这样就把它变成了能与窗帘发生碰撞的碰撞物体了。这时再把窗帘的布料效果打开，并播放动画看看效果。如图 7-71、图 7-72 所示。

这样效果就很接近上面分析的那样——窗帘像是合拢的效果了。

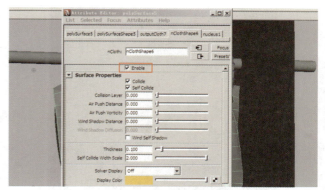

图 7-71　打开布效解算

图 7-72　播放效果

2　调节布料的属性，使其更加柔软，最后把用于拉窗帘的物体隐藏。如图 7-73 所示。

图 7-73　播放效果

3　模拟碰撞合拢的效果。这个步骤估计大家现在也能猜到要怎么做了吧，做一个多边形的面片，摆放到适当的位置，并把它生成布料碰撞物体，就可以了。如图 7-74 所示。

4　效果满意后可以给窗帘执行多边形光滑命令，使窗帘更加细腻。如图 7-75 所示。

如果觉得布料效果还不够理想，可以再为窗帘添加扰动场，或者调节布料本身属性里的 nudeus 标签下的风场，使其更真实、更有动态感。

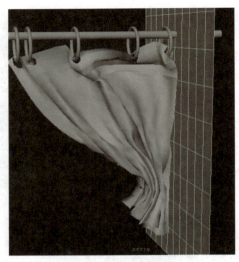

图 7-74　布料碰撞物体

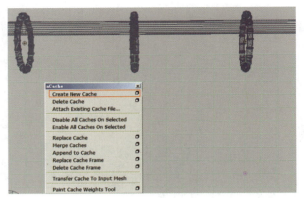

图 7-76　创建新布料缓存

2 打开 Create New Cache（创建新布料缓存）的属性窗口设置属性，如图 7-77 所示。

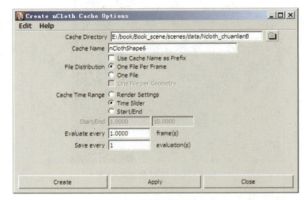

图 7-77　缓存的属性设置

图 7-75　多边形光滑

7.5.5　为布料创建缓存

效果满意后，为了能实时拖动动画来观看布料的解算效果，要为布料生成缓存。

1 选种窗帘，执行 nCache → Create New Cache 命令，如图 7-76 所示。

> ⚠️ **注　意**
>
> 如果布料并不是从第 1 帧开始解算缓存，最好先设置下布料的初始状态（取一个比较好的开始形态）或设置下布料的开始解算时间。

3 设置完成后单击【Create】按钮或【Apply】按钮即可，等解算完成后便可拖动动画来实时地观看布料的解算效果了。

7.6　本章小结

（1）制作布料的时候，应考虑不同的材料、不同的质地会出现哪些不同的效果。把握准确，就可以做出想要的效果。

（2）展开 Dynamic Properties 窗口中的属性可以控制布料的机械强度，调节这些属性，布料会有不同的形态。

（3）碰撞是发生在 nCloth 物体和其他物体（被动物体）、或 nCloth 物体内部不同部分（自身碰撞）之间的相互作用。

（4）布料解算是一个多模块相互影响的系统，在调整布料的时候要从布料本身、外部环境等多方面去调节。

（5）外部碰撞时布料物体与被动碰撞物体之间相互作用，因此要同时调节这两方面的参数才能得到理想的碰撞效果。

（6）Constraint（约束）分为 10 种，见表 7-1。

表 7–1　Constraint 分类及说明

类　别	说　明	类　别	说　明
Transform	变换约束	Force Field	力场约束
Component to Component	组元到组元约束	Attract to Matching Mesh	吸引到匹配网格约束
Point to Surface	点到曲面约束	Tearable Surface	撕裂表面约束
Slide on Surface	表面附着约束	Disable Collision	取消碰撞约束
Weld Adjacent Borders	连接相邻边约束	Exclude Collision Pairs	排除成对碰撞约束

（7）nCloth 的约束有些尽管方式不同，但是最终效果在某些方面类似。例如：Transform 与 Component to Component 都可以将布料物体固定在一个位置上。因此在实际工作过程中，依据效果合理、操作便捷的原则选择使用哪种约束。

（8）通过给 nCloth 物体做缓存，可以保存你的 nCloth 模拟数据到服务器或本地硬盘。 nCloth 缓存是特殊的 Maya 文件，存储 nCloth 的仿真点数据。做缓存可以加快场景的运算速度，节约资源。

（9）可以执行 Edit nCloth → Initial State → Set From Current 命令为 nCloth 物体创建初始状态。

（10）制作穿着的衣物时候，需要注意角色动作的节奏和动态，尽量符合自然规律。这样解算出来才能更加自然，如果角色动作太大、太快有可能导致布料解算失败。

7.7　课后作业

用前面讲过的知识模拟解算出布料效果，如图 7-78 所示，制作过程中需要注意以下几点。

（1）用于创建 nCloth 的模型必须是 Polygons 模型。

（2）解决布料和物体的穿插问题。

（3）对布料属性进行调节，使布料有柔软的效果。

（4）通过 Thickness（布料与碰撞物体之间的碰撞距离）和 Self Collide Width Scale（布料本身相互之间的碰撞距离）这两个参数的调节解决穿插的问题。

（5）对布料的形态进行细致调节。

提示：Stretch Resistance（布料抗拉伸性），Compression Resistance（布料抗收缩性），Bend Resistance（布料抗褶皱性）这 3 个参数主要是用来控制布料形态的，它们的数值越大，布料的抗性也就越明显，做出的布料也就越硬。

图 7-78　效果图

特效知多少

> 了解特效的出现及应用
> 熟悉基于Maya的特效插件
> 了解实现特效的多种方法

动力学是 Maya 中制作特效的一个模块，是实现特效的一种方式，特效的制作在不同的领域方法不尽相同，而且单单一种题材的特效制作就需要多种方法共同完成。因此，我们应该清楚，学习 Maya 动力学是学会了一种制作特效的工具，要想制作出精彩的特效还需要在协同实现特效的其他领域下苦功夫。

8.1 特效的出现及应用

通过学习 Maya 动力学读者便可以掌握特效制作的一种常用方法，特效在 CG 动画中是一个笼统的概念，对于特效的深入了解对读者今后的工作、学习都会非常有帮助，下面就让我们从特效的出现及特效的应用领域开始，更加深入的了解神奇的特效世界。

8.1.1 特效的出现

"特效"这个我们现在并不陌生的词汇，伴随着好莱坞大片一同被传入到中国。可能很多人还记得，20 世纪 80 年代中央电视台曾经播放过《星球大战》，在那个夜晚不知有多少中国人心生感慨。无尽的星空和科幻的战舰，人类的想象力得以在银幕上展现。通过技术与艺术的完美结合，"工业光魔"等早期电影特效开发团队创造的特技效果彻底进化了电影的视觉表现形式，比如在《星球大战》中的道具模型（如图 8-1 所示），搭配背景，用钢丝等工具牵动拍摄；激光效果则在底片上用高曝光特效来实现。可以说自《星球大战》起，视觉特效的广泛开发与应用，使电影在艺术与文化中的含义与地位被重新界定。从那时候开始，特效便带给人们无尽的惊喜与震撼，使人们大开眼界，让想象插上翅膀飞向太空、戴上装备穿越地心，把创作者的激情感染至全世界。

在经历过实体模型搭建和手工绘制阶段后，先进的计算机技术使特效的制作实现了质的飞跃。直到现在，我们所制作的特效最终都是通过计算机来完成。这其中既包括各种自然界的元素，也不排除人为创造的超自然的元素。20 世纪 60 年代，随着计算机技术以及数字技术的成熟促使电影这一视听门类的艺术形式有了翻天覆地的变化，甚至称其是一次轰轰烈烈的革命也不为过。越来越多的通过计算机制作的影像被运用到了电影作品中，其视觉魅力有时甚至大大超过了电影故事本身，如图 8-2、图 8-3 所示。同一时期，特效被拓展运用到了不同的领域，比如广告、游戏、动画片当中，逐渐出现很多特效镜头，如图 8-4 所示。

图 8-1 《星球大战》中的道具模型

图 8-2 《盗梦空间》的特效效果

图 8-3 《变形金刚Ⅰ》中的特效

（a）广告中的特效

（b）游戏中的特效

（c）动画片《长发公主》中的特效

图 8-4 不同领域的视觉特效

8.1.2　特效的应用

　　影视、动画、游戏特效三者既有相同的一面也有不同的一面，下面将分别介绍这三个不同类型的特效。

1）影视特效

　　在影视作品中，人工制造出来的假象和幻觉，被称为影视特效（也被称为特技效果）。电影制作者利用它们来避免演员处于危险境地、减少电影制作成本；或者理由更简单，只是利用它们来让电影情节更加扣人心弦。

　　现在，用计算机来制作特效非常普遍，并将计算机制作的视觉效果简称为CG。CG，即Computer Graphics（计算机图形学），可以理解为计算机视觉设计与创作。当传统特效手段无法满足影片要求的时候，就需要CG特效来实现，它几乎可以实现所有人类能想象出来的视觉效果。

　　影视作品的制作一般分为前期制作和后期制作，前期审定剧本然后拍摄，后期剪辑配音还有特效制作。影视特效制作的侧重点则是在前期的拍摄和后期的制作上，如图8-5、图8-6所示。拍摄对于影视特效的制作来讲是非常重要的，这需要由经验丰富的专业人士去指导操作。一旦前期拍摄的素材不理想就会直接影响后期的制作，以至于给后续制作带来很大难度，所以影视特效必须要拍摄和制作相结合才能创造出完美的效果。

2）动画特效

　　动画特效是根据动画制作的风格、场景以及分镜头来制作导演所要表现的效果，包括自然界的风雨雷电云水等，还包括一些炫目的光效、粒子效果等，以达到增强场景气氛的目的，最终使画面更富有冲击力也更具观赏性。我们所熟知的《海底总动员》和《功夫熊猫》系列等动画电影当中都有大量的特效镜头。

　　实现动画特效有以下三种途径。

　　第一种：手绘背景特效。手绘背景特效指在实体背景材料上根据分镜头直接绘制烟、雾、火焰等自然元素。比如早期国产动画片《大闹天宫》以及近年来的作品《风云决》中的情景大多都是通过这种方法制作而成的，如图8-7、图8-8所示。

图8-5　《阿凡达》中的实拍素材

图8-6　合成后的效果

图8-7 《大闹天宫》海报

第二种：使用计算机软件绘制场景并加上各种特殊效果。这类特效在动画界还没有将其引入计算机制作加工前，都使用喷画来实现模糊或朦胧的效果。计算机视觉创造技术出现后，特效大多都用计算机软件完成，比如动画电影《海底总动员》，如图8-9所示。

第三种：拍摄效果。这种一般用在定格动画上，在拍摄时把片中的特效直接用摄影机一格一格拍出来，之后在编辑加工的过程中有时也会利用计算机技术进行处理与修饰。这种方法现在虽然很少用到，但因其独特的动画艺术魅力仍被动画家及动画爱好者所推崇，此类特效动画的代表作有定格动画《了不起的狐狸老爸》、《僵尸新娘》等，如图8-10、图8-11所示。

图8-8 《风云决》海报

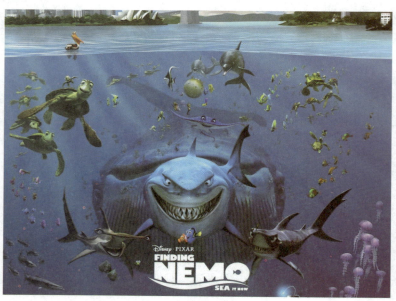

图8-9 《海底总动员》

图 8-10 《了不起的狐狸老爸》制作花絮

图 8-11 《僵尸新娘》制作花絮

3) 游戏中的特效

游戏特效是为游戏中的场景、道具、角色装备、技能动作等添加绚丽效果的部分，其作用是给玩家创造逼真绚丽的视觉冲击效果，如图 8-12、图 8-13 所示。

图 8-12 三维游戏《使命召唤》场景

游戏特效制作方法非常灵活，但大多数特效都要依靠游戏引擎的粒子系统。由于游戏公司引擎的不定性，相应的特效编辑器也不同，这就决定了游戏特效制作的不定性。但所有特效都有其共同的特点，就是都由二维或三维软件制作基建，然后将相应的贴图赋予三维软件的面或体，由自定义的程序实现贴图颜色变化、形态转变或者运动。

图 8-13 网络游戏《梦幻诛仙》场景

在这几个行业中，特效制作有相同之处也有不同之处，相同之处在于它们都是基于计算机设备和几种专业制作软件完成最终效果，而不同之处则有很多，主要在于影视特效是基于前期拍摄，在后期编辑加工及合成中再进行特效制作，而动画及游戏则基本没有前期拍摄这一环节，几乎是完全根据场景和 Layout 来制作的。这样就要求制作者们能针对不同领域的特效有不同的工作准备，影视特效的前期工作必须要细致到位，各种准备工作要预先做好，后期制作才能顺利进行；动画及游戏特效则根据场景和 Layout 对应制作。另外，动画特效和游戏特效相对于影视特效所需表现的真实感程度不同，影视特效制作的效果都很逼真，需要达到以假乱真的效果，而游戏和动画则不用达到影视特效那样的程度。

8.2 基于Maya的特效插件

特效不仅会应用在不同的领域，特效制作所涉及到的软件也有很多，就拿本书所讲的 Maya 动力学来说，就有很多第三方插件，这里简单介绍几种最常用的插件。这些插件应用起来比较简单，在学习完 Maya 动力学模块后很容理解这些插件的工作原理，他们可以弥补软件在实现某些效果上的缺陷，并且可以快速地制作出更加真实的效果，

8.2.1 破碎效果——Blast Code

Blast Code 是美国 FerReel 动画研究公司为物体毁坏而开发的插件，软件基础界面如图 8-14 所示。其高度交互性的设计节约了开发独特爆炸场面的时间。Blast Code 为动画设计人员提供了众多的破坏场面，并且可以快速地根据任何方案来进行部分调整。

该插件是帮助模拟制作破坏场景的，尤其是能够模拟出真实的爆破、导弹、振荡波或自然现象对建筑的破坏，满足影视级特效制作的需要，Blast Code 在《2012》、《金刚》、《变形金刚》等电影中都有出色的表现，如图 8-15 所示。

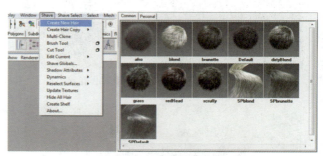

图 8-14　Blast Code 软件界面

缺点则是速度比较慢（一般双核 1G 内存的计算机在遇到制作 20 万左右的毛发量时就会出现渲染问题）。但是一般 10 万左右毛发量的简单毛发就能有不错的渲染效果，当然这是不包括动力解算所需要的计算量。如图 8-17 所示是利用 Shave 处理的一个简单的头发测试，毛发量为 10000×2。

图 8-16　Shave 插件界面

(a)《金刚》

图 8-17　《X 战警 I》毛发测试效果

8.2.3　流体动力学模拟——RealFlow

RealFlow 是由西班牙 Next Limit 公司出品的流体动力学模拟软件，如图 8-18 所示。它是一款独立的模拟软件，可以计算真实世界中运动物体的运动，包括液体。RealFlow 提供给特效制作师们一系列精心设计的工具，如流体模拟（液体和气体）、网格生成器以及带有约束的刚体动力学、弹性、控制流体行为的工作平台和波动、浮力（以前在 RealWave 中具有浮力功能），如图 8-19 所示。用户可以将几何体或场景导入 RealFlow 来设置流体模拟，在模拟和调节完成后，将粒子或网格物体从 RealFlow 导出到其他主流三维软件中进行照明和渲染。

RealFlow 的突出专长在于流体模拟，它可以制作多种流体效果，例如海面、流淌的牛奶、水中漂浮的浮漂、溅起的水花等，如图 8-19 所示。如今很多特效电影、广告等都利用 RealFlow 来制作特效，例如《冰河世纪 II》、《指环王 III》、《X 战警 III》等。

(b)《2012》

图 8-15　Blast Code 在影片特效中的应用

8.2.2　毛发——Shave

Shave 是一个非常简单、实用的毛发制作插件，插件界面如图 8-16 所示，比起 Maya 自带的 Hair 来，Shave 更便于造型，并且在质感和控制上更为优秀，

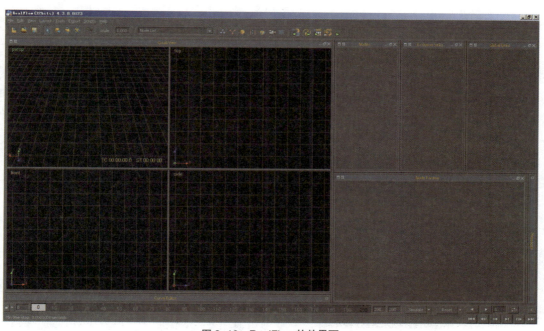

图 8-18　RealFlow 软件界面

 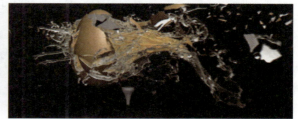

图 8-19　RealFlow 实现的流体效果

8.3　实现特效的多种方法

特效制作有多种方法，本书重点侧重与三维动画特效的制作。

绝大多数有立体透视变化的角色和场景都由三维特效创作。三维特效几乎是整个特效里面技术难度最高，但也最能解决问题的一环。三维动画特效所设计到的效果通常是运用软件模拟各种逼真水流、风火雷电、怪物、淹没全城的洪水、山崩地裂、摩天大楼轰然倒塌等。这些效果的一般制作流程为：模型→材质灯光→绑定→动画→特效（即本书中的动力学）→渲染。

针对不同的制作环节，在具体实现的软件上，国内以 Maya 平台为主，3Ds MAX，RealFlow，Houdini，CINEMA 4D，SoftimageXSI，LightWave 3D 等数十种软件为辅。

特效制作不局限于使用单一的软件，在特效制作中软件只是一种工具，更重要的是制作人员的艺术修养和制作思路，同一种效果（例如湍急的洪水）很多软件都能实现，这时候就需要制作人员根据软件本身的功能倾向性和对软件应用的熟练程度选择使用哪种软件来制作。

例如在制作如图 8-20 所示的山崖崩塌效果的时候，Maya 动力学中的破碎工具和 BlastCode 插件都可以实现，但是使用 Maya 的破碎工具制作出来的破碎效果不仅缺少细节，而且制作过程繁琐，相对而言 BlastCode 插件在制作这样一个场景的时候就显得轻松许多，而且破碎过程有丰富的细节，这个时候有选择地使用 BlastCode 插件来制作就能做到事半功倍。

图 8-20　山崖崩塌

做到选择简单易行的方法来实现复杂的效果是特效制作人员的智慧，这种智慧不是天生就有的，需要读者不断地积累各种与特效制作相关的知识，不断增强自己的实力。如何积累自己的能力与拓展知识面，在你读完下一节内容后相信会有一个明确的方向。

8.4　常识积累与拓展

实际上，影视后期制作的分工非常明确，特效合成、剪辑、配音、混音和美工。换言之，在影视后期制作系统的各个环节都由专人专攻或负责的。在影视特效制作的团队中，要想更好地协同合作，团队的每个成员都必须具备相应的基本技能与素质。

1）技能准备

首先，能够对某一种后期软件熟练操作。比如 After Effects、Nuke、Shake 等，都是现今影视特效中最主流的制作软件。

其次，要做特效就一定少不了三维效果，不论是构建事物（建筑及生物），还是要添加光效，最精致的效果都是从三维制作环境中实现的。所以，学习一种主流的三维制作软件也是必须的，比如 Maya。

但是，影视特效在制作中涉及的方面很多，不光是学会三维和后期软件，剪辑和制图的方法及常用规范都要熟悉才能够把影视特效做准确。

再次，如果以为掌握了相应的软件就足够了，那就进入误区了。如果读者不是美术科班出身，基本的

美术知识是必须要补习的，比如色彩构成、画面构图等，这都会影响到对最终效果的把握程度。

另外，如果决心做影视特效，就得专项专攻，不要过多地在其他环节（比如建模）上投入精力与时间，要注意调整自己的学习方向、抓住重点，把时间和精力放在动力学和特效模块上，切记"贪多嚼不烂"。

对于 Photoshop 之类的图形图像处理类软件，相比上述的三维处理软件，需要掌握的程度只要可以满足项目的制作需求即可。

2）专业修养

第一，多看特效内容丰富的电视及电影。

这些向公众展示的视觉成品向来都是由专业人员一层一层修改制作出来的。通过观看学习它们，可以得到很多视觉创意和思维方式。只是不能再仅以受众的角度观看电影及电视，而是要从受众视觉感受与制作者技术手段甚至更多的层面来分析与反思，即，不光要注重内容还要注意它们应用的技术和手法。

第二，多看提高技术表现力与艺术审美的书籍与资料。

建议读者关注一些关于镜头感、画面构图、剪辑手法之类的书籍，因为单纯从技术上、书本上学到的技巧永远也比不上实践的内容丰富且记忆深刻，但是在熟练掌握技术操作的基础上加强对审美的培养，再将技术技能与审美素养结合投入到到实际操作中，很快就会发现，自己的特效表现水平又上了一层楼。也就是说，在对"美"的感觉上加以提高，这是必不可少的进阶渠道。

第三，多参与各类特效实践。

在熟练掌握并练习巩固你所具备的技能后，需要去影视公司或者相关机构实习，不断在实践中提高自己。在公司里的技术人员都是很有经验的，你可以从他们身上学到比学校教授的更加有实际针对性的东西，这将会是个人能力极速飞跃的阶段。

在特效制作过程中肯定会遇到这样那样的问题，尤其是新接触或者刚刚开始工作的同学，其实解决问题的方法有很多种，最重要的是在平时注意多看、多读、多思考、多练习。多看书和优秀的特效作品以提高自己的自身修养，在看的同时要多想想这些特效是怎么做的，我们能不能做得更好，多读资料掌握最新的制作技术，在把想法制作出来的过程中少不了多动手，这样我们最终才能提高自身的创作水平。当然，这其中还有最重要的一点，就是要融入团队，一个人的力量再强终归还是有限的，只有依靠团队协作的力量才能达到事半功倍的效果。

附 录

课程实录其他分册内容提示

Maya动力学

280

参 考 文 献

1　孙韬，叶南．解构人体——艺术人体解剖 [M]．北京：人民美术出版社，2005．

2　萨拉·西蒙伯尔特．艺用人体解剖 [M]．徐焰，张燕文，译．杭州：浙江摄影出版社，2004．

3　李鹏程，王炜．色彩构成 [M]．上海：上海人民美术出版社，2006．

4　齐秀芝，李琦，路清．动画中的表演：奔跑在现实与虚拟间 [J]．电影评介，2007（17）：22-23．